財務管理

主編 ○ 徐博韜

前 言

財務管理課程是高等院校財務管理、會計學等專業的核心主幹課程,也是工商管理、物流管理等經管類相關專業的主要課程之一。在本書的編寫過程中我們以研究公司制企業為代表的現代企業財務管理的理論與方法為宗旨,以財務管理目標為核心,以籌資決策、投資決策、營運資本管理和收益分配管理等財務活動為主線,全面、系統、綜合地介紹了現代企業財務管理的基本概念、基本方法和基本技能,立足於中國企業理財實踐的同時,適當吸收西方成熟資本市場條件下的財務理論與方法,為學生今后從事財務管理的實際工作或后續的科學研究奠定良好的理論及方法基礎;同時,力圖體現財務管理的教學規律,體現學生的認知規律,充分結合應用型財經人才培養之需要,力爭使財務管理課程易教易學。本書每章開篇配有導入案例,可以讓讀者帶著對案例的好奇和思考進行后續內容的學習。另外,本書每章后均附有思考題和自測題,可供讀者鞏固學習成果,加深對所學內容的理解和應用。本書除可作為經管類非財務專業開設財務管理課程的教材外,也可以作為工商企業中層管理人員在職培訓教材或自學參考讀物。

考慮到非財務會計專業學生對財務知識的實際需求以及學時安排等特點,在本書的編寫過程中,我們對財務管理課程的傳統內容進行了大膽重組,只是保留了與企業財務管理有關的最基本的一些內容,旨在讓學生掌握財務管理的基本理念、技能和方法,管理實務工作中所涉及的財務管理理論與方法只須達到夠用程度即可。

本書由徐博韜任主編並負責本書的統纂、修改、定稿工作,王攀娜、李小華任副主編,劉會芹參與編寫。各章撰寫的具體分工如下:徐博韜編寫第一章、第二章、第三章;李小華編寫第六章、第七章;劉會芹編寫第八章;王攀娜編寫第四章、第五章,並負責本書的整理工作。

由於時間、篇幅、水平的限制,書中難免有不妥、疏漏,甚至錯誤之處,懇請廣大讀者批評指正。

編　者

目 錄

第一章　財務管理總論 ……………………………………………… (1)
　　第一節　財務管理的內涵 ……………………………………… (1)
　　第二節　財務管理的目標 ……………………………………… (5)
　　第三節　財務管理的原則 ……………………………………… (12)
　　第四節　財務管理環境 ………………………………………… (14)
　　第五節　財務管理的環節 ……………………………………… (22)

第二章　財務管理基本價值觀念 …………………………………… (28)
　　第一節　貨幣時間價值觀念 …………………………………… (29)
　　第二節　風險價值觀念 ………………………………………… (41)

第三章　資金籌集與預測 …………………………………………… (52)
　　第一節　公司籌資概述 ………………………………………… (52)
　　第二節　資金需求量預測 ……………………………………… (57)
　　第三節　主權資金籌集 ………………………………………… (63)
　　第四節　債務資金籌集 ………………………………………… (73)

第四章　資本成本與資本結構 ……………………………………… (90)
　　第一節　資本成本 ……………………………………………… (91)
　　第二節　槓桿原理 ……………………………………………… (99)
　　第三節　資本結構 ……………………………………………… (110)

第五章　項目投資決策 ……………………………………………… (121)
　　第一節　項目投資概述 ………………………………………… (121)
　　第二節　現金流量估算 ………………………………………… (126)

第三節　投資決策評價方法 …………………………………（132）
　　第四節　投資決策實務 ………………………………………（142）

第六章　營運資金管理 …………………………………………（159）
　　第一節　營運資金管理概述 …………………………………（160）
　　第二節　現金管理 ……………………………………………（163）
　　第三節　應收款項管理 ………………………………………（172）
　　第四節　存貨管理 ……………………………………………（179）
　　第五節　流動負債管理 ………………………………………（195）

第七章　收益分配管理 …………………………………………（205）
　　第一節　利潤分配概述 ………………………………………（205）
　　第二節　股利政策 ……………………………………………（210）
　　第三節　股票股利、股票分割與股票回購 …………………（216）

第八章　財務分析 ………………………………………………（224）
　　第一節　財務分析概述 ………………………………………（225）
　　第二節　財務分析方法 ………………………………………（228）
　　第三節　財務指標分析 ………………………………………（232）
　　第四節　綜合財務分析 ………………………………………（243）

附表 ………………………………………………………………（252）

第一章　財務管理總論

學習目的

(1) 熟悉財務管理的主要內容，理解各種財務關係；
(2) 掌握企業財務管理目標的代表性觀點，理解財務管理的主要原則；
(3) 熟悉企業財務管理的主要環境，瞭解財務管理的各個環節。

關鍵術語

財務活動　財務關係　財務管理目標　財務管理環境　理財原則

導入案例

據《鶡冠子》記載，魏文王問扁鵲：「你們家兄弟三人，都精於醫術，到底哪一位最好呢？」扁鵲答：「我的大哥醫術最好，二哥次之，我最差。」文王再問：「那麼為什麼你最出名呢？」扁鵲答道：「我大哥治病，是治病於病情發作之前的時候，由於一般人不知道他能事先鏟除病因，反而覺得他的治療沒什麼明顯的效果，所以他的名氣無法傳出去，只有我們家的人才知道。我二哥治病，是治病於病情初起的時候，看上去以為他只能治輕微的小病，所以他的名氣只能在我們鄉裡流傳。而我扁鵲治病，是治病於病情已經嚴重的時候。一般人看到我在經脈上穿針放血，在皮膚上敷藥，用麻藥讓人昏迷，做的都是些不可思議的大手術，自然以為我的醫術高明，因此名氣響遍全國，遠遠大於我的兩位哥哥。」文王嘆道：「你說得好極了。」從以上案例分析企業在理財工作中應該向誰學習？

資料來源：節選自《鶡冠子》，作者略有刪改。

第一節　財務管理的內涵

財務管理是組織企業財務活動，處理財務關係的一項經濟管理工作。因此，要瞭解什麼是財務管理，必須先分析什麼是財務活動和財務關係。

一、財務活動

在市場經濟條件下，商品是使用價值和價值的統一體；社會再生產過程是使用價值的生產、交換過程和價值的形成、實現過程的統一體。在這一過程中，企業將資金

通過採購業務轉換成生產資料；勞動者通過生產過程將消耗的生產資料價值轉移到產品中，並因在產品中凝結了勞動者的活勞動而創造出了新的價值；通過銷售過程將產品銷售出去，在收回資金的同時使生產過程中轉移的價值和新創造的價值得以實現。企業在上述生產經營過程中，其實物質的價值形態不斷地發生變化，由一種形態轉變成另一種形態，如此周而復始，循環往復，這種價值量的循環週轉形成了企業的資金運動。企業的生產經營活動一方面表現為商品實物形態的轉換過程，另一方面表現為資金的運動。資金運動是企業在生產過程的價值表現，它從價值量角度綜合地反應了企業的再生產過程。在這個意義上，可以將資金的實質理解為社會再生產過程中運動著的價值。

資金運動是以現金收支為主的企業資金收支活動的總稱，可以直接地表現為資金的流入和流出，由資金的籌集、投放、使用和分配等一系列活動所構成，亦即財務活動。企業的財務活動主要包括以下四個方面：

(一) 籌資活動

在商品經濟條件下，任何經濟實體從事生產經營活動都必須以擁有一定數量的資金並能夠對其加以自主地支配和運用為前提。企業取得資金以及由此而產生的一系列經濟活動就構成了企業的籌資活動。具體來講，當企業借助於發行股票、發行債券和吸收直接投資等方式籌集資金時，會引發資金流入企業；當企業在籌資時支付各種籌資費用、向投資者支付股利、向債權人支付利息以及到期償還本金時，會引發資金流出企業。把這些因籌集資金而引發的各種資金收支活動稱為籌資活動。

(二) 投資活動

通過各種方式籌集大量資金並非企業經營的最終目的。企業籌集資金後所面臨的問題是如何合理地運用資金以謀求最大的經濟利益，增加企業的價值。企業對資金的運用包括將資金投放於長期資產和短期資產兩方面的內容。一般來講，將資金占用在長期資產上的行為稱為投資活動；將資金運用在短期資產上進行週轉的行為稱為營運活動。企業的投資活動有狹義和廣義之分，狹義的投資活動禁止對外投資，包括對外股權性投資和債權性投資兩種。廣義的投資活動不僅包括對外投資，還包括對內固定資產投資和無形資產投資等。當企業將籌集到的資金用以購買各種長期資產或有價證券時，會引發資金流出企業；當企業將資產處置或將有價資產出售轉讓收回投資時，會引發資金流入企業。這些因資金的投放而引發的資金收支活動就是投資活動。

當然，企業的籌資活動和投資活動之間不是孤立的，而是相互依存、辯證統一的。籌資活動是投資活動的前提，沒有籌資活動，投資活動將失去資金基礎；投資活動是籌資活動的目的，是籌資活動經濟效益得以實現的保障，沒有投資活動，籌資活動將失去意義，成為不經濟行為。

(三) 營運活動

企業短期資金的週轉是伴隨著日常生產經營循環來實現的。具體表現為，企業在運用資金採購材料物資並由生產者對其進行加工，直至將其加工成可供銷售的商品，

同時向生產者支付勞動報酬以及各種期間費用。當企業用資金補償由於生產經營過程所發生的這些耗費時，會引起資金流出企業。當產品實現銷售、收回貨款時，會使資金流入企業。在生產經營過程中，由於企業出現臨時資金短缺而無法滿足經營所需時，需要通過舉借短期債務等方式獲得所需資金，引發資金流入企業。因此，由企業的日常經營活動而引起的各種資金收支活動就是企業的資金營運活動。

（四）利潤分配活動

企業在經營過程中會因為銷售商品、對外投資等活動獲得利潤，這表明企業實現了資金的增值或取得了相應的投資報酬。企業的利潤要按照規定的程序進行分配，主要包括上繳稅金、彌補虧損、提取盈余公積金、提取公益金和向投資者分配利潤等。這種因實現利潤並對其進行分配而引起的各種資金收支活動，即利潤分配活動。

上述四項財務活動並非孤立、互不相關的，而是相互依存、相互制約的，它們構成了完整的企業財務活動體系，這也是財務管理活動的基本內容。同時，這四個方面構成了財務管理的基本內容：籌資管理、投資管理、營運資金管理和利潤分配管理。

二、財務關係

財務關係是指企業在組織財務活動過程中與各有關方面發生的各種各樣的經濟利益關係，企業進行籌資、投資、營運及利潤分配時，會因交易雙方在經濟活動中所處的地位不同，各自擁有的權利、承擔的義務和追求的經濟利益不同而形成不同性質和特色的財務關係。

（一）企業與投資者之間的關係

企業與投資者之間的關係主要表現在企業的投資者向企業投入資金，形成主權資金，企業應將稅后利潤按照一定的分配標準分配給投資者以作為投資者的投資報酬；投資者將資金投入企業，獲得對企業資產的所有權，從而參與企業的生產經營運作並有權按持有的權益份額從稅后利潤中獲取投資回報。投資者必須按照合同、協議、章程的有關規定按時履行出資義務，及時形成企業資本金，獲取參與企業生產經營、分享利潤的權利。企業接受投資后，對資金成功加以合理運用，取得的財務成果要按照各出資人的出資比例或合同、協議、章程規定的分配比例向投資者分配利潤。企業與投資者之間的財務關係體現為所有權性質上的經營權與所有權的關係。

（二）企業與債權人之間的財務關係

企業向債權人借入資金形成企業的債務資金，企業按照借款合同或協議中的約定按時向債權人支付利息，並到期償還本金；債權人按照合同或協議中的約定及時將資金借給企業成為企業的債權人，具有按照合同或協議中的約定取得利息和索償本金的權利。債權人與投資者的不同之處在於：債權人的出資回報來源於息前利潤，而投資者的出資回報來源於稅后利潤，且在投資時就已明確較為具體的數額；投資者出資回報數額的多少並未在投資時確定下來，而是取決於企業稅后淨利潤的多少以及企業利潤分配的政策。因此，企業與債權人之間的財務關係屬於債務與債權的關係。

(三) 企業與受資者之間的財務關係

企業可以將生產經營中閒置的資金投資於其他企業，形成對外股權性投資。企業向外單位投資應當按照合同、協議的規定，按時、足額地履行出資義務，以取得相應的股份從而參與被投資企業的經營管理和利潤分配。被投資企業受資後必須將實現的稅後利潤按照規定的分配方案在不同的投資者之間進行分配。企業與被投資者之間的財務關係表現為所有權性質上的投資與受資關係。

(四) 企業與債務人之間的財務關係

企業與債務人之間的財務關係主要是指企業將資金通過購買債券、提供借款或商業信用等形式出借給其他單位而形成的經濟利益關係。企業將資金出借後，有權要求債務人按照事先約定的條件支付利息和償還本金。企業與債務人之間的財務關係體現為債權與債務的關係。

(五) 企業與政府之間的財務關係

企業從事生產經營活動所取得的各項收入應按照稅法的規定依法納稅，從而形成企業與國家稅務機關之間的財務關係。在市場經濟條件下，任何企業都有依法納稅的義務，以保證國家財政收入的實現，滿足社會公共需要。因此，企業與國家稅務機關之間的財務關係體現為企業在妥善安排稅收戰略籌劃的基礎上依法納稅和依法徵稅的權利、義務關係，是一種強制和無償的分配關係。

(六) 企業與內部各單位之間的財務關係

企業與內部各單位之間的財務關係是指企業內部各單位之間在生產經營各環節中相互提供產品或勞務等所形成的經濟利益關係。在企業實行內部經濟核算制和經營責任制的情況下，企業內部各單位、部門之間因為相互提供產品、勞務而形成內部計價結算。另外，企業內部各單位、部門與企業財務部門還會發生借款、報銷、代收及代付等經濟活動。這種在企業內部形成的資金結算關係，體現了企業內部各單位、部門之間的利益關係。

(七) 企業與內部職工之間的財務關係

企業與內部職工之間的財務關係是指通過簽訂勞務合同向職工支付勞動報酬等所形成的經濟關係。主要表現為：企業接受職工提供的勞務，並從營業所得中按照一定的標準向職工支付工資、獎金、津貼、養老保險、失業保險、醫療保險、住房公積金，並按規定提取公益基金。此外，企業還可根據自身發展的需要，為職工提供學習、培訓的機會，為企業創造更多的收益。這種企業與職工之間的財務關係屬於勞動成果上的分配關係。

因此，所謂財務管理就是指按照一定的原則，運用特定的量化分析方法，從價值角度出發，組織企業的財務活動，處理企業財務關係的一項經濟管理工作，是企業管理的重要組成部分。

三、財務管理的特點

企業財務管理的特點，是企業財務管理特有的屬性，是企業財務管理區別於其他經濟管理的根本標誌。錯綜複雜的企業生產經營活動包括生產經營活動的各個方面，例如生產管理、人力資源管理、設備管理、銷售管理、物業管理和財務管理等。而各項管理工作之間又是相互聯繫、緊密配合的，在科學分類的基礎上又有著各自獨特的特點。現代企業財務管理具有以下兩個主要特點：

1. 財務管理是一種價值管理

企業管理包括一系列專業管理活動，而這些活動有的側重於使用價值管理，有的側重於價值的管理，有的側重於勞動要素的管理，有的側重於信息的管理。在這些活動中，財務管理是針對企業的資金運動及其形成的財務關係所進行的管理，是從價值的角度對企業的經營活動進行的管理，這是區別於其他管理活動的根本性標誌。

2. 財務管理是一種綜合性管理

企業財務管理是通過價值形式，對企業的各種經濟資源、生產經營過程、戰略發展方向和經營成果進行合理配置、規劃、協調和控制，提高企業的經營效率，並制定相應的財務政策，正確處理企業的各種財務關係，實施各項財務決策，提高企業的經濟效益，使企業的財富不斷增加。因此，財務管理既是企業管理工作的一個重要組成部分，又是一項綜合性很強的管理工作。

第二節　財務管理的目標

正確的目標是一個組織良性循環的前提條件，企業財務管理的目標對企業財務管理系統的運行具有同樣意義。

一、企業目標

企業是營利性組織，其營運的出發點和歸宿都是為了獲利。企業生產經營的目標總體來講，即生存、發展和獲利。不同層次的企業目標對財務管理提出了不同內容的要求。

（一）生存

生存是獲利的前提條件，企業只有生存才能獲利。企業是在市場中生存的，企業生存所處的市場按其交易對象可以劃分為商品市場、金融市場、人力資源市場和技術市場等，企業在市場上求得生存必須滿足一定的條件。首先，企業生存的最基本條件是「以收抵支」。企業的資金週轉在物質形態上表現為：一方面企業付出貨幣資金從市場上取得所需資源；另一方面企業向市場提供商品或服務，並換回貨幣資金。企業為了維持生存，必須做到從市場上換回的貨幣資金至少要等於付出的貨幣資金，這樣才能維持企業的長期存續。相反，若企業沒有足夠的支付能力，無法從市場上換回生產

經營所需材料物資，則企業必然會萎縮，直到企業無法維持最低營運條件而被迫終止。倘若企業長期虧損，扭虧為盈無望，就失去了存在的意義，為避免進一步擴大損失，所有者應主動終止營運，這是導致企業終止營業的內在原因。其次，即使企業當期有盈利，但是在企業資金週轉過程中也可能由於某種原因導致資金週轉困難而無法償還到期債務。此時企業也可能無法生存下去，即企業生存的另一個基本條件是償還到期債務，這是導致企業終止營業的直接原因。

因此，作為企業管理組成部分的財務管理，就應對企業的籌資環節、投資環節和資金營運環節進行有效管理，使企業擁有「以收抵支」和「償還到期債務」的能力，減少企業的破產風險。

(二) 發展

企業是在發展中獲得生存的，企業如果僅僅維持簡單再生產將很難長久地在現代市場經濟競爭條件下生存。在科技不斷進步、競爭不斷加劇，產品不斷推陳出新的今天，企業只有不斷地改進生產工藝、開發研製出新產品、向市場提供更能滿足消費者需求的商品，占據市場有利地位，形成自己的競爭優勢，才能在市場中立足，實現企業生存並發展的經營管理目標。在市場經濟中，任何經濟資源的取得和運用都是要付出一定的代價的，而貨幣資金則是對代價的最終結算手段。資金的投放、生產規模的形成、企業的營運等，都離不開資金。

因此，適時籌集企業發展所需資金，並合理有效運用資金是企業管理目標對財務管理的又一個要求。

(三) 獲利

企業能夠獲利，才有存在的價值。組建企業的目的就是為了獲利。營運過程中的企業有很多項努力的目標，包括擴大市場份額、提高所有者收益水平、減少環境污染、改善生產環境和員工的福利待遇等。但獲利是其中最具綜合性的目標，不但體現了組建企業的出發點和歸宿，而且可以反應出其他目標的實現程度。從財務角度看，獲利就是使產出資金大於初始投入資金。在市場中取得資金要付出代價即資本成本，每項資金的投放都應當遵循經濟效益的原則，即財務管理人員對資金的運用都應當講求經濟效益，都應當以產出最大化的方式對資金加以運用。

因此，企業獲利的管理目標，要求財務管理要合理有效地運用資金，從而使企業獲利。

當然，生存、發展和獲利這三個企業管理目標是相互聯繫、密不可分的。它們要求財務管理做到籌集資金並有效地進行投放和使用。為了切實完成企業管理對財務管理的要求，在財務管理的過程中，不僅要對資金的取得和運用進行管理，而且要對生產、銷售和利潤分配的環節進行管理，從總體上實現企業目標對財務管理提出的要求。

二、財務管理的總體目標

企業財務管理的總體目標既要與企業生存和發展的目的保持一致，又要直接、集中反應財務管理的基本特徵，體現財務活動的基本規律。根據現代企業財務管理理論

和實踐，最具有代表性的財務管理目標主要有以下幾種觀點：

(一) 利潤最大化

利潤是企業在一定期間內全部收入和全部費用的差額，它反應了企業在當期經營活動中投入與產出對比的結果，在一定程度上體現了企業經濟效益的高低。利潤既是資本報酬的來源，又是提高企業職工勞動報酬的來源，同時又是企業增加資本公積、擴大經營規模的源泉。在市場經濟條件下，利潤的高低決定著資本的流向；企業獲取利潤的多少表明企業競爭能力的大小，決定著企業的生存和發展。因此，以追逐利潤最大化作為財務管理的目標，有利於企業加強管理，增加利潤，且這種觀點簡單明瞭，易於理解。

利潤最大化目標在實踐中存在著如下難以解決的問題：這裡所指的利潤是指企業一定時期實現的利潤總額。它沒有考慮資金時間價值；沒有反應創造的利潤與投入的資本之間的關係，因而不利於不同資本規模的企業或同一企業不同時期之間的比較；沒有考慮風險因素，高額利潤往往要承擔過大的風險；片面追求利潤最大化，可能導致企業短期行為，如忽視產品開發、人才開發、生產安全、技術裝備水平、生活福利設施和履行社會責任等。

(二) 資本利潤率最大化或每股利潤最大化

資本利潤率是企業在一定時期的稅後淨利潤額與資本額的比率。每股利潤（稱每股盈餘）是一定時期淨利潤與普通股股數的比值。這種觀點認為，每股盈餘將收益和企業的資本量聯繫起來，體現資本投資額與資本增值利潤額之間的關係。以資本利潤率最大化或每股利潤最大化作為財務管理目標，可以有效地克服利潤最大化目標的缺陷；能反應出企業所得利潤額同投入資本額之間的投入產出關係；能科學地說明企業經濟效益水平的高低，能在不同資本規模企業或同一企業不同時期之間進行比較。但該指標同利潤最大化目標一樣，仍然沒有考慮資金時間價值和風險因素，也不能避免企業的短期行為。

(三) 企業價值最大化

企業價值是通過市場評價而確定的企業買賣價格，是企業全部資產的市場價值，它反應了企業潛在或預期的獲利能力。投資者之所以創辦企業，就是為了使其投入的資本保值、增值、創造盡可能多的財富。這種財富不僅表現為企業實現的利潤，而且表現為企業全部資產的價值。如果企業利潤增多了，資產反而貶值，則潛伏著暗虧，對投資者來講風險很大。相反，如果企業資產價值增多了，生產能力增進了，則企業將具有長久的盈利能力，抵禦風險的能力也會增強。因此，企業財務管理就應該站在投資者的立場來考慮問題，努力使投資者的財富或企業的市場價值達到最大，以企業價值最大化作為財務管理目標，更為必要和合理。投資者在評價企業價值時，是以投資者預期投資時間為起點的，並將未來收入按預期投資時間的同一口徑進行折現，未來收入的多少根據可能實現的概率進行計算，可見，這種計算辦法考慮了資金的時間價值和風險問題。企業所得的收益越多，實現收益的時間越近，應得的報酬越是確定，

則企業的價值或股東財富越大。

企業價值最大化目標的優點表現為以下四個方面：該目標考慮了資金的時間價值和投資的風險價值，有利於統籌安排長短期規劃、合理選擇投資方案、有效籌措資金、合理制定股利政策等；該目標反應了對企業資產保值、增值的要求，從某種意義上說，股東財富越多，企業市場價值就越大，追求股東財富最大化的結果可促使企業資產保值或增值；該目標有利於克服管理上的片面性和短期行為；該目標有利於社會資源合理配置，社會資金通常流向企業價值最大化的企業或行業，有利於實現社會效益最大化。

同時，企業價值最大化目標在實踐中也存在以下不足：對於上市企業，雖然通過股票價格的變動能夠揭示企業價值，但是股價是多種因素影響的結果，特別在即期市場上的股價不一定能夠直接反應企業的獲利能力，只有長期趨勢才能做到這一點；由於現代採用「環形」持股的方式，相互持股，其目的是為了控股或穩定購銷關係，因此，法人股東對股票市價的敏感程度遠不及個人股東，使其對股價最大化目標沒有足夠的興趣；對於非上市企業，只有對企業進行專門的評估才能真正確定其價值，而在評估企業的資產時，由於受評估標準和評估方式的影響，這種估價不易做到客觀和準確，這也導致企業價值確定的困難。

儘管企業價值最大化目標存在著諸多不足，並不是一個完美的財務管理目標，但其可以克服利潤最大化或每股收益最大化等目標的一些致命缺陷，在現有條件下，在理論上是相對合理和完善的。

三、財務管理的具體目標

財務管理的具體目標是為實現財務管理的總體目標而確定的企業各項具體財務活動所要達到的目的。其具體可以概括為以下幾個方面：

(一) 籌資管理的目標

企業要在籌資活動中貫徹財務管理總目標的要求，包含以下兩方面的含義：

首先，必須以較小的籌資成本獲取同樣多或較多的資金。企業的籌資成本包括利息、股利（或利潤）等向出資者支付的報酬，也包括籌資中的各種籌資費用，企業降低籌資過程中的各種費用，盡可能使利息、股利（或利潤）的付出總額降低，即可增加企業的總價值。

其次，企業必須以較小的籌資風險獲取同樣多或較多的資金。籌資風險主要是到期不能償債的風險，企業降低這種風險，即會使內含於企業價值中的風險價值相對增加。

綜合上述兩點，企業籌資管理的具體目標就是：在滿足生產經營需要的情況下，以較小的籌資成本和較小的籌資風險獲取同樣多或較多的資金。

(二) 投資管理的目標

企業若要在投資活動中貫徹財務管理總目標的要求，必須做到以下兩點：

首先，必須使投資收益最大化。企業的投資收益始終與一定的投資額和資金占用

量相聯繫，企業投資報酬越多，就意味著企業的整體獲利能力越高，也就會在兩個方面對企業的價值產生影響：第一，企業已獲得的投資收益會直接和實際地增加企業資產價值；第二，投資收益較高會提高企業的市場價值。

其次，由於投資會帶來投資風險，所以企業還必須使投資風險降低。投資風險是指投資不能收回的風險，企業降低這種風險，就會使內含於企業價值中的風險價值相對增加。

因此，企業投資管理的具體目標是以較小的投資額和較低的投資風險，獲取同樣多或者較多的投資收益。

(三) 營運資金管理的目標

企業的營運資金是為滿足企業日常營業活動的要求而墊支的資金。營運資金的週轉與生產經營週期具有一致性。在一定時期內資金週轉越快，就可以利用相同數量的資金，生產出更多的產品，取得更多的收入，獲得更多的報酬。因此，企業營運資金管理的目標是合理使用資金，加速資金週轉，不斷提高資金的利用效率。

(四) 利潤分配管理的目標

企業分配管理的具體目標就是合理確定利潤的留存比例及分配形式，以提高企業潛在的收益能力，從而提高企業總價值。分配就是將企業取得的收入和利潤，在企業與相關利益主體之間進行分割。這種分割不僅涉及各利益主體的經濟利益，而且涉及企業的現金流出量，從而影響企業財務的穩定和安全性。同時由於這種分割涉及各利益主體經濟利益的多少，不同的分配方案也會影響企業的價值。如果企業當期分配較多的利潤給投資者，將會提高企業的即期市場評價，但由於利潤大部分被分配，企業或者即期現金不夠，或者缺乏發展或累積資金，從而影響企業未來的市場價值。

四、財務管理目標的協調

科學的財務管理目標，必須分析影響財務管理目標的利益集團，即企業投資者、分享企業收益者和承擔企業風險者。股東和債權人都為企業發展提供了必要的財務資源，但是他們處在企業之外，只有經營者即管理當局在企業裡直接從事財務管理工作。股東、經營者和債權人之間構成了企業最重要的財務關係。企業是所有者即股東的企業，財務管理的目標是指股東的目標。股東委託經營者代表他們管理企業，為實現他們的目標而努力，但經營者和股東的目標並不完全一致。債權人把資金借給企業，並不是為了「股東財富最大化」，與股東的目標也不一致。公司必須協調這三方面的衝突，才能實現「股東財富最大化」的目標。企業財務活動所涉及的不同利益主體如何進行協調，是實現財務管理目標過程中必須解決的問題。

(一) 所有者與經營者之間

企業價值最大化直接反應了企業所有者的利益，這與企業經營者沒有直接的利益關係。對所有者而言，經營者所得的利益正是其所放棄的利益，在經濟學中這種放棄的利益稱為經營者的享受成本。因此，經營者和所有者的主要矛盾表現在經營者希望

在提高企業價值和股東財富的同時，能更多地增加享受成本，而所有者和股東則希望以較小的享受成本提高企業價值或股東財富。具體來講有下述幾個方面：

1. 經營者的目標

在股東和經營者分離以後，股東的目標是使企業財富最大化，千方百計要求經營者以最大的努力去完成這個目標。經營者是最大合理效用的追求者，其具體行為目標與委託人不一致。他們的目標是以下三點：

（1）增加報酬。包括物質和非物質的報酬，如工資、獎金、榮譽和社會地位等。

（2）增加閒暇時間。包括較少的工作時間、工作時間裡較多的空閒和有效工作時間中較小的勞動強度等。上述兩個目標之間有矛盾，增加閒暇時間可能減少當前或將來的報酬，努力增加報酬會犧牲閒暇時間。

（3）規避風險。經營者努力工作可能得不到應有的報酬，他們的行為和結果之間有不確定性，經營者總是力圖避免這種風險，希望能得到與其勞動付出相匹配的報酬。

2. 經營者對股東目標的背離

經營者的目標和股東不完全一致，經營者有可能為了自身的目標而背離股東的利益。這種背離表現在兩個方面：

（1）道德風險。經營者為了自身的目標，可能不會盡最大努力去實現企業財務管理目標。因為股價上漲的好處將歸於股東，如若失敗，他們的「身價」將下跌，所以他們沒有動力為提高股價而冒險。

（2）逆向選擇。經營者為了私利而背離為股東創造價值的目標。例如，裝修豪華的辦公室，買高檔汽車等；借工作之便亂花股東的錢；蓄意壓低股票價格，以自己的名義借款買回，導致股東財富受損，自己卻從中獲利。

為解決這一矛盾，應讓經營者的報酬與績效相關聯，並輔以一定的監督措施。

（1）解聘。即通過所有者約束經營者。如果經營者決策失誤，經營不力，未能採取有效措施使企業價值達到最大，就解聘經營者，經營者因擔心被解聘而被迫去實現企業財務管理目標。

（2）接收。即通過市場約束經營者。如果經營者決策失誤，經營不力，且未能採取一切有效措施使企業價值提高，該公司就可能被其他公司強行接收或吞並，相應地經營者也會被解聘。因此，經營者為了避免這種接收情況出現，必將採取一切措施提高股票市價。

（3）激勵。即把經營者的報酬同其績效掛勾，讓經營者更願意自覺地採取能滿足企業價值最大化的措施。激勵有兩種方式：第一種是「股票期權」方式（即「股票選擇權」），它允許經營者以固定的價格購買一定數量的公司股票，股票的價格越高於固定價格，經營者所得到的報酬就越多，經營者為了盡可能多地獲取股票上漲帶給自己的利益，就必然主動採取能夠提高股價的行為；第二種是「績效股」方式，它是公司運用每股收益、資產報酬率等指標來評價經營者的業績，按其業績大小給予經營者數量不等的股票作為報酬。如果公司的經營業績未能達到規定目標，經營者也將部分喪失原先持有的「績效股」。這種方式使經營者不僅為了多得「績效股」而不斷採取措施提高公司的經營業績，而且為了實現每股市價最大化將會採取各種措施使股價趨於

上升。

　　當然，不管採取哪一種措施，均不能完全消除經營者背離股東目標的行為，且採取任何一種措施，所有者都必須付出一定的代價，有時代價會很大。監督成本、激勵成本和偏離股東目標的損失之間此消彼長，相互制約。股東要權衡輕重，力求找出能使三項之和最小的解決辦法，也是最佳的解決辦法。

(二) 所有者與債權人之間

　　當公司向債權人借入資金后，兩者也形成一種委託代理關係。所有者的財務目標與債權人期望實現的目標是不一致的。首先，所有者可能未經債權人同意，要求經營者將資金投資於比債權人預計風險要高的項目，使償債風險加大，債權人的負債價值必然會降低。若高風險的項目一旦成功，額外的利潤就會被所有者獨享；但如果項目失敗，債權人卻要與所有者共同負擔由此造成的損失。這對債權人來說風險和收益是不對稱的。其次，所有者或股東可能在未徵得現有債權人同意的情況下，發行新債券或舉借新債，致使原債務價值降低（因為相應的償債風險增加）。

　　所有者與債權人的上述矛盾協調可通過以下方式解決：

　　第一，限制性借款，即通過對借款的用途限制、借款的擔保條款和借款的信用條件來防止和約束股東利用上述兩種方法削弱債權人的債權價值。

　　第二，收回借款，不再借款。當債權人發現公司有侵蝕其債權價值的意圖時，應收回債權或不給予公司重新放款，從而保護自身的權益。

(三) 所有者與社會公眾之間

　　企業總是存在於一定的社會關係之中，它除了與經營者和債權人之間有密切的財務關係外，還必然會與其他相關利益者（如員工、政府、消費者、供應商及競爭對手等）發生各種各樣的關係。這就會產生企業是否需要承擔社會責任，如何承擔社會責任的問題。企業所需要承擔的社會責任與企業價值最大化目標有一致的一面，例如，為使股價最大化，企業必須生產出符合市場需要的產品，必須不斷地開發新產品，降低產品成本，提高產品質量，增加投資，擴大生產規模，提供高效、優質的服務等，而當企業採取這些措施時，整個社會必將因此而受益。另外，企業適當從事某些社會公益活動，承擔一定的額外社會責任，雖然從短期來看增加了企業的成本，但卻有助於改善和增強企業的社會形象與知名度，使企業股票和債券的需求增加，從而使股價提高，這無疑是符合股東的最大利益的。

　　但是，社會責任與企業價值最大化的目標又存在著不一致的一面。例如，企業為了獲利，可能生產偽劣產品；可能不顧工人的健康和利益；可能造成環境污染；可能損害其他企業的利益等。當企業存在這些行為時，社會利益將因此而受損。同時，企業承擔過多的社會責任，必然會增加成本，降低每股盈余水平，從而導致股價降低，減少股東的財富。

　　為解決這一矛盾，可以採取以下方式：

　　第一，法律法規。股東只是社會的一部分，他們在謀求自身利益的同時，不應損害他人的利益。政府要保證所有公民的正當權益。為此，政府頒布了一系列保護公眾

利益的法律,如《公司法》《反不正當競爭法》《反暴利法》《環境保護法》《合同法》《消費者權益保護法》和有關產品質量的法規等,依此調節股東和社會公眾的利益衝突。

第二,輿論監督。法律因其滯後性而不可能解決所有問題,特別是在法律不健全的情況下,企業可能在合法的情況下從事不利於社會的事情。因此,企業除了要在遵守法律的前提下去追求企業價值最大化的目標之外,還必須受到道德的約束,接受政府以及社會公眾的監督,進一步協調企業與社會的關係。

第三節　財務管理的原則

一、貨幣時間價值原則

貨幣時間價值是客觀存在的經濟範疇,它是指貨幣經歷一段時間的投資和再投資所增加的價值。從經濟學的角度看,即使在沒有風險和通貨膨脹的情況下,一定數量的貨幣資金在不同時點上也具有不同的價值。因此在數量上貨幣的時間價值相當於沒有風險和通貨膨脹條件下的社會平均資本利潤率。今天的一元錢要大於將來的一元錢。貨幣時間價值原則在財務管理實踐中得到廣泛的運用。長期投資決策中的淨現值法、現值指數法和內含報酬率法,都要運用到貨幣時間價值原則;籌資決策中比較各種籌資方案的資本成本、分配決策中利潤分配方案的制訂和股利政策的選擇,營業週期管理中應付帳款付款期的管理、存貨週轉期的管理、應收帳款週轉期的管理等,都充分體現了貨幣時間價值原則在財務管理中的具體運用。

二、資金合理配置原則

資金合理配置原則。擁有一定數量的資金,是企業進行生產經營活動的必要條件,但任何企業的資金總是有限的。資金合理配置是指企業在組織和使用資金的過程中,應當使各種資金保持合理的結構和比例關係,保證企業生產經營活動的正常進行,使資金得到充分有效的運用,並從整體上(不一定是每一個局部)取得最大的經濟效益。在企業的財務管理活動中,資金的配置從籌資的角度看表現為資本結構,具體表現為負債資金和所有者權益資金的構成比例,長期負債和流動負債的構成比例,以及內部各具體項目的構成比例。企業不但要從數量上籌集保證其正常生產經營所需的資金,而且必須使這些資金保持合理的結構比例關係。從投資或資金的使用角度看,企業的資金表現為各種形態的資產,各形態資產之間應當保持合理的結構比例關係,包括對內投資和對外投資的構成比例。對內投資中,流動資產投資和固定資產投資的構成比例、有形資產和無形資產的構成比例、貨幣資產和非貨幣資產的構成比例等;對外投資中,債權投資和股權投資的構成比例、長期投資和短期投資的構成比例等;各種資產內部的結構比例。上述這些資金構成比例的確定,都應遵循資金合理配置原則。

三、成本—效益原則

　　成本—效益原則就是要對企業生產經營活動中的所費與所得進行分析比較，將花費的成本與所取得的效益進行對比，使效益大於成本，產生「淨增效益」。成本—效益原則貫穿於企業的全部財務活動中。企業在籌資決策中，應將所發生的資本成本與所取得的投資利潤率進行比較；在投資決策中，應將與投資項目相關的現金流出與現金流入進行比較；在生產經營活動中，應將所發生的生產經營成本與其所取得的經營收入進行比較；在不同備選方案之間進行選擇時，應將所放棄的備選方案預期產生的潛在收益視為所採納方案的機會成本與所取得的收益進行比較。在具體運用成本—效益原則時，應避免「沉沒成本」對我們決策的干擾。「沉沒成本」是指已經發生、不會被以後的決策改變的成本。因此，我們在做各種財務決策時，應將其排除在外。

四、風險—報酬均衡原則

　　風險—報酬均衡原則。風險與報酬是一對孿生兄弟，形影相隨，投資者要想取得較高的報酬，就必然要冒較大的風險，而如果投資者不願承擔較大的風險，就只能取得較低的報酬。風險—報酬均衡原則是指決策者在進行財務決策時，必須對風險和報酬做出科學的權衡，使所冒的風險與所取得的報酬相匹配，達到趨利避害的目的。在籌資決策中，負債資本成本低，財務風險大，權益資本成本高，財務風險小。企業在確定資本結構時，應在資本成本與財務風險之間進行權衡。任何投資項目都有一定的風險，在進行投資決策時必須認真分析影響投資決策的各種可能因素，科學地進行投資項目的可行性分析，在考慮投資報酬的同時考慮投資的風險。在具體進行風險與報酬的權衡時，由於不同的財務決策者對風險的態度不同，有的人偏好高風險、高報酬，有的人更喜歡低風險、低報酬，但每一個人都會要求風險和報酬相對等，不會去冒沒有價值的無謂風險。

五、收支積極平衡原則

　　收支積極平衡原則。財務管理實際上是對企業資金的管理，量入為出、收支平衡是對企業財務管理的基本要求。資金不足，會影響企業的正常生產經營，錯失良機，嚴重時，會影響到企業的生存；資金多餘，會造成閒置和浪費，給企業帶來不必要的損失。收支積極平衡原則要求企業一方面要積極組織收入，確保生產經營和對內、對外投資對資金的正常合理需要；另一方面，要節約成本費用，壓縮不合理開支，避免盲目決策。保持企業一定時期資金總供給和總需求動態平衡和每一時點資金供需的靜態平衡。要做到企業資金收支平衡，在企業內部，要增收節支，縮短生產經營週期，生產適銷對路的優質產品，擴大銷售收入，合理調度資金，提高資金利用率；在企業外部，要保持同資本市場的密切聯繫，加強企業的籌資能力。

六、利益關係協調原則

　　企業是由各種利益集團組成的經濟聯合體。這些經濟利益集團主要包括企業的所

有者、經營者、債權人、債務人、國家稅務機關、消費者、企業內部各部門和職工等。利益關係協調原則要求企業協調、處理好與各利益集團的關係，切實維護各方的合法權益，將按勞分配、按資分配、按知識和技能分配、按業績分配等多種分配要素有機結合起來。只有這樣，企業才能營造一個內外和諧、協調的發展環境，充分調動各有關利益集團的積極性，最終實現企業價值最大化的財務管理目標。

第四節　財務管理環境

一、財務管理環境的概念

財務管理環境又稱理財環境，是指對企業財務活動和財務管理活動產生影響作用的企業內外各種條件的統稱。

企業財務活動在相當大程度上受理財環境制約，如生產、技術、供銷、市場、物價、金融、稅收等因素。只有在理財環境的各種因素作用下實現財務活動的協調平衡，企業才能生存和發展。研究理財環境，有助於正確地制定理財策略。

本書主要討論對企業財務管理影響比較大的法律環境、金融環境和經濟環境等因素。

二、法律環境

市場經濟的重要特徵就在於它是以法律規範和市場規則為特徵的經濟制度。法律為企業經營活動規定了活動空間，也為企業在相應空間內自由經營提供了法律上的保護。影響財務管理的主要法律環境因素有企業組織形式的法律規定和稅收法律規定等。

(一) 企業組織形式

企業是市場經濟的主體，不同類型的企業在所適用的法律方面有所不同。瞭解企業的組織形式，有助於企業管理活動的開展。企業組織形式可按照不同的標準進行分類，本書著重闡述依據企業組織形式進行分類。

按其組織形式不同，可將企業分為獨資企業、合夥企業和公司。

1. 獨資企業

個人獨資企業是指依法設立，由一個人投資，財產為投資人個人所有，投資人以其個人財產對公司債務承擔無限責任的經營實體。個人獨資企業特點：

（1）只有一個出資者。

（2）出資人對企業債務承擔無限責任。在個人獨資企業中，投資人直接擁有企業的全部資產並直接負責企業的全部負債，也就是說獨資人承擔無限責任。

（3）獨資企業不作為企業所得稅的納稅主體。一般而言，獨資企業並不作為企業所得稅的納稅主體，其收益納入所有的其他收益一併計算交納個人所得稅。

獨資企業具有結構簡單、容易開辦、利潤獨享、限制較少等優點，但也存在無法克服的缺點：一是出資者負有無限償債責任；二是籌資困難，個人財力有限，企業往

往會因信用不足、信息不對稱而存在籌資障礙。

中國的國有獨資公司不屬於本類企業，而是按有限責任公司對待。

2. 合夥企業

合夥企業是依法設立，由各合夥人訂立合夥協議，共同出資，合夥經營，共享收益，共擔風險，並對合夥企業債務承擔無限連帶責任的營利組織。合夥企業的法律特徵是：

（1）有兩個以上合夥人，並且都是具有完全民事行為能力，依法承擔無限責任的人。

（2）有書面合夥協議，合夥人依照合夥協議享有權利，承擔責任。

（3）有各合夥人實際繳付的出資，合夥人可以用資金、實物、土地使用權、知識產權或其他屬於合夥人的合法財產及財產權利出資；經全體合夥人協商一致，合夥人也可以用勞務出資，其評估作價由全體合夥人協商確定。

（4）有關合夥企業改變名稱、向企業登記機關申請辦理變更登記手續、處分不動產或財產權利、為他人提供擔保、聘任企業經營管理人員等重要事務，均須經全體合夥人一致同意。

（5）合夥企業的利潤和虧損，由合夥人依照合夥協議約定的比例分配和分擔；合夥協議未約定利潤分配和虧損分擔比例的，由各合夥人平均分配和分擔。

（6）各合夥人對合夥企業債務承擔無限連帶責任。

合夥企業具有開辦容易、信用相對較佳的優點，但也存在責任無限、權力不易集中、有時決策過程過於冗長等缺點。

3. 公司

公司是指依照《公司法》登記設立，以其全部法人財產，依法自主經營、自負盈虧的企業法人。公司享有由股東投資形成的全部法人財產，依法享有民事權利，承擔民事責任。公司股東作為出資者按投入共同的資本額享有所有者的資產受益、重大決策和選擇管理者等權利，並以其出資額或所持股份對公司承擔有限責任。中國《公司法》所稱公司是指有限責任公司和股份有限公司。

（1）有限責任公司。有限責任公司是指由2個以上50個以下股東共同出資，每個股東以其所認繳的出資額為限對公司承擔有限責任，公司以其全部資產對其債務承擔責任的企業法人。其特徵有：①公司的資本總額不分為等額的股份；②公司向股東簽發出資證明書，不發股票；③公司股份的轉讓有較嚴格限制；④限制股東人數，不得超過規定限額；⑤股東以其出資額為限對公司承擔有限責任。

（2）股份有限公司。股份有限公司是指其全部資本分為等額股份，股東以其所持股份為限對公司承擔責任，公司以其全部資產對公司債務承擔責任的企業法人。其特徵有：①公司的資本劃分為股份，每一股的金額相等；②公司的股份採取股票的形式，股票是公司簽發的證明股東所持股份的憑證；③同股同權，同股同利，即股東出席股東大會，所持每一份股份有一表決權；④股東可以依法轉讓持有的股份；⑤股東不得少於規定的數目，但沒有上限限制；⑥股東以其所持股份為限對公司債務承擔有限責任。

與獨資企業和合夥企業相比，股份有限公司的特點：①有限責任。股東對股份有限公司的債務承擔有限責任，倘若公司破產清算，股東的損失以其對公司的投資額為限。而對獨資企業和合夥企業，其所有者可能損失更多，甚至個人的全部財產。②永續存在。股份有限公司的法人地位不受某些股東死亡或轉讓股份的影響，因此，其壽命較之獨資企業或合夥企業更有保障。③可轉讓性。一般而言，股份有公司的股份轉讓比獨資企業和合夥企業的權益轉讓更為容易。④易於籌資。就籌集資本的角度而言，股份有限公司是最有效的企業組織形式。因其永續存在以及舉債和增股的空間大，股份公司具有更大的籌資能力和彈性。⑤對公司的收益重複納稅。作為一種企業組織形式，股份有限公司也有不足，最大的缺點是對公司的收益重複納稅：公司的收益先要交納公司所得稅，稅後收益以現金股利分配給股東后，股東還要交納個人所得稅。

公司這一組織形式，已經成為西方大企業所採用的普遍形式，也是中國建立現代企業制度過程中選擇的企業組織形式之一。本書所講的財務管理主要是公司的財務管理。

(二) 稅法

1. 稅收的意義與類型

稅收是國家為了實現其職能，按照法律規定的標準，憑藉政治權力，強制地、無償地徵收資金、實物的一種經濟活動，也是國家參與國民收入分配的一種方法，稅收是國家參與經濟管理，實施宏觀調控的重要手段之一。稅收具有強制性、無償性和固定性三個顯著特徵。

國家財政收入的主要來源是企業所繳納的稅金，而國家財政狀況和財政政策，對於企業資金供應和稅收負擔有著重要的影響；國家各種稅種的設置、稅率的調整，具有調節生產經營的作用。國家稅收制度特別是工商稅收制度，是企業財務管理的重要外部條件。企業的財務決策應當適應稅收政策的導向，合理安排資金投放，以追求最佳的經濟效益。

稅收按不同的標準，有以下幾種類型：

(1) 按徵稅物件的不同，可分為流轉稅類、收益稅（所得稅）類、財產稅類、資源稅類和行為稅類等；

(2) 按中央和地方政府對稅收的管轄不同，分為中央稅（或國家稅）、地方稅、中央與地方共享稅三類；

(3) 按稅收負擔能否轉嫁，可分為直接稅和間接稅；

(4) 按徵收的實體來劃分，可分為資金稅和實物稅。

2. 稅法的含義與要素

稅法是由國家機關制定的調整稅收徵納關係及其管理關係的法律規範的總稱。中國稅法的構成要素主要包括：

(1) 徵稅人。徵稅人是代表國家行使徵稅職責的國家稅務機關，包括國家各級稅務機關、海關和財政機關。

(2) 納稅義務人。納稅義務人也稱納稅人或納稅主體，指稅法上規定的直接負有

納稅義務的單位和個人。納稅義務人可以是個人（自然人）、法人、非法人的企業和單位，這些個人、法人、單位既可以是本國人，也可以是外國人。

（3）課稅對象。課稅對象即課稅客體，它是指稅法針對什麼徵稅。課稅對象是區別不同稅種的重要依據和標志。課稅對象按其課稅範圍劃分為：以應稅產品的增值額為對象進行課徵，以應稅貨物經營收入為對象進行課徵，以提供勞務取得的收入為對象進行課徵，以特定的應稅行為為對象進行課徵，以應稅財產為對象進行課徵，以應稅資源為對象進行課徵。

（4）稅目。稅目亦稱課稅品目，指某一稅種的具體徵稅項目。它具體反應某一單行稅法的適用範圍。

（5）稅率。稅率是應納稅額與課稅對象之間的比率。它是計算稅額的尺度，是稅法中的核心要素。中國現行稅率主要有比例稅率、定額稅率和累進稅率三種。

（6）納稅環節。納稅環節是稅法對商品從生產到消費的整個過程所選擇規定的應納稅環節。

（7）計稅依據。計稅依據是指計算應納稅金額的根據。

（8）納稅期限。納稅期限指納稅人按稅法法規規定在發生納稅義務後，應當向國家繳納稅款的時限。

（9）納稅地點。納稅地點是指繳納稅款的地方。納稅地點一般為納稅人的住所地，也有定為營業地、財產所在地或特定行為發生地的。納稅地點關係到稅收管轄權和是否便利納稅等問題，在稅法中明確規定納稅地點有助於防止漏徵或重複徵稅。

（10）減稅免稅。這是指稅法對特定的納稅人或徵稅對象給予鼓勵和照顧的一種優待性規定。中國稅法的減免內容主要有以下三種：起徵點、免徵額和減免規定。

（11）法律責任。是指納稅人存在違反稅法行為所應承擔的法律責任，包括由稅務機關或司法機關所採取的懲罰措施。

3. 主要稅種簡介

（1）增值稅。增值稅是以增值額為課稅對象的一種流轉稅。所謂增值額，從理論上講就是企業在商品生產、流通和加工、修理和修配各個環節中新增的那部分價值。增值稅率分為三檔：基本稅率為17%，低稅率為13%，出口稅率為零。增值稅屬於價外稅。

（2）消費稅。消費稅是對在中國境內從事生產、委託加工和進口應稅消費品的單位和個人就其銷售額或銷售數量為課稅對象徵收的一種稅。

（3）營業稅。營業稅是對在中國境內提供應稅勞務的第三產業（如交通運輸、金融保險、郵電通信、文化娛樂、建築安裝、服務業等）、轉讓無形資產或銷售不動產的單位和個人徵收的一種稅。

（4）資源稅。資源稅是對中國境內開採應稅礦產品及生產鹽的單位和個人就其應稅資源銷售數量或自用數量為課稅對象徵收的一種稅。

（5）企業所得稅。企業所得稅是對企業純收益徵收的一種稅，體現了國家與企業的分配關係。企業所得稅適用於境內的實行獨立經濟核算的企業組織，包括國有企業、集體企業、私營企業、聯營企業、股份制企業和其他組織，但外商投資企業和外國企

業除外。上述企業在中國境內和境外的生產、經營所得和其他所得,為應納稅所得額,按 25%的稅率計算繳納稅款。

外商投資企業和外國企業所得稅,以設立在中國境內的外商投資企業和外國企業為納稅人,適用於在中國境內設立的中外合資經營企業、中外合作經營企業和外商獨資企業,以及在中國境內設立機構、場所,從事生產、經營和雖未設立機構、場所而有來源於中國境內所得的外國公司、企業和其他經濟組織。上述外商投資企業和外國企業的生產、經營所得和其他所得為應納稅所得額,稅率為 25%。

(6) 個人所得稅。個人所得稅是對個人收入徵收的一種稅,體現國家與個人的分配關係。個人所得稅稅率設有 3%~45%、5%~35%的超額累進稅率和 20%的比例稅率。

財務人員應當熟悉國家稅收法律的規定,不僅要瞭解各稅種的計徵範圍、計徵依據和稅率,而且要瞭解差別稅率的制定精神、減稅、免稅的原則規定,自覺按照稅收政策導向進行經營活動和財務活動。

(三) 財務法規

財務法規是財務管理的工作準則。財務法規主要有企業財務通則和分行業的財務制度。

(1) 企業財務通則。《企業財務通則》由中國財政部制定,於 1993 年 7 月 1 日起實施。企業財務通則是企業從事財務活動、實施財務管理的基本原則和規範。其內容主要包括對企業的資金籌集、資產管理、收益及分配等財務管理工作的基本規定。

(2) 行業財務制度。由於不同行業的業務性質不同,具有各自的特點,在財務管理上有其具體不同的管理要求。而《企業財務通則》作為財務管理的基本制度,只能明確一些各類企業共同的和均能執行的原則,不可能太具體,也難以完全體現各行業的特點和要求。因此,在《企業財務通則》的基礎上,需要再由國家統一制定各大行業的財務制度。

行業財務制度打破部門管理和所有制的界限,在原有的 40 多個行業的基礎上,重新劃分行業,根據各行業經營業務特點和特定的管理要求,制定了包括工業、運輸、商品流通、郵電、金融、旅遊飲食服務、農業、對外經濟合作、施工和房地產開發、電影和新聞出版等十大行業財務制度。行業財務制度由財政部統一制定,於 1993 年 7 月 1 日起實施。

行業財務制度分別根據各行業的業務特點,對各行業企業財務管理從資金籌集到企業清算等全過程的具體內容和要求做出了具體的規定。因此,行業財務制度是整個財務制度體系的基礎和主體,是企業進行財務管理必須遵循的具體制度。

除上述法規外,與企業財務管理有關的其他經濟法律、法規還有:《企業財務會計報告條例》《計帳文件管理辦法》《會計從業資格管理辦法》《證券法》《結算法》《合同法》等。財務人員應當熟悉這些法律、法規,在守法的前提下進行財務管理,實現企業的財務目標。

三、金融環境

企業總是需要資金從事投資和經營活動。而資金的取得,除了自有資金外,主要

從金融機構和金融市場取得。金融政策的變化必然影響企業的籌資、投資和資金營運活動，所以金融是企業最為主要的環境因素，影響財務管理的主要金融環境因素有金融機構、金融工具、金融市場和利率等。

(一) 金融機構

社會資金從資金供應者手中轉移到資金需求者手中，大多要通過金融機構。金融機構包括銀行業金融機構和其他金融機構。

1. 銀行業金融機構

銀行業金融機構是指經營存款、放款、匯兌、儲蓄等金融業務，承擔信用仲介的金融機構。銀行的主要職能是充當信用仲介、充當企業之間的支付仲介、提供信用工具、充當投資手段和充當國民經濟的宏觀調控手段。中國銀行主要包括各種商業銀行和政策性銀行。商業銀行，包括國有商業銀行（如中國工商銀行、中國農業銀行、中國銀行和中國建設銀行）和其他商業銀行（如廣東發展銀行、光大銀行等）；國家政策性銀行主要包括中國進出口銀行、國家開發銀行等。

2. 其他金融機構

其他金融機構包括金融資產管理公司、信託投資公司、財務公司和金融租賃公司等。

(二) 金融工具

金融工具是在信用活動中產生的、能夠證明債權債務關係並據以進行資金交易的合法憑證，它對於債權債務雙方所應承擔的義務與享有的權利均具有法律效力。金融工具一般具有期限性、流動性、風險性和收益性四個基本特徵。

(1) 期限性是指金融工具一般規定了償還期，也就是規定債務人必須全部歸還本金與利息之前所經歷的時間。

(2) 流動性是指金融工具在必要時迅速轉變為現金而不致遭受損失的能力。

(3) 風險性是指購買金融工具的本金和預定收益遭受損失的可能性，一般包括信用風險和市場風險兩個方面。

(4) 收益性是指持有金融工具所能夠帶來的一定收益。

金融工具若按期限不同可分為貨幣市場工具和資本市場工具。前者主要有商業票據、國庫券（國債）、可轉讓大額定期存單、回購協議等；后者主要是股票和債券。

(三) 金融市場

1. 金融市場的意義、功能與要素

金融市場是指資金供應者和資金需求者雙方通過金融工具進行交易的場所。金融市場可以是有形的市場，如銀行、證券交易所等；也可以是無形市場，如利用電腦、電傳、電話等設施通過經紀人進行資金融通活動。

金融市場的主要功能有五項：轉化儲蓄為投資；改善社會經濟福利；提供多種金融工具並加速流動，使中短期資金凝結為長期資金；提高金融體系競爭性和效率；引導資金流向。

金融市場的要素主要有：①市場主體，即參與金融市場交易活動而形成買賣雙方的各經濟單位；②金融工具，即借以進行金融交易的工具，一般包括債權債務憑證；③交易價格，反應的是在一定時期內轉讓資金使用權的報酬；④組織方式，即金融市場的交易採用方式。

從財務管理角度來看，金融市場作為資金融通的場所，是企業向社會籌集資金必不可少的條件。財務管理人員必須熟悉金融市場的各種類型和管理規則，有效地利用金融市場來組織資金的籌措和進行資本投資等活動。

2. 金融市場的種類

金融市場按組織方式的不同可劃分為兩部分：一是有組織化、集中的場內交易市場，即證券交易所，它是證券市場的主體和核心；二是非組織化的、分散的場外交易市場，它是場內交易的必要補充。

下面對第一部分市場的分類進行介紹：

（1）按期限劃分為短期金融市場和長期金融市場。短期金融市場又稱資金市場，是指以期限1年以內的金融工具為媒介，進行短期資金融通的市場。其主要特點有：①交易期限短；②交易的目的是滿足短期資金週轉的需要；③所交易的金融工具有較強的資金性。

長期金融市場是指以期限1年以上的金融工具為媒介，進行長期性資金交易活動的市場，又稱資本市場。其主要特點有：①交易的主要目的是滿足長期投資性資金的供求需要；②收益較高而流動性較差；③資金借貸量大；④價格變動幅度大。

（2）按證券交易的方式和次數分為初級市場和次級市場。初級市場也稱一級市場或發行市場，是指新發行證券的市場，這類市場使預先存在的資產交易成為可能。次級市場，也稱二級市場或流通市場，是指現有金融渠道的交易場所。初級市場我們可以理解為「新貨市場」，次級市場我們可以理解為「舊貨市場」。

（3）按金融工具的屬性分為基礎性金融市場和金融衍生品市場。基礎性金融市場是指以基礎性金融產品為交易對象的金融商場，如商業票據、企業債券、企業股票的交易商場；金融衍生品市場是指以金融衍生品生產工藝為交易對象的金融市場。所謂金融衍生產品是一種金融合約，其價值取決於一種或多種基礎資產或指數，合約的基本種類包括遠期、期貨、掉期（互換）、期權，以及具有遠期、期貨、掉期（互換）和期權中一種或多種特徵的結構化金融工具。

除上述分類外，金融市場還可以按交割方式分為現貨市場、期貨市場和期權市場；按交易對象分為票據市場、證券市場、衍生工具市場、外匯市場、黃金市場等；按交易雙方在地理上的距離而劃分為地方性的、全國性的、區域性的金融市場和國際金融市場。

（四）利率

利率也稱利息率，是利息占本金的百分比指標。從資金的借貸關係看，利率是一定時期運用資金資源的交易價格。資金作為一種特殊商品，以利率為價格標準的融通，實質上是資源通過利率實行的再分配。因此利率在資金分配及企業財務決策中起著重

要作用。

1. 利率的類型

利率可按照不同的標準進行分類：

（1）按利率之間的變動關係，分為基準利率和套算利率。基準利率又稱基本利率，是指在多種利率並存的條件下起決定作用的利率。所謂起決定作用是說，這種利率變動，其他利率也相應變動。因此，瞭解基準利率水平的變化趨勢，就可瞭解全部利率的變化趨勢。基準利率在西方通常是中央銀行的再貼現率，在中國是中國人民銀行對商業銀行貸款的利率。

套算利率是指基準利率確定后，各金融機構根據基準利率和借貸款項的特點而換算出的利率。例如，某金融機構規定，貸款 AAA 級、AA 級、A 級企業的利率，應分別在基準利率基礎上加 0.5%、1%、1.5%，加總計算所得的利率便是套算利率。

（2）按利率與市場資金供求情況的關係，分為固定利率和浮動利率。固定利率是指在借貸期內固定不變的利率。受通貨膨脹的影響，實行固定利率會使債權人利益受到損害。浮動利率是指在借貸期內可以調整的利率，在通貨膨脹條件下採用浮動利率，可使債權人減少損失。

（3）按利率形成機制不同，分為市場利率和法定利率。市場利率是指根據資金市場上的供求關係，隨著市場而自由變動的利率。法定利率是指由政府金融管理部門或者中央銀行確定的利率。

2. 利率的一般計算公式

正如任何商品的價格均由供給和需求兩方面來決定一樣，資金這種特殊商品的價格—利率，也主要是由供給與需求來決定。但除這兩個因素外，經濟週期、通貨膨脹、國家資金政策和財政政策、國際經濟政治關係、國家利率管制程度等，對利率的變動均有不同程度的影響。因此，資金的利率通常由三部分組成：①純利率；②通貨膨脹補償率（或稱通貨膨脹貼水）；③風險收益率。利率的一般計算公式可表示如下：

利率＝純利率＋通貨膨脹補償率＋風險收益率

純利率是指沒有風險和通貨膨脹情況下的均衡點利率；通貨膨脹補償率是指由於持續的通貨膨脹會不斷降低資金的實際購買力，為補償其購買力損失而要求提高的利率；風險收益率包括違約風險收益率、流動性風險收益率和期限風險收益率。其中，違約風險收益率是指為了彌補因債務人無法按時還本付息而帶來的風險，由債權人要求提高的利率；流動性風險收益率是指為了彌補因債務人資產流動不好而帶來的風險，由債權人要求提高的利率；期限風險收益率是指為了彌補因償債期長而帶來的風險，由債權人要求提高的利率。

四、經濟環境

經濟環境是指企業進行財務活動的宏觀經濟狀況。

1. 經濟發展狀況

經濟發展的狀況對企業理財有重大影響。在經濟增長比較快的情況下，企業為了適應這種發展並在其行業中維持其地位，必須保持相應的增長速度，因此要相應增加

廠房、機器、存貨、工人、專業人員等，就通常需要大規模地籌集資金。在經濟衰退時，最受影響的是企業銷售額，銷售額下降會使企業現金的流轉發生困難，需要籌資以維持營運。

2. 通貨膨脹

通貨膨脹不僅對消費者不利，而且給企業帶來很大困難。企業對通貨膨脹本身無能為力，只能在管理中充分考慮通貨膨脹的影響因素，盡量減少損失。企業有時可採用套期保值等辦法減少通貨膨脹造成的損失，如提前購買設備和存貨，買進現貨，賣出期貨。

3. 利率波動

銀行存貸款利率的波動，以及與此相關的股票和債券價格的波動，既給企業以機會，也是對企業的挑戰。在為過剩資金選擇投資方案時，利用這種機會可以獲得額外收益。例如，在購入長期債券后，由於市場利率下降，按固定利率計息的債券價格將上漲，企業可以出售債券獲得較預期更多的現金流入。當然，如果出現相反的情況，企業會蒙受損失。

企業在選擇籌資渠道時，情況與此類似。在預期利率將持續上漲時，以當前較低的利率發行長期債券，可以節省成本。當然，如果企業發行債券后利率下降了，企業要承擔比市場利率更高的資金成本。

4. 政府的經濟政策

政府具有調控宏觀經濟的職能，國民經濟的發展規劃、國家的產業政策、經濟體制改革的措施、政府的行政法規等對企業的財務活動有重大影響。

國家對某些地區、某些行業、某些經濟行為的優惠鼓勵和有利傾斜構成了政府政策的主要內容。從反面來看，政府政策也是對另外一些地區、行業和經濟行為的限制。企業在財務決策時，應認真研究政府政策，按照政策導向行事，才能趨利除弊。

5. 同行業競爭

競爭廣泛存在於市場經濟之中，任何企業都不能迴避企業之間、各產品之間，現有產品和新產品之間的競爭，涉及設備、技術、人才、行銷、管理等各個方面。競爭能促使企業用更好的方法來生產更好的產品，對經濟發展起推動作用，但對企業來說，競爭既是機會，也是威脅。為了改善競爭地位往往需要大規模投資，成功之后企業盈利增加，若投資失敗則競爭地位更為不利。

競爭是「商業戰爭」，綜合了企業的全部實力和智慧，經濟增長、通貨膨脹、利率波動帶來的財務問題，以及企業的對策，都將在競爭中體現出來。

第五節　財務管理的環節

財務管理環節是指財務管理的工作步驟及一般程序。總的來講，企業財務管理的基本環節有以下幾個方面：

一、財務預測

財務預測是根據企業財務活動的歷史資料，參考企業財務管理的現實要求和條件，對企業未來的財務活動、財務成果做出科學的預計和測算。財務預測是財務管理的一項重要工作，其作用在於測算各項生產經營方案的經濟效益，為財務決策、財務預算和日常財務管理工作提供可靠的依據，使企業合理安排收支，提高資本使用效率和企業整體管理水平。

財務預測的內容具體包括資金預測、成本和費用預測、營業收入預測和利潤預測。按預測時間的長短，財務預測可以分為長期預測、中期預測和短期預測。

財務預測的程序一般包括確定預測對象和目的，收集和整理資料，選擇預測模型，實施財務預測。

財務預測的方法主要有定性預測和定量預測兩種。定性預測是利用已收集的資料，依靠財務人員的經驗和吸收各方面的意見進行分析，做出定性的判斷；定量預測是利用歷史和現實的資料，運用數學方法建立經濟模型，對未來財務發展趨勢做出量化的預測。在實踐中一般是將這兩種方法結合運用。

二、財務決策

財務決策是企業決策的一部分。財務決策是為了實現預定的財務目標，根據財務預測資料，運用科學方法對若干可供選擇的財務活動方案進行評價，從中選出最佳方案的過程。財務決策主要包括融資決策和投資決策兩個部分，是有關資本籌集和使用的決策。財務決策是財務管理的核心，在財務預測的基礎上所進行的財務決策，是編製財務計劃、進行財務控制的基礎。

財務決策的程序一般分為以下幾個步驟：

第一，確定決策目標。根據企業經營目標，在調查研究財務狀況的基礎上，確定財務決策所要解決的問題，如發行股票和債券的決策、設備更新和購置的決策和對外投資的決策等，然後收集企業內部的各種信息和外部的情報資料，為解決決策面臨的問題做好準備。

第二，提出備選方案。在預測未來有關因素的基礎上，提出為達到財務決策目標而考慮的各種備選的行動方案。擬訂備選方案時，對方案中決定現金流支出、流入的各種因素，要做周密的測定和計算；擬訂備選方案後，還要研究備選方案的可行性，各方案實施的有利條件和制約條件。

第三，選擇最優方案。備選方案提出后。根據一定的評價標準，採用有關的評價方法，評定出各方案的優劣或經濟價值，從中選擇一個預期效果最佳的財務決策方案。經擇優選出的方案，如涉及重要的財務活動（如籌資方案、投資方案）還要進行一次鑒定，經過專家鑒定認為決策方案切實可行，方能付諸實施。

財務決策的方法很多，財務管理中常見的方法主要有優選對比法和數學模型法。其中優選對比法包括總量對比法、差量對比法和指標對比法等，數學模型法包括數學微分法、線性規劃法、概率決策法及損益決策法。

三、財務預算

財務預算是運用科學的技術手段和量化分析方法，對未來的財務活動內容、目標進行具體規劃。財務預算是財務預測、財務決策的具體化，是以財務預測提供的數據信息及財務決策中確定的方案為基礎編製的，是進一步監督、控制財務活動的依據。

企業財務預算主要包括：資金籌集計劃、固定資產投資和折舊計劃、流動資產佔用和週轉計劃、對外投資計劃、利潤和利潤分配計劃。除了各項計劃表格以外，還應附列財務計劃說明書，財務計劃一般包括以下一些內容：

1. 根據財務決策的要求，分析主客觀條件，全面安排計劃指標

按照國家產業政策和企業財務決策的要求，根據供產銷條件和企業生產能力，運用各種科學方法，分析與所確定的經營目標有關的各種因素，按照總體經濟效益的原則，確定出主要的計劃指標。

2. 對需要與可能進行協調，實現綜合平衡

企業要合理安排人力、物力、財力，使之與經營目標的要求相適應，在財力平衡方面，要組織流動資金同固定資金的平衡、資金運用同資金來源的平衡、財務支出同財務收入的平衡等。

還要努力挖掘企業潛力，從提高經濟效益出發，對企業各方面生產經營活動提出要求，制定好各單位的增產節約措施，制定和修訂各項定額，以保證計劃指標的落實。

3. 調整各種指標，編製出計劃表格

以經營目標為核心，以平均先進定額為基礎，計算企業計劃期內資金佔用、成本和利潤等各項計劃指標，編製出財務計劃表，並檢查、核對各項有關計劃指標是否密切銜接、協調平衡。

財務預算的編製過程，實際上就是確定計劃指標，並對其進行平衡的過程。財務預算的編製方法有許多，比較常用的有固定預算法、彈性預算法、增量預算法、零基預算法、定期預算法和滾動預算法等。

四、財務控制

財務控制是指在財務管理過程中利用相關信息和特定的方法，對企業具體財務活動所施加的影響或進行的具體調節行為，以保證財務預算的實現。財務控制與財務預算緊密相連，財務預算是財務控制的重要依據，財務控制是財務預算執行的重要手段，兩者構成了財務管理的基本循環體系。

財務控制的工作步驟為以下幾點：

第一，制定控制標準，分解落實責任。按照責、權、利相結合的原則，將計劃任務以標準或指標的形式分解落實到車間、科室、班組以至個人，即通常所說的指標分解。這樣，企業內部每個單位、每個職工都有明確的工作要求，便於落實責任，檢查考核。通過計劃指標的分解，可以把計劃任務變成各單位和個人控制得住、實現得了的數量要求，在企業形成一個「個人保班組、班組保車間、車間保全廠」的經濟指標體系，使計劃指標的實現有堅實的群眾基礎。對資金的收付、費用的支出和物資的佔

用等，要運用各種手段（如限額領料單、費用控制手冊、流通券及內部貨幣等）進行事先控制。凡是符合標準的，就予以支持，並給予機動權限；凡是不符合標準的，則加以限制，並研究處理。

第二，實施追蹤控制，及時調整誤差。按照「幹什麼，管什麼，算什麼」的原則詳細記錄指標執行情況，將實際同標準進行對比，確定差異的程度和性質。要經常統計財務指標的完成情況，考察可能出現的變動趨勢，及時發出信號，揭示生產經營過程中發生的矛盾。此外，還要及時分析差異形成的原因，確定造成差異的責任歸屬，採取切實有效的措施，調整實際過程（或調整標準），消除差異，以便順利實現計劃指標。

第三，分析執行情況，搞好考核獎懲。在一定時期終了，企業應對各責任單位的計劃執行情況進行評價，考核各項財務指標的執行結果，把財務指標的考核納入各級崗位責任制，運用激勵機制，實行獎優罰劣。財務控制環節的特徵在於差異管理，在標準確定的前提下，應遵循例外原則，及時發現差異，分析差異，採取措施，調節差異。

財務控制的方法很多，常見的有防護性控制、前饋性控制和反饋控制。

五、財務分析

財務分析是指根據會計核算資料，運用特定的財務分析方法，對企業的財務活動過程及其結果進行分析和評價，以掌握各項財務計劃的完成情況，評價企業財務狀況，分析財務活動的規律性，完善財務預測、決策、預算和控制，提高企業的經營管理水平和經濟效益。

進行財務分析的具體步驟如下：

第一，收集資料，掌握信息。開展財務分析首先應充分佔有有關資料和信息。財務分析所用的資料通常包括財務報告等實際資料、財務計劃資料、歷史資料以及市場調查資料。

第二，指標對比，揭示矛盾。對比分析是揭示矛盾、發現問題的基本方法。先進與落後、節約與浪費、成績與不足，只有通過對比分析才能辨別出來。財務分析要在充分佔有資料的基礎上，通過數量指標的對比來評價業績，發現問題，找出差異，揭露矛盾。

第三，因素分析，明確責任。進行對比分析，可以找出差距，揭露矛盾，但為了說明產生問題的原因，還需要進行因素分析。影響企業財務活動的因素，有生產技術的，也有生產組織方面的，有經濟管理方面的，也有思想政治方面的；有企業內部的，也有企業外部的。進行因素分析，就是要查明影響財務指標完成的各項因素，並從各種因素的相互作用中找出影響財務指標完成的主要因素，以便分清責任，抓住關鍵。

第四，提出措施，改進工作。要在掌握大量資料的基礎上，去偽存真，去粗取精，由此及彼，由表及裡，找出各種財務活動之間以及財務活動同其他經濟活動之間的本質聯繫，然後提出改進措施。提出的措施應當明確具體，切實可行。實現措施應當確定負責人員，規定實現的期限。措施一經確定，就要組織各方面的力量認真貫徹執行。

要通過改進措施的落實，完善經營管理工作，推動財務管理發展到更高水平的循環。

財務分析的方法很多，主要有對比分析法、比率分析法、趨勢分析法和因素分析法等。

本章小結

財務管理是基於企業再生產過程中客觀存在的財務活動和財務關係而產生的，是根據財經法規制度，按照財務管理原則，對企業財務活動進行預測、組織、協調、分析和控制，處理企業財務關係的一項經濟管理工作。

財務活動是指資金籌集、投放、使用、回收及分配等一系列行為。企業財務關係是指企業在組織財務活動過程中與有關各方發生的經濟利益關係。財務管理的主要原則有：貨幣時間價值原則、資金合理配置原則、成本—效益原則、風險—報酬均衡原則、收支積極平衡原則、利益關係協調原則。

企業財務管理總體目標具有代表性的觀點有三種：（1）利潤最大化；（2）資本利潤率或每股利潤最大化；（3）股東財富或企業價值最大化。

企業財務管理環境主要包括法律環境、金融環境和經濟環境。

企業財務管理環節主要包括財務預測、財務決策、財務預算、財務控制和財務分析，其中財務決策是核心環節。

思考題

1. 什麼是財務、財務活動和財務關係？
2. 試述財務管理概念及其基本內容。
3. 關於財務管理目標的主要觀點是什麼？你認為現代財務管理的目標是什麼？
4. 不同利益主體在現代財務管理目標上存在哪些矛盾？如何進行協調？
5. 簡述利潤最大化目標的優缺點。

自測題

一、單項選擇題

1. 企業投資可以分為廣義投資和狹義投資，狹義的投資僅指（　　　）。
   A. 固定資產投資　　B. 證券投資　　C. 對內投資　　D. 對外投資
2. 企業分配活動有廣義和狹義之分，狹義的分配僅指（　　　）。
   A. 收入分配　　　　　　　　　B. 淨利潤分配
   C. 工資分配　　　　　　　　　D. 向投資者進行利潤分配
3. 能夠較好地反應股東最大化目標實現程度的指標是（　　　）。
   A. 稅後淨利潤　　B. 淨資產收益率　　C. 每股市價　　D. 剩餘收益
4. 作為企業財務目標，每股利潤最大化較之利潤最大化的優點在於（　　　）。

    A. 考慮了資金時間價值因素　　　B. 反應了創造利潤與投入資本的關係
    C. 考慮了風險因素　　　　　　　D. 能夠避免企業的短期行為
5. 下列選項中，（　　）是中國大多數企業財務管理的基本目標。
    A. 企業價值最大化　　　　　　　B. 資本利潤率最大化
    C. 利潤最大化　　　　　　　　　D. 每股利潤最大化
6. 下面（　　）的利率，在沒有通貨膨脹的情況下，可視為純利率。
    A. 國庫券　　　B. 公司債券　　　C. 銀行借款　　　D. 金融債券
7. 由企業經營而引起的財務活動是（　　）。
    A. 投資活動　　B. 籌資活動　　　C. 資金營運活動　D. 利潤分配活動
8. 下列各項中，（　　）是影響企業財務管理的最主要的環境因素。
    A. 法律環境　　B. 經濟環境　　　C. 金融環境　　　D. 企業內部環境
9. 在市場經濟條件下，財務管理的核心是（　　）。
    A. 財務預測　　B. 財務決策　　　C. 財務控制　　　D. 財務預算
10. 企業價值最大化目標強調企業風險控制和（　　）。
    A. 實際利潤額　　　　　　　　　B. 實際投資利潤率
    C. 預期獲利能力　　　　　　　　D. 實際投入資金

二、多項選擇題

1. 純利率的高低受以下（　　）因素的影響。
    A. 通貨膨脹　　B. 資金供求關係　C. 平均利潤率　　D. 國家調節
2. 利潤最大化的缺點是（　　）。
    A. 沒有考慮時間價值　　　　　　B. 沒有考慮風險因素
    C. 沒有考慮投入與產出的關係　　D. 易導致企業短期行為
3. 下列屬於企業內部財務關係的有（　　）。
    A. 企業與投資者　B. 企業與債權人　C. 企業與各部門　D. 企業與職工
4. 一般而言，資金利率的組成因素包括（　　）。
    A. 純利率　　　　　　　　　　　B. 違約風險報酬率
    C. 流動性風險報酬率　　　　　　D. 期限風險報酬率
5. 所有者與債權人的矛盾解決方式有（　　）。
    A. 解聘　　　　B. 限制性借款　　C. 收回借款　　　D. 激勵

三、判斷題

1. 金融市場利率波動與通貨膨脹有關，后者起伏不定，利率也隨之而起落。
　　　　　　　　　　　　　　　　　　　　　　　　　　　　　　（　　）
2. 短期證券市場由於交易對象易於變成貨幣或作為貨幣使用，所以也稱資本市場。
　　　　　　　　　　　　　　　　　　　　　　　　　　　　　　（　　）
3. 財務管理的核心工作環節是財務預測。　　　　　　　　　　　　（　　）
4. 從資金的借貸關係看，利率是一定時期運用資金資源的交易價格。（　　）
5. 企業與政府之間的財務關係體現為一種投資與受資關係。　　　　（　　）

第二章　財務管理基本價值觀念

學習目的

(1) 熟練掌握各種時間價值的概念及相關計算；
(2) 理解風險及風險價值的概念；
(3) 掌握單項資產及投資組合風險報酬的計算。

關鍵術語

貨幣時間價值　複利　年金　風險價值

導入案例

田納西鎮的巨額帳單

如果你突然收到一張事先不知道的1,260億美元的帳單，你一定會大吃一驚，而這樣的事件卻發生在瑞士田納西鎮的居民身上。紐約布魯克林法院判決田納西鎮應向某一美國投資者支付這筆巨款。最初，田納西鎮的居民以為這是一件小事，但當他們收到帳單時，被這張巨額帳單嚇呆了。他們的律師指出，若高級法院支持這一判決，為償還債務，所有田納西鎮的居民在其餘生中不得不靠麥當勞等廉價快餐度日。

田納西鎮的問題源於1966年的一筆存款。斯蘭黑不動產公司在內部交換銀行（田納西鎮的一家銀行）存入一筆6億美元的存款。存款協議要求銀行按每週1%的利率（複利）付息（難怪該銀行第2年破產！）。1994年，紐約布魯克林法院做出判決：從存款日到田納西鎮對該銀行進行清算的7年中，這筆存款應按每週1%的複利計算，而在銀行清算后的21年中，每年按8.54%的複利計息。

那麼你知道1,260億美元是如何計算出來的嗎？那麼就讓我們帶著這些疑問開始本章內容的學習吧。

資金具有時間價值，它在使用過程中可以不斷地實現增值；然而，資金的使用人們習慣上稱之為投資，又存在風險。風險是影響資金價值的重要因素。在現代社會經濟生活中，證券是資金，也是投資的一種重要形式，證券投資的價值既包含時間價值，也包含著風險因素。正確進行資金時間價值和風險因素的計量，進行證券估價，是進行企業財務管理所必須具備的基本知識。

第一節　貨幣時間價值觀念

一、貨幣時間價值的含義

資金在使用過程中可以不斷地增值，這是人們所熟知的一個社會經濟現象。資金使用者將資金投入生產過程，經過貨幣—實物—貨幣的變換過程，使資金得到增值，形成企業利潤。資金使用者償還投資者投入（或借入）的資金，除歸還本金外，還支付一定的股息或利息。資金擁有者通過投出或借出資金，收回資金的本金及其股息或利息，也使其資金得到增值，這實際是生產企業將一部分利潤以資金使用費的方式轉讓給資金擁有者。因為資金擁有者如果不投出或借出資金，而是將其擁有的資金用於其他經營，也可能得到利潤而使其資金得到增值，所以資金使用費是對資金擁有者放棄其資金其他增值機會而得到的一種補償。

資金的擁有者從投出或借出資金到收回資金和資金使用費，往往要經過一段時間，顯然，資金的增值與時間直接相關，它是資金在使用過程中隨著時間的推移而發生的，因此也可以稱之為資金的時間價值。

由於資金具有時間價值，因而在現實生活中，現在手中擁有的 100 元錢和將來擁有的 100 元錢一般是不等的。一般說來，現在的 100 元錢比 1 年後的 100 元錢有著更大的價值，即使不存在通貨膨脹也是如此。理由很簡單，將現在的 100 元錢存入銀行，若銀行存款利率為 2%（假設已扣除利息稅率），則 1 年後這 100 元錢就變成了 102 元，這增加的 2 元錢可以視為資金的時間價值。也就是說，在銀行存款利率為 2% 的情況下，現在的 100 元錢和 1 年後的 102 元等值。

但是，資金的增值也不能完全等同於資金的時間價值。首先，資金擁有者無論是投出還是借出資金，都可能會承擔一定的風險，即其可能不但無法收回資金使用費，甚至於連投出或借出的資金本身都無法收回。為此，資金擁有者除獲取資金使用費外，還要獲取風險報酬。所以，資金的時間價值應當是扣除全部風險報酬後的收益。其次，作為一種生產要素，資金可以投資於或借入不同行業，而不同行業因其對資金的需求程度和運用效率不同，所能給予的資金報酬也有所不同。為了平衡這種差異，資金會在不同行業之間轉移，最終形成基本相當的平均報酬，這就構成資金時間價值的基礎。

因此，更確切地說，資金的時間價值應當是資金在使用過程中隨著時間的推移而發生的全部增值額扣除全部風險報酬後的平均收益。其相對值的形式為資金收益率，絕對值的形式為資金價值的絕對增加額。

二、貨幣時間價值的計算

計算資金的時間價值，通常要按照一定的折現率，將不同時點的現金流量折合成同一時點的現金流量。

(一) 現金流量

1. 現金流量的含義

現金流量是資金在一定時點流入或流出的數量，它具有時間性和方向性兩個基本特徵。由於資金具有隨時間的延續而增值的特性，因此對不同時間的資金價值就不宜直接進行比較，而必須將它們換算到同一時點，再進行大小比較，這就涉及資金時間價值的計算。而要計算資金的時間價值，首先必須弄清每一筆資金運動發生的時間和方向。

2. 現金流量圖

現金流量圖是用於反應資金流動的數量、時間和方向的函數關係的圖形。在現金流量圖中，橫軸指向右方，代表時間的增加，橫軸上的坐標代表各個時點；從橫軸的各個時點引出的縱向箭線表示在那一個時點發生的現金流量，箭頭表示資金的流動方向；箭頭指向橫軸表示資金的流入；箭頭背向橫軸表示資金的流出。現金流量的大小用箭線旁邊的數字表示。

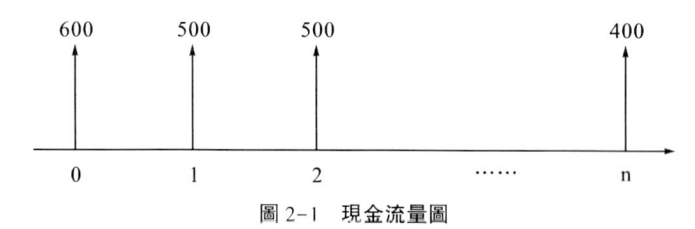

圖 2-1　現金流量圖

圖 2-1 的現金流量圖，表示在時點 0 有 600 單位現金流出，在時點 1 和時點 2 各有 500 單位現金流入，在時點 n 有 400 單位現金流入。

對於現金流量圖，一般有以下假設：

(1) 現金流量發生在每一期期末。除非特殊說明，現金流量均發生在期末。

(2) 現金流出為負值。對投資者而言，現金流入為增加現金，用「+」表示，現金流出為減少，用「-」表示。

(3) 決策時點為 $t=0$，即現在。除非特殊說明，「現在」是 $t=0$ 這一瞬間，則 $t=1$ 就是第 1 個時間期間的期末，也是第 2 個時間期間的期初（或開始）。

(二) 單利和複利

利息的計算有單利和複利兩種方法。

1. 單利

單利是指在規定的期限內只就本金計算利息，每期的利息在下一期不作為本金，不產生新的利息。如果本金為 PV，利率為 i，計息期數為 n，則各期的本金和利息如表 2-1 所示。

表 2-1　　　　　　　　　　　　　　單利計算表

期數	本金	利息	本利和
1	PV	PV×i	PV+PV×i
2	PV	PV×i	PV+2×PV×i
…	…	…	…
N	PV	PV×i	PV+n×PV×i

所以，單利的計算公式為：

$$FV_n = PV + n \times PV \times i = PV \times (1 + n \times i) \tag{2-1}$$

式中：FV_n——第 n 期本利和；

　　　PV——本金，

　　　i——利率。

【例 2-1】將 1,000 元現金存入銀行，年利率為 5%，存期為 8 年，單利計息。要求計算 8 年後的本利和。

解：$FV_n = 1,000 (1+8\times5\%) = 1,400$（元）

2. 複利

複利是指每期產生的利息在下一期都轉化為本金，產生新的利息，所以又稱利滾利。如果本金為 PV，利率為 i，計息期數為 n，則各期的本金和利息如表 2-2 所示。

表 2-2　　　　　　　　　　　　　　複利計算表

期數	本金	利息	本利和
1	PV	PV×i	PV+PV×i
2	PV(1+i)	PV(1+i)×i	PV×(1+i)²
…	…	…	…
N	PV		PV×(1+i)ⁿ

所以，複利的計算公式為：

$FV_n = PV \times (1+i)^n$

式中：FV_n——第 n 期本利和。

【例 2-2】將 1,000 元現金存入銀行，年利率為 5%，存期為 1 年，到期未取則銀行自動按相同的時期、相同的利率轉存。要求計算 8 年後的本利和。

解：$FV_n = 1,000 \times (1+5\%)^8 = 1,477$（元）

(三) 複利的終值與現值

由於資金隨時間的增長過程與複利的計算過程在數學上相似，因此在計算資金的時間價值時一般使用複利計算方法。

1. 複利的終值

終值（Future Value）是指現在一定量的現金流量在利率一定的情況下，在未來某

時點的價值，或者說是現在的本金在未來某一時點的本利和。從複利計算的角度來說，終值就是現在的本金在未來某一時點的本利和。因此，終值的計算公式為：

$$FV_n = PV \times (1+i)^n \qquad (2-2)$$

其中 FV 就是現在的資金 PV 在利率為 i 時折合到時點 n 的終值。

公式中的 $(1+i)^n$ 稱為複利終值系數（Future Value Interest Factor）或 1 元的複利終值，可用符號 $(FV/PV, i, n)$ 表示。如 $(FV/PV, 5\%, 8)$ 表示利率為 5% 的 8 年期複利終值系數。為了方便計算，可以編製「複利終值系數表」（詳見附表），需要時直接從表上查出相應的終值系數。該表的第 1 行為利率 i，第 1 列為時點 n，相關行、列交叉處就是所需的複利終值系數。通過查表，可以查出 $(FV/PV, 5\%, 8) = 1.477,5$。

從該表中，既可以在已知 i 和 n 時查找 1 元的複利終值，也可以在已知 1 元複利終值和 i 時查找 n，還可以在已知 1 元複利終值和 n 時查找 i。

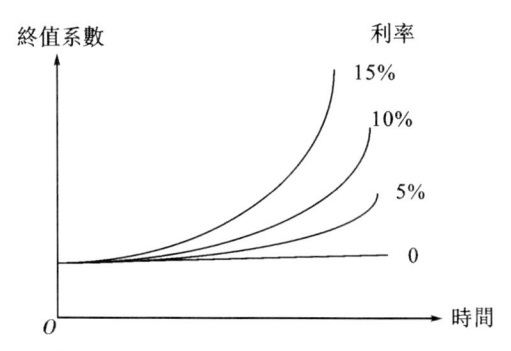

圖 2-2　以時間和利率為自變量的終值系數圖

圖 2-2 是以時間和不同的利率為自變量的終值系數分佈圖。如圖所示，終值與時間和利率正相關。利率越大，終值越大；時間越長，終值越大。

2. 複利的現值

現值（Present Value）是和終值相對應的概念，是指未來某一時點一定量的現金流量按一定的利率折算成現在的價值，或者說為了取得未來某一時點一定的本利和，在現在所需要的本金。依據複利終值和複利現值的含義，實際是已知 FV，求 PV。將以上複利終值公式進行變換，即可得到以下公式：

$$PV = FV \times (1+i)^{-n} \qquad (2-3)$$

其中 PV 就是時點 n 的資金 FV 在利率為 i 時貼現到現在的價值，即現值。

公式中的 $(1+i)^{-n}$ 稱為複利現值系數或 1 元的複利現值，可用符號 $(PV/FV, i, n)$ 表示。如 $(PV/FV, 5\%, 8)$ 表示貼現率為 5% 的 8 年期複利現值系數。為了方便計算，可以編製「複利現值系數表」（詳見附表），需要時直接從表上查出相應的現值系數。通過查表，可以查出 $(PV/FV, 5\%, 8) = 0.676,8$。$i$ 在這裡也稱為貼現率（Discount Rate），由終值求現值的過程稱為貼現。

圖 2-3 是以時間和不同的貼現率為自變量的現值系數分佈圖。如圖所示，現值與時間和貼現率負相關。貼現率越大，現值越小；時間越長，現值越小。

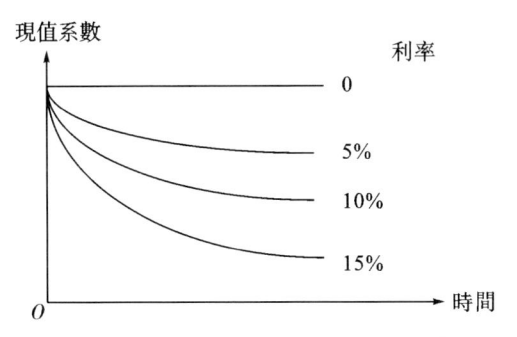

圖 2-3　以時間和貼現率為自變量的現值系數圖

三、年金及其時間價值的計算

年金（Annuity）是指在一定時期內、相同間隔時點等額發生的現金流量。直線折舊、分期付息、分期等額償還借款等都表現為年金。年金複利終值和年金複利現值的計算，實際上還是可以利用上述多期現金流量的終值和現值的計算公式，但年金複利終值和年金複利現值是多期現金流量的終值和現值的一個特例，它和一般的多期現金流量相比，具有每期現金流量相等的特性，所以其計算可以更加簡便。

1. 年金終值

任何期間都有始點和終點。依據每期的現金流量發生在期初還是期末，把年金分為先付年金和后付年金。

（1）后付年金

后付年金又稱普通年金（ordinary annuity），是指從第一期開始，在每期期末發生等額的現金流量序列。如圖 2-4 所示，時間價值率為 i，那麼第 n 年后付年金終值是多少？

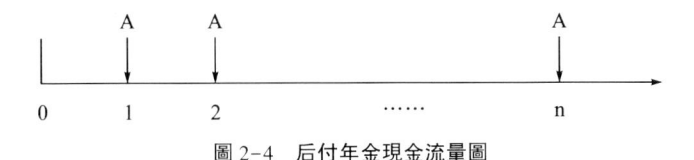

圖 2-4　后付年金現金流量圖

各期的現金流入到第 n 期的終值之和為：

$$FV = \sum_{t=1}^{n} A \times (1+i)^{n-t} = A \times \sum_{t=1}^{n} (1+i)^{n-t}$$

等式兩邊同乘以 $(1+i)$，有

$$(1+i) \times FV = A \times (1+i) \times \sum_{t=1}^{n} A \times (1+i)^{n-t}$$

以上兩個等式相減，得

$$(1+i-1) \times FV = A \times (1+i)^n - A$$

年金終值的計算公式為：

$$FV = A \times \frac{(1+i)^n - 1}{i} \qquad (2-4)$$

【例2-3】每年年末將1,000元存入銀行，若利率為5%，要求計算8年後的年金終值。

解：$FV = 1,000 \times \frac{(1+5\%)^8 - 1}{5\%} = 9,549$（元）

公式中的 $\frac{(1+i)^n - 1}{i}$ 稱為年金終值系數或1元的年金終值，可用符號（FV/A, i, n）表示。如（FV/A, 5%, 8）表示利率為5%的8年期年金終值系數。為了方便計算，可以編製「年金終值系數表」（詳見附表），需要時直接從表上查出相應的年金終值系數。如通過查表，可以查出（FV/A, 5%, 8）= 9.549,1。

以上公式是在已知各期年金時計算年金終值，反過來也可以在已知年金終值時計算各期的年金。如借入一筆債務，預計在n期後共計歸還本金和利息FV，利率為i。假設採用每期末等額歸還的方式還債，則就是要確定每期應歸還的金額—年金。這種為使年金終值達到既定金額而在每期應支付的年金數額稱為償債基金。

變換年金終值公式，可得償債基金的計算公式：

$$A = FV \times \frac{i}{(1+i)^n - 1} \qquad (2-5)$$

【例2-4】某企業擬在8年後還清債務共計1,000萬元，採用每年等額還債的方式，利率為5%。要求計算每年應歸還的債務額。

解：$A = 1,000 \times \frac{5\%}{(1+5\%)^8 - 1} = 105$（萬元）

(2) 先付年金

先付年金（Annuity Due）是指從第一期開始，每期期初發生等額的現金流量序列，如圖2-5所示。若每期期初現金流入為A，利率為i，那麼第n期先付年金終值是多少？

```
A    A    A              A
↓    ↓    ↓              ↓
├────┼────┼──── …… ────┼────┤
0    1    2            n-1   n
```

圖2-5 先付年金現金流量圖

各期的現金流入到第n期的終值之和為：

$$FV = A \times \sum_{t=1}^{n} (1+i)^t = A \times \left[\frac{(1+i)^{n+1} - 1}{i} - 1 \right] \qquad (2-6)$$

【例2-5】每年年初將1,000元存入銀行，若利率為5%，要求計算8年後的年金終值。

解：$FV = 1,000 \times \left[\frac{(1+5\%)^{8+1} - 1}{5\%} - 1 \right] = 10,027$（元）

公式中的 $\left[\frac{(1+i)^{n+1} - 1}{i} - 1 \right]$ 稱為先付年金終值系數或1元的先付年金終值系數，與

年金終值係數相比，其期數增加了1，係數減少了1，可用符號 [(FV/A, i, n+1)-1] 表示。如 [(FV/A, 5%, 8+1)-1] 表示利率為5%的8年期先付年金終值係數。可以先從「年金終值係數表」（詳見附表）上查出年金終值係數 (FV/A, 5%, 8+1)，再將其減去1，即可得到相應的先付年金終值係數。如通過查表，可以查出 (FV/A, 5%, 9) = 11.027，[(FV/A, 5%, 8+1)-1] = 10.027。

(3) 遞延年金

遞延年金是指在第一期之後的若干期開始，每期期末發生等額的現金流量序列。如圖2-6所示，時間價值利率為 i，從第 $m+1$ 期開始發生現金流入，到第 $m+n$ 期各期現金流量的終值之和是多少？

圖2-6 遞延年金現金流量圖

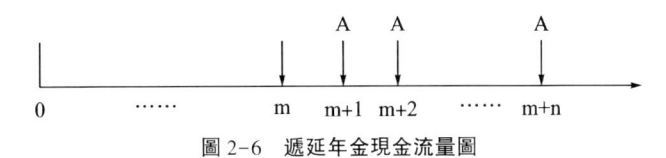

圖2-6中 m 為遞延期，n 為款項收付的次數，$m+n$ 為整個分析的時間區間。遞延年金終值的計算與后付年金終值的計算完全相同，即有：

$$FV = A \times \frac{(1+i)^n - 1}{i}$$

【例2-6】現在購買保險，從第4年末開始收取回報，預計每年末收取的回報額為1,000元，利率為5%，要求計算第8年末的遞延年金終值。

解：$FV = 1,000 \times \frac{(1+5\%)^5 - 1}{5\%} = 1,000 \times (FV/A, 5\%, 5) = 5,526$（元）

2. 年金現值

與年金終值類似，年金現值的計算也是依據現金流量發生的時點和前述複利現值的公式。

(1) 后付年金

現金流量圖如圖2-4所示，各期的現金流入到第 n 期的現值之和為：

$$PV = \sum_{t=1}^{n} A \times (1+i)^t$$

等式兩邊同乘以 $(1+i)$，有

$$(1+i) \times PV = (1+i) \times \sum_{t=1}^{n} A/(1+i)^t$$

以上兩個等式相減，得

$$(1+i-1) \times PV = A - A \times (1+i)^{-n}$$

年金現值的計算公式為：

$$PV = A \times \frac{1-(1+i)^{-n}}{i} \tag{2-7}$$

【例2-7】從現在起8年內，每年末將獲取收益1,000元，若折現率為5%，要求計算8年收益的年金現值。

解：$PV = 1,000 \times \dfrac{1-(1+5\%)^{-8}}{5\%} = 6,463$（元）

公式中的 $\dfrac{1-(1+i)^{-n}}{i}$ 稱為年金現值系數或1元的年金現值，可用符號（PV/A, i, n）表示。如（PV/A, 5%, 8）表示折現率為5%的8年期年金現值系數。為了方便計算，可以編製「年金現值系數表」（詳見附表），需要時直接從表上查出相應的現值系數。如通過查表，可以查出（PV/A, 5%, 8）= 6.463,2。

將上述公式加以變換，有：

$$A = PV \times \dfrac{i}{1-(1+i)^{-n}} \qquad (2-8)$$

其中，$\dfrac{i}{1-(1+i)^{-n}}$ 稱為投資回收系數。下面舉例說明該公式的運用。

【例2-8】某企業現在以1,000萬元的價格購入一條生產線，如果該生產線的壽命週期為8年，折現率為5%，要求計算該生產線每年應該等額產生的現金流量。

$A = 1,000 \times \dfrac{5\%}{1-(1+5\%)^{-8}} = 155$（萬元）

（2）先付年金

現金流量圖如圖2-5所示，各期的現金流入到第n期的現值之和為：

$$PV = \sum_{t=0}^{n-1} A/(1+i)^t = A \times \left[\dfrac{1-(1+i)^{-(n-1)}}{i} + 1\right] \qquad (2-9)$$

【例2-9】某學生從現在起8年內，每年初可獲得1,000元的助學金，若折現率為5%，要求計算8年的助學金現值。

解：$PV = 1,000 \times \left[\dfrac{1-(1+5\%)^{-(8-1)}}{5\%} + 1\right] = 6,786$（元）

公式中的 $\left[\dfrac{1-(1+i)^{-(n-1)}}{i} + 1\right]$ 稱為先付年金現值系數或1元的先付年金現值，與後付年金現值系數相比，其期數減少了1，系數增加了1，可用符號 [（PV/A, i, $n-1$）+ 1] 表示。如 [（PV/A, 5%, 8-1）+ 1] 表示利率為5%的8年期先付年金現值系數。可以先從「年金現值系數表」（詳見附表）上查出年金現值系數（PV/A, 5%, 8-1），再將其加上1，即可得到相應的先付年金現值系數。如通過查表，可以查出（PV/A, 5%, 7）= 5.786,4，則 [（PV/A, 5%, 7-1）+1] = 6.786,4。

（3）遞延年金

現金流量圖如圖2-6所示，計算遞延年金的現值可以先將第$m+1$期、第$m+2$期、……、第$m+n$期共計n期的年金折現到第m時點，然后再將第m時點的價值折現到第0時點，此即遞延年金的現值。此方法稱之為分步計算法，其計算公式為：

$$PV = A \times \dfrac{1-(1+i)^{-n}}{i} \times \dfrac{1}{(1+i)^m} = A \times (PV/A, i, n) \times (PV/FV, i, m) \qquad (2-10)$$

遞延年金的現值也可以採用補缺法計算，即假設第一期至第m期末也有現金流量

A，那麼就變成了 $m+n$ 期的普通年金計算現值的問題，計算出來的結果需要把本來不存在的 m 期的普通年金的現值減去才得到所需要計算的結果。其計算公式為：

$$或\ PV=A\times\frac{1-(1+i)^{-(m+n)}}{i}-A\times\frac{1-(1+i)^{-m}}{i}=A\ [\ (PV/A,\ i,\ m+n)-(PV/A,\ i,\ m)\ ]$$

(2-11)

【例2-10】某企業現在投資建設一條生產線，預計從第4年至第11年的8年裡，每年末收益1,000萬元，貼現率為5%，要求計算這8年的年金折現到現在的價值。

解：$PV=1,000\times(PV/A,\ 5\%,\ 8)\times(PV/FV,\ 5\%,\ 3)=5,583$（元）

(4) 永續年金

如果每期產生的等額現金流量是無期限的，那麼該年金稱為永續年金。例如，若諾貝爾獎獎金每次是等額支付，就可以將其看作永續年金。

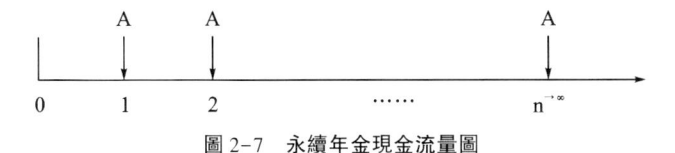

圖2-7 永續年金現金流量圖

對於普通年金現值的計算公式：

$$PV=A\times\frac{1-(1+i)^{-n}}{i}$$

當 $n\to\infty$ 即期限為無窮大時，有 $(1+i)=0$，所以永續年金的計算公式為：

$$PV=A\times\frac{1}{i}$$

(2-12)

【例2-11】某公司發行優先股股票，其股息為10元/股、半年，折現率為5%/年，要求計算購買時可以接受的價格。

解：半年的折現率=5%/2=2.5%

$PV=10/2.5\%=400$（元/股）

四、時間價值計算中的特殊問題

(一) 名義利率與實際利率

上述複利終值和複利現值計算中涉及的利率（或貼現率）一般都是以年為基礎確定的，即利率為年利率。但是，計息期不一定總是以年為基礎，它可以是季、月或日。因此，當一年內要多次計息時，給出的年利率是一種名義利率。一年內要多次計息，則前幾次計算出的利息在後幾次計息時就要作為本金再計息，這樣多次計算的利息之和顯然會比按年利率用初始本金一次計息計算出的利息要高，如此算出的利息所對應的利率為其實際利率。

一般說來，在一年內多次複利計息的情況下，實際利率是以本金為現值，以本金和實際利息之和為終值，以年為計息期，利用複利終值計算公式倒算出的利率。假設 r 為名義利率，i 為實際利率，m 為每年複利次數，則有以下等式：

$$i = \left(1+\frac{r}{m}\right)^m - 1 \qquad (2-13)$$

(二) 連續複利的時間價值問題

1. 連續複利（Continuous Compounding）

在前面所討論的終值計算中一般每期內都是複利1次，如果逐漸增加每期內的複利次數，則計算出的複利終值會越來越大。因為每次複利的基數是前1期的本利和，複利的次數越多，複利基數中的利息也越多，最後計算出的複利終值就越大。

每期內複利次數為m、名義利率為r時，n期的複利終值為：

$$FV = PV \times \left(1+\frac{r}{m}\right)^{mn}$$

如果每期內複利的次數無限增加，則計算複利就不再是離散的，而變成連續的了。即m趨於無限，複利終值為：

$$FV = PV \times e^{rn} \qquad (2-14)$$

其中：r為名義利率（每期內複利1次的利率），n為複利的期限。

因此，連續複利是指每期內複利次數為無限時，現在的現金流量在未來某時點的價值。

【例2-12】某企業現在投出1,000萬元，以5%的利率連續複利，要求計算8年後的終值。

解：$FV = 1,000 \times e^{5\% \times 8} = 1,492$（元）

2. 連續貼現（Continuous Discounting）

與連續複利相反，連續貼現是當每期內貼現的次數趨於無窮大時，未來某時點的現金流量折合成現在的價值。

連續貼現的現值公式：

$$PV = FV / e^{rn} \qquad (2-15)$$

其中：r為名義利率（每期內複利1次的利率），n為複利的期限。

【例2-13】某企業如果要在8年後取得資金1,000萬元，貼現率5%，要求計算在連續貼現情況下的現值。

解：$PV = 1,000 / e^{5\% \times 8} = 670$（萬元）

3. 連續複利對實際利率的影響

在計算終值和現值時所使用的利率一般都是每期內複利1次的利率。如果每期內複利次數為m，則有名義利率和實際利率的關係：

$$i = (1+r/m)^m - 1$$

在連續複利的情況下，即當m趨於無窮大時，實際利率為：

$$i = e^r - 1 \qquad (2-16)$$

其中：i為實際利率，r為名義利率。

【例2-14】對於【例2-12】和【例2-13】而言，其連續複利的實際利率為：

$i = e^{5\%} - 1 = 5.13\%$

在連續複利的情況下，複利終值和複利現值分別為：

$$FV = PV \times (1 + e^r - 1)^n = PV \times e^{rn}$$

$$PV = FV / (1 + e^r - 1)^n = FV / e^{rn}$$

結果與上述連續複利的終值和現值計算公式完全一致。

(三) 貼現率和期數的推算

以上所述時間價值的計算，都假定貼現率和期數是給定的。但在財務管理實務中，經常會遇到已知期數、終值和現值求貼現率或者已知貼現率、終值和現值求期數的問題。

一般來說，求貼現率或期數可分為兩步：第一步求出換算系數，第二步根據換算系數和有關係數表求貼現率或期數。根據前述有關計算公式，複利終值、複利現值、年金終值和年金現值的換算系數用下列公式計算：

根據公式 $FV = PV \times (FV/PV, i, n)$

得到 $(FV/PV, i, n) = FV/PV$

即將終值除以現值得到終值系數。同理可以得到

$(PV/FV, i, n) = PV/FV$

$(FV/A, i, n) = FV/A$

$(PV/A, i, n) = PV/A$

1. 貼現率的計算

【例2-15】把1,000元存入銀行，10年後可獲得本息和2,367.4元，問銀行存款利率為多少？

由公式 $(FV/PV, i, n) = FV/PV$ 得

$$(FV/PV, i, 10) = \frac{2,367.4}{1,000} = 2.367,4$$

查複利終值系數表，與 $n=10$ 相對應的貼現率中，9%的系數為2.367,4，因此，利息率應為 $i=9\%$。

【例2-16】現向銀行存入5,000元，按複利計算，在利率為多少時，才能保證在以後10年中每年末取出750元？

$(PV/A, i, n) = PV/A$

$$(PV/A, i, 10) = \frac{5,000}{750} = 6.666,7$$

查 $n=10$ 年的年金現值系數表得：當利率為8%時，系數是6.710,1；當利率為9%時，系數是6.417,7，所以利率應處在8%~9%，假設 i 為超過8%的利息率，則可用插值法計算 i 的值如下：

$$i = 8\% + \frac{6.666,7 - 6.710,1}{6.417,7 - 6.710,1} \times (9\% - 8\%) \approx 8.15\%$$

2. 期數的計算

【例2-17】某企業現有220萬資金，擬投入年收益率為9%的投資項目，需要經過多少年才可以實現有資金增值到520.83萬元？

由公式

$(PV/FV, i, n) = PV/FV$

得：

$(PV/FV, 9\%, n) = 220/520.83 = 0.422,4$

查 $i=9\%$ 時的複利現值係數表得：當 $n=10$ 時，係數為 0.422,4。因此，需要經過10年才可現有資金增值到520.83萬元。

【例2-18】某公司擬購買一臺專用設備，市場價格600萬元，若租賃一臺同樣的設備，年租金為100萬元。假設折現率為15%，不考慮其他因素，請問購買還是租賃劃算？

由公式

$(PV/A, i, n) = PV/A$

得：

$(PV/A, 15\%, n) = \dfrac{600}{100} = 6$

查 $i=15\%$ 時的年金現值係數表得：當 $n=16$ 年時，係數為 5.954,2；當 $n=17$ 年時，係數為 6.047,2，所以 n 應該位於16與17年之間，假設 n 為超過16，則可用插值法計算 n 的值如下：

$n = 16 + \dfrac{6 - 5.954,2}{6.047,2 - 5.954,2} \times (17 - 16) \approx 16.49$（年）

因此，當公司使用的設備的年限超過16.49年時，購買設備劃算；當使用年限低於16.49年時，租賃劃算。

五、時間價值的綜合應用

終值、現值和年金在現金流量圖中應該是相對概念，即相對此時點時為終值，相對彼時點則可能為現值。年金一定是相對於多期現金流量而言，而且這多期的現金流量必須是等金額和等方向的。對於某一時點其後面各時點發生的現金流量折合到時點 t 的價值都是計算現值，其前面時點發生的現金流量折合到時點 t 的價值都是計算終值。如果時點 t 前面或後面各時點發生的現金流量都是等金額和等方向的，則將各時點的現金流量折合到時點 t 的價值是計算年金現值或年金終值。

【例2-19】某保險公司出售一種終身受益保險：孩子的父母從孩子1歲開始直到16歲，每年支付保險金2,000元。孩子上大學時可從保險公司得到讀書補貼10,000元，孩子結婚時可從保險公司得到結婚補貼50,000元。從孩子60歲起，每年可從保險公司取得養老金5,000元。如果確定利率為5%，問購買該保險品種是否合算？

解：根據題意，可繪製如圖2-8所示的現金流量圖。

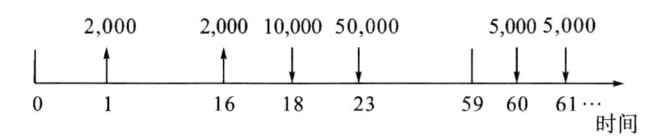

```
  2,000      2,000  10,000 50,000          5,000 5,000
   ↑          ↑      ↓      ↓                ↓     ↓
───┼──────────┼──────┼──────┼────────────────┼─────┼───→
   0  1      16     18     23               59    60   61…
                                                        時間
```

圖 2-8　終身保險現金流量圖

解題思路及過程：

1. 現金流出：

第 1~16 年支付的保險費折合到第 0 年，即計算年金現值：$A = 2,000$，$n = 16$，$i = 5\%$

$PV = 2,000 \times (PV/A, 5\%, 16) = 2,000 \times 10.837, 8 = 21,675.6$（元）

2. 現金流入：

（1）第 18 年（上大學）和第 23 年（結婚）的補貼折合到第 0 年，即計算複利現值：

$FV_1 = 10,000$，$FV_2 = 50,000$，$n_1 = 18$，$n_2 = 23$，$i = 5\%$

$PV_1 = 10,000 \times (PV/FV, 5\%, 18) + 50,000 \times (PV/FV, 5\%, 23)$

　　　$= 10,000 \times 0.415, 5 + 50,000 \times 0.325, 6$

　　　$= 20,435$（元）

（2）第 60 年起每年的養老金折合到第 59 年，計算永續年金：$A = 5,000$，$i = 5\%$

$PV_2 = A/i = 5,000/5\% = 100,000$（元）

（3）第 59 年的永續年金再折合到第 0 年，即計算複利現值：$FV = 100,000$，$n = 59$，$i = 5\%$

$PV_3 = 100,000 \times (PV/FV, 5\%, 59) = 100,000 \times 0.056, 21 = 5,621$（元）

現金流入合計 $= 20,435 + 5,621 = 26,056$（元）

因為現金流出小於現金流入，兩者的差額為 4,380.4 元，所以購買該保險品種是合算的。

第二節　風險價值觀念

一、風險及其分類

（一）風險的概念及其分類

風險，就是生產目的與勞動成果之間的不確定性，大致有兩層含義：一種定義強調了風險表現為收益不確定性；而另一種定義則強調風險表現為成本或代價的不確定性。若風險表現為收益或者代價的不確定性，說明風險產生的結果可能帶來損失、獲利或是無損失也無獲利，屬於廣義風險，所有人行使所有權的活動，應被視為管理風險，金融風險屬於此類。而風險表現為損失的不確定性，說明風險只能表現出損失，沒有從風險中獲利的可能性，屬於狹義風險。風險和收益成正比，所以一般積極進取

的投資者偏向於高風險是為了獲得更高的利潤，而穩健型的投資者則著重於安全性的考慮。

企業在實現其目標的經營活動中，會遇到各種不確定性事件，這些事件發生的概率及其影響程度是無法事先預知的，這些事件將對經營活動產生影響，從而影響企業目標實現的程度。這種在一定環境下和一定限期內客觀存在的、影響企業目標實現的各種不確定性事件就是風險。簡單來說，所謂風險就是指在一個特定的時間內和一定的環境條件下，人們所期望的目標與實際結果之間的差異程度。

「風險」一詞的由來，最為普遍的一種說法是，在遠古時期，以打魚捕撈為生的漁民們，每次出海前都要祈禱，祈求神靈保佑自己能夠平安歸來，其中主要的祈禱內容就是讓神靈保佑自己在出海時能夠風平浪靜、滿載而歸；他們在長期的捕撈實踐中，深深地體會到「風」給他們帶來的無法預測、無法確定的危險，他們認識到，在出海捕撈打魚的生活中，「風」即意味著「險」，因此有了「風險」一詞的由來。

而另一種據說經過多位學者論證的「風險」一詞的「源出說」稱，風險（RISK）一詞是舶來品，有人認為來自阿拉伯語，有人認為來源於西班牙語或拉丁語，但比較權威的說法是來源於義大利語的「RISQUE」一詞。在早期的運用中，也是被理解為客觀的危險，體現為自然現象或者航海遇到礁石、風暴等事件。大約到了19世紀，在英文的使用中，風險一詞常常用法文拼寫，主要是用於與保險有關的事情上。

現代意義上的風險一詞，已經大大超越了「遇到危險」的狹義含義，而是「遇到破壞或損失的機會或危險」，可以說，經過兩百多年的演繹，風險一詞越來越被概念化，並隨著人類活動的複雜性和深刻性而逐步深化，並被賦予了哲學、經濟學、社會學、統計學甚至文化藝術領域的更廣泛、更深層次的含義，且與人類的決策和行為後果聯繫越來越緊密，風險一詞也成為人們生活中出現頻率很高的詞彙。

無論如何定義風險一詞的由來，但其基本的核心含義是「未來結果的不確定性或損失」，也有人進一步定義為「個人和群體在未來遇到傷害的可能性以及對這種可能性的判斷與認知」。如果採取適當的措施使破壞或損失的概率不會出現，或者說智慧的認知、理性的判斷，繼而採取及時而有效的防範措施，那麼風險可能帶來機會，由此進一步延伸的意義，不僅僅是規避了風險，可能還會帶來比例不等的收益，有時風險越大、回報越高、機會越大。

(二) 風險的種類

從個別投資主體的角度看，風險可分為系統性風險和非系統性風險。系統性風險又稱為「市場風險」或「不可分散風險」，是指那些影響所有公司的因素或事件引起的風險，如戰爭、經濟衰退、通貨膨脹等。這類風險涉及所有的投資對象，不能通過多元化投資組合技術來分散。例如，某個人投資於股票，不論買哪一種股票，他都要承擔市場風險，即：在經濟衰退時，各種股票的價格都會有不同程度的下跌。非系統性風險又稱為「公司特有風險」或「可分散風險」，是指發生於個別公司的特有事件所造成的風險，如罷工、新產品研發失敗、錯失重要合同、訴訟失敗等。這類事件是隨機發生的，因而可通過多元化投資組合技術來分散，即發生於一家公司的不利事件

可以被其他公司的有利事件所抵消。例如，某個人投資購買股票時，同時購買幾種不同的股票，比只買一種股票的風險一般要小一些。

從公司風險的成因看，風險可分為經營風險和財務風險兩類。經營風險是指由於公司生產經營的不確定性帶來的風險，該風險存在和公司生產經營過程中固定成本的存在是密不可分的；從某種程度上來說，它是任何商業活動都有的風險，也叫商業風險。廣義上的財務風險存在於企業財務活動全過程，包括籌資風險、投資風險、收益分配風險、併購風險等；狹義上的財務風險是指因負債經營而增加的風險，是籌資決策帶來的風險，也叫籌資風險。由於向銀行等金融機構舉債，從而產生了定期還本付息的壓力，如果企業不能按時還本付息，將會面臨訴訟、破產清算等威脅，遭受嚴重損失。

二、風險程度的衡量

為了正確地衡量投資項目的風險價值，以保證財務決策的正確性，必須掌握每個投資項目的風險程度。風險是客觀存在的，並廣泛影響著企業的財務和經營活動，因此，正視風險並將風險程度量化，進行較為準確的衡量，便成為公司財務管理中的一項重要工作。投資項目一般分為單一投資和投資組合。對於特定投資項目而言，其風險程度可用實際收益與期望收益結果的偏離程度加以衡量。由於投資的未來收益有多種可能結果，故可以將投資收益率作為隨機變量。首先，利用概率論知識確定其期望值，即投資的期望結果；然後，計算確定標準離差和標準離差率，用以反應投資項目的收益率的偏離程度，即投資風險的高低。

(一) 單項資產的風險價值

1. 期望值

期望值是一個概率分佈中的所有可能結果以各自相應的概率為權重計算的加權平均值，是加權平均的中心值，通常用符號 $\bar{E}$ 來表示。其計算公式如下：

$$\bar{E} = \sum_{i=1}^{n} X_i P_i \qquad (2-17)$$

期望收益率反應預計收益的平均化，在各種不確定因素的影響下，它代表投資者的合理預期。

【例 2-20】某企業有 A、B 兩個投資項目，兩個投資項目的收益率及其概率分佈情況如表 2-3 所示。

表 2-3　　　　　項目 A 和項目 B 投資收益率的概率分佈

項目實施情況	概率		投資收益率 (%)	
	項目 A	項目 B	項目 A	項目 B
好	0.2	0.3	15	20
一般	0.6	0.4	10	15
差	0.2	0.3	0	-10

根據公式計算項目 A 和項目 B 的期望投資收益率分別為：

項目 A 的期望收益率 = 0.2×15% + 0.6×10% + 0.2×0 = 9%

項目 B 的期望收益率 = 0.3×20% + 0.4×15% + 0.3×（-10%）= 9%

從計算結果可以看出，兩個項目的期望投資收益率都是 9%。但是否可以就此認為兩個項目是無差別的呢？我們還需要進一步瞭解概率分佈的離散情況，即計算標準離差和標準離差率。

2. 標準離差

標準離差是反應隨機變量離散程度的指標。標準離差也叫均方差，通常用符號 σ 來表示。其計算公式為：

$$\sigma = \sqrt{(X_i - \bar{E})^2 \cdot P_i} \qquad (2-18)$$

標準離差以絕對數衡量決策方案的風險，在期望值相同的情況下，標準離差越大，風險越大；反之，則風險越小。

【例 2-21】以【2-20】中的數據為例，則 A、B 兩個項目投資收益率的標準離差分別為：

（1）項目 A 標準離差

$$\sigma_A = \sqrt{(X_i - \bar{E})^2 \cdot P_i}$$
$$= \sqrt{0.2 \times (15\% - 9\%)^2 + 0.6 \times (10\% - 9\%)^2 + 0.2 \times (0 - 9\%)^2}$$
$$= 0.049$$

（2）項目 B 的標準差

同理可得：$\sigma_B = 0.126$

以上計算結果表明 B 項目的風險要高於 A 項目的風險。

3. 標準離差率

標準離差作為絕對數，只適用於期望值相同的決策方案風險程度的比較。

三、投資組合的風險價值

投資組合理論認為，若干種證券組成的投資組合，其報酬是這些證券報酬的加權平均數，但是風險不是這些證券風險的加權平均風險，投資組合能降低風險。這裡的「證券」是「資產」的代名詞，它可以是任何產生現金流的東西，例如一項生產性實物資產、一條生產線或者是一個企業。

投資者在進行投資時，一般並不把其所有資金都投資於一種證券，而是同時持有多種證券。同時投資多種證券叫證券的投資組合，簡稱為證券組合或投資組合。投資組合可以減少風險，因為風險低的證券會抵消風險高的證券帶來的負面影響。理性的投資者會持有由多種證券組成的投資組合，而不是把所有資金都集中投在一種證券上，即通常所說的「不要把所有雞蛋都放在一個籃子裡」這一投資分散原理。

（一）投資組合的期望報酬率

投資組合的期望報酬率由組成投資組合的各種投資項目的期望報酬率的加權平均

數構成，其權重等於各項投資項目在整個投資總額中所占的比例。其公式為：

$$\overline{K}_p = \sum_{j=1}^{n} W_j \overline{K}_j \tag{2-19}$$

【例2-22】某企業擬投資於A、B、C三項資產，其中A資產的期望報酬率為10%，計劃投資100萬元；B資產的期望報酬率為15%，計劃投資300萬元；C資產的期望報酬率為20%，計劃投資200萬元。計算該投資組合的期望報酬率。

$$\overline{K}_p = 10\% \times \frac{100}{100+300+200} + 15\% \times \frac{300}{100+300+200} + 20\% \times \frac{200}{100+300+200}$$

$$= 15.83\%$$

(二) 兩項資產構成的投資組合的風險

在投資組合風險分析中，通常利用協方差和相關係數兩個指標來測算投資組合中任意兩個投資項目報酬率之間的變動關係。

1. 協方差與相關係數

兩項資產報酬率之間的協方差，用來衡量它們之間共同變動的程度：

$$\delta_{12} = r_{12}\delta_1\delta_2 \tag{2-20}$$

式中：δ_{12}——兩項資產報酬率之間的協方差；

r_{12}——兩項資產報酬率之間的相關係數；

δ_1——資產1報酬率的標準差；

δ_2——資產2報酬率的標準差。

相關係數r介於-1和1之間。當相關係數為1時，表示一項資產報酬率的增長總是與另一項資產報酬率的增長成比例，反之亦然；當相關係數為-1時，表示一項資產報酬率的增長與另一項資產報酬率的減少成比例，反之亦然；當相關係數為0時，表示二者缺乏相關性，每種證券的報酬率相對於另外的證券的報酬率獨立變動。一般而言，多數資產的報酬率趨於同向變動，因此兩項資產之間的相關係數多為小於1的正值。

2. 兩項資產構成的投資組合的總風險

由兩項資產組合而成的投資組合報酬率的方差計算公式為：

$$V_p = W_1^2\delta_1^2 + W_2^2\delta_2^2 + W_1W_2\delta_{12} = W_1^2\delta_1^2 + W_2^2\delta_2^2 + 2W_1W_2r_{12}\delta_1\delta_2 \tag{2-21}$$

則兩項資產組合而成的投資組合報酬率的標準差的計算公式為：

$$\delta_p = \sqrt{V_p} = \sqrt{W_1^2\delta_1^2 + W_2^2\delta_2^2 + 2W_1W_2r_{12}\delta_1\delta_2}$$

式中：V_p——投資組合的方差；

δ_p——投資組合的標準差；

W_1——資產1在總投資額中所占的比重；

δ_1——資產1報酬率的標準差；

W_2——資產2在總投資額中所占的比重；

δ_2——資產2報酬率的標準差。

【例2-23】某企業擬分別投資於甲、乙兩項資產，兩項資產投資比例各占50%，

期望報酬率的標準差都是 9%。要求分別計算當甲、乙兩項資產的相關係數分別為 1、0.4、0.1、-0.1、-0.4 和 -1 時的投資組合報酬率的協方差、方差和標準差。

投資組合報酬率的協方差 $\delta_{12}=0.09\times 0.09\times r_{12}$

方差 $V_p = 0.5^2\times 0.09^2 + 0.5^2\times 0.09^2 + 2\times 0.09\times 0.09\times 0.5\times 0.5\times r_{12}$
　　　$= 0.004,05\times(1+r_{12})$

標準差 $\delta_p = \sqrt{V_p} = \sqrt{0.004,05\times(1+r_{12})}$

當 $r_{12}=1$ 時

$\delta_{12}=0.09\times 0.09\times 1 = 0.008,1$

$V_p = 0.004,05\times(1+1) = 0.008,1$

$\delta_p = \sqrt{V_p} = \sqrt{0.008,1} = 0.09$

當 $r_{12}=-1$ 時

$\delta_{12}=0.09\times 0.09\times(-1) = -0.008,1$

$V_p = 0.004,05\times(1-1) = 0$

$\delta_p = \sqrt{V_p} = \sqrt{0} = 0$

其他計算從略，列表如下：

表 2-4　　　　　投資組合的相關係數與協方差、方差及標準差之間的關係

r_{12}	1	0.4	0.1	-0.1	-0.4	-1
δ_{12}	0.008,1	0.003,24	0.000,81	0	-0.000,81	-0.003,24	-0.008,1
V_p	0.008,1	0.005,67	0.004,455	0.004,05	0.003,645	0.002,43	0
δ_p	0.09	0.075,299	0.066,746	0.063,64	0.060,374	0.049,295	0

不論投資組合中兩項資產之間的相關係數如何，只要投資組合中各項資產的比例不變，各項資產的期望報酬率不變，那麼投資組合的期望報酬率就不變。但是，相關係數不同就會影響投資組合期望報酬率的標準差，也就是說相關係數的大小影響投資組合的風險水平。

當相關係數等於 1 時，兩項資產的報酬率的變動方向和變動幅度相同，不會抵消任何風險。此時投資組合的標準差最大，為 9%。

當相關係數等於 -1 時，兩項資產報酬率的變動幅度相同但方向剛相反，表現為此消彼長，可以抵消全部的投資風險。此時投資組合的標準差最小，為 0。

當相關係數在 0~1 範圍內變動時，表明資產之間是正相關關係；當相關係數在 -1~0 範圍內變動時，表明資產之間呈負相關關係。

當相關係數等於 0 時，兩項資產報酬率之間無關。此時投資組合的標準差為 6.364%。投資組合可分散的投資風險的效果比正相關要大，但比負相關要小。

投資組合的總風險由系統風險和非系統風險兩部分組成。在投資實踐中，在投資組合中投資項目增加的初期，風險分散的效果比較明顯，但投資項目增加到一定數量，風險分散的效果就會逐漸減弱。經驗數據顯示，當投資組合中的資產數量達到 20 個左右時，絕大多數非系統風險可被消除，此時，如果繼續增加投資項目，對分散風險已

沒有多大實際意義。投資組合分散掉的只是非系統風險，而系統風險是不能通過投資組合來分散和消除的。

(三) 資本資產定價模型 (CAPM)

資本市場均衡模型研究所有投資者的集體行為，揭示均衡狀態下投資報酬與風險之間關係的經濟實質。在高度分散化的資本市場裡只有系統風險，並會得到相應回報。

1. 系統風險的度量

既然在高度分散化的資本市場裡只存在系統風險，那麼度量系統風險就成了一個關鍵問題。

度量系統風險的指標用 β 來表示。β 被定義為某個資產的報酬率與市場組合之間的相關性。β 系數的計算相對比較複雜，一般市場公司的 β 系數由一些專門的投資服務機構定期計算並公布。

β 的經濟意義在於，讓我們知道相對於市場組合而言特定資產的系統風險是多少。作為整體的市場組合的 β 系數為 1；如果某項資產的風險情況與整個市場的風險情況一致，則該資產的 β 系數也等於 1；如果某項資產的 β 系數大於 1，說明其風險大於整個市場的風險；如果某種資產的 β 系數小於 1，說明其風險小於整個市場的風險。

單項資產 β 系數計算公式如下：

$$\beta = \frac{V_p}{V_m} \qquad (2-22)$$

式中：V_p—單項資產與市場組合的協方差；

V_m—全部資產作為一個市場組合時的協方差。

上述分析說明了單個股票 β 系數的計算方法。投資組合 β 系數怎麼計算呢？投資組合的 β 系數是單項資產 β 系數的加權平均數，權數為各種資產在投資組合中所占比重。其計算公式為：

$$\beta_p = \sum_{i=1}^{n} W_i \beta_i \qquad (2-23)$$

式中：β_p—投資組合的 β 系數；

W_i—第 i 項資產在投資組合中的投資比重；

β_i—第 i 項資產的 β 系數；

n—資產組合包含的資產數量。

【例2-24】某投資組合由甲、乙、丙三項資產組成，有關機構發布的各項資產的 β 系數分別為 0.5、1.2 和 1.0。假如各項資產在投資組合中的比重分別是 20%、50% 和 30%。則該項投資組合的 β 系數是多少？

$\beta_p = 0.5 \times 20\% + 1.2 \times 50\% + 1.0 \times 30\% = 1.0$

2. CAPM 模型的基本表達式

在特定條件下，資本資產定價模型的基本表達式如下：

$$\begin{aligned} R_R &= \beta_j (R_M - R_F) \\ K_j &= R_F + R_R = R_F + \beta_j (R_M - R_F) \end{aligned} \qquad (2-24)$$

式中：R_R——第 j 項資產的風險收益率；
R_M——市場組合的平均報酬率；
R_F——無風險報酬率；
K_j——第 j 項資產的投資報酬率。

【例2-25】某公司持有甲、乙、丙三種股票構成的證券組合，β 系數分別為 2.0、1.25 和 0.5，它們在證券組合中所占比重分別為 70%、20% 和 10%，股票市場的平均報酬率為 16%，無風險收益率為 10%，試確定這種證券組合的風險報酬率和投資報酬率。

證券組合的 β 系數 $\beta_p = 2.0 \times 70\% + 1.25 \times 20\% + 0.5 \times 10\% = 1.7$
證券組合的風險報酬率 $R_R = 1.7 \times (16\% - 10\%) = 10.2\%$
證券組合的投資報酬率 $K_j = 10\% + 10.2\% = 20.2\%$

本章小結

貨幣資金的時間價值是指貨幣經歷一定時間的投資和再投資所增加的價值。現值又可稱之為本金，是指未來某一時點的一定量貨幣（終值又可稱為本利和）在現在的價值。年金是等額、定期、系列的現金流分佈。年金按現金流的分佈方式可分為普通年金（或後付年金）、預付年金（或先付年金）、遞延年金和永續年金。

投資的風險價值是指投資者由於冒險進行投資而獲得的超過貨幣資金時間價值以外的額外收益。計算單項資產的風險報酬可以通過如下步驟實現：確定概率分佈，計算期望值，計算標準離差率，確定風險報酬。投資組合的風險包括系統風險和非系統風險，有效的投資組合可以分散非系統風險，β 系數是計量系統風險的指標。資本資產定價模型論述了風險與要求的報酬率之間的關係：

$$K_j = R_F + R_R = R_F + \beta_j (R_M - R_F)$$

思考題

1. 如何理解資金的時間價值概念？
2. 什麼是複利？複利和單利有什麼區別？
3. 什麼是系統風險和非系統風險？
4. 如何理解投資的風險價值？

自測題

一、單項選擇題

1. 某人年初存入銀行 1,000 元，假設銀行按每年 10% 的複利計息，每年末取出 200 元，則最後一次能夠足額（200 元）提款的時間是（　　）。
　　A. 5 年　　　　　　B. 8 年末　　　　　C. 7 年　　　　　　D. 9 年末
2. 甲方案在三年中每年年初付款 500 元，乙方案在三年中每年年末付款 500 元，

若利率為10%，則兩個方案第三年年末時的終值相差（　　　）。

    A. 105元　　　B. 165.50元　　　C. 665.50元　　　D. 505元

3. 以10%的利率借得50,000元，投資於壽命期為5年的項目，為使該投資項目成為有利的項目，每年至少應收回的現金數額為（　　　）元。

    A. 10,000　　　B. 12,000　　　C. 13,189　　　D. 8,190

4. 一項500萬元的借款，借款期5年，年利率為8%，若每半年複利一次，年實際利率會高出名義利率（　　　）。

    A. 4%　　　B. 0.24%　　　C. 0.16%　　　D. 0.8%

5. 大華公司於2000年初向銀行存入5萬元資金，年利率為8%，每半年複利一次，則第10年末大華公司可得到本利和為（　　　）萬元。

    A. 10　　　B. 8.96　　　C. 9　　　D. 10.96

6. 有甲、乙兩臺設備可供選用，甲設備的年使用費比乙設備低2,000元，但價格高於乙設備8,000元。若資本成本為10%，甲設備的使用期應長於（　　　）年，選用甲設備才是有利的。

    A. 4　　　B. 5　　　C. 4.6　　　D. 5.4

7. 假如企業按12%的年利率取得貸款200,000元，要求在5年內每年年末等額償還，每年的償付額應為（　　　）元。

    A. 40,000　　　B. 52,000　　　C. 55,482　　　D. 64,000

8. 若使複利終值經過4年後變為本金的2倍，每半年計息一次，則年利率應為（　　　）。

    A. 18.10%　　　B. 18.92%　　　C. 37.84%　　　D. 9.05%

9. 有一項年金，前2年無流入，后5年每年年初流入300萬元，假設年利率為10%，其現值為（　　　）萬元。

    A. 987.29　　　B. 854.11　　　C. 1,033.92　　　D. 523.21

10. x方案的標準離差是1.5，y方案的標準離差是1.4，如x、y兩方案的期望值相同，則兩方案的風險關係為（　　　）。

    A. x>y　　　B. x<y　　　C. 無法確定　　　D. x=y

二、多項選擇題

1. 對於資金時間價值概念的理解，下列表述正確的有（　　　）。

    A. 貨幣只有經過投資和再投資才會增值，不投入生產經營過程的貨幣不會增值

    B. 一般情況下，資金的時間價值應按複利方式來計算

    C. 資金時間價值不是時間的產物，而是勞動的產物

    D. 不同時期的收支不宜直接進行比較，只有把它們換算到相同的時間基礎上，才能進行大小的比較和比率的計算

2. 下列關於年金的表述中，正確的有（　　　）。

    A. 年金既有終值又有現值

    B. 遞延年金是第一次收付款項發生的時間在第二期或第二期以後的年金

C. 永續年金是特殊形式的普通年金
D. 永續年金是特殊形式的即付年金

3. 下列表述正確的有（　　）。
   A. 當利率大於零，計息期一定的情況下，年金現值系數一定都大於1
   B. 當利率大於零，計息期一定的情況下，年金終值系數一定都大於1
   C. 當利率大於零，計息期一定的情況下，複利終值系數一定都大於1
   D. 當利率大於零，計息期一定的情況下，複利現值系數一定都小於1

4. 下列說法中，正確的有（　　）。
   A. 複利終值系數和複利現值系數互為倒數
   B. 普通年金終值系數和普通年金現值系數互為倒數
   C. 普通年金終值系數和償債基金系數互為倒數
   D. 普通年金現值系數和資本回收系數互為倒數

5. 下列選項中，既有現值又有終值的是（　　）。
   A. 複利　　　　B. 普通年金　　　C. 先付年金　　　D. 永續年金

三、判斷題

1. 所有的貨幣都具有時間價值。　　　　　　　　　　　　　　　　　　（　）
2. 在終值和計息期一定的情況下，貼現率越低，則複利現值越小。　　（　）
3. 一項借款的利率為10%，期限為7年，其資本回收系數則為0.21。　（　）
4. 年金是指每隔一年、金額相等的一系列現金流入或流出量。　　　　（　）
5. 在現值和利率一定的情況下，計息期數越少，則複利終值越大。　　（　）

四、計算分析題

1. 某公司擬購置一處房產，房主提出兩種付款方案：
（1）從現在起，每年年初支付20萬元，連續支付10次，共200萬元；
（2）從第5年開始，每年年初支付25萬元，連續支付10次，共250萬元。
假設該公司的資金成本率（即最低報酬率）為10%，你認為該公司應選擇哪個方案？

2. 某企業向保險公司借款一筆，預計10年後還本付息總額為200,000元，為歸還這筆借款，擬在各年末提取相等數額的基金，假定銀行的借款利率為12%，請計算年償債基金額。

某企業於第一年年初借款10萬元，每年年末還本付息額均為2萬元，連續8年還清。請計算借款利率。

3. 某企業擬購買設備一臺以更新舊設備，新設備價格較舊設備價格高出12,000元，但每年可節約動力費用4,000元，若利率為10%，請計算新設備應至少使用多少年對企業而言才有利。

4. 某人在2002年1月1日存入銀行1,000元，年利率為10%。要求計算：
（1）每年複利一次，2005年1月1日存款帳戶餘額是多少？
（2）每季度複利一次，2005年1月1日存款帳戶餘額是多少？
（3）若1,000元，分別在2002年、2003年、2004年和2005年1月1日存入250

元，仍按10%利率，每年複利一次，求2005年1月1日餘額。

（4）假定分4年存入相等金額，為了達到第一問所得到的帳戶余額，每期應存入多少金額？

5. 某企業準備投資開發一新產品，現有三個方案可供選擇，根據市場預測相關情況如下表：

市場狀況	概率	預計年收益率	
		A 方案	B 方案
好	0.3	40%	50%
一般	0.5	15%	15%
差	0.2	−15%	−30%

要求：計算三個方案的期望值、標準差和標準離差率並進行風險的比較分析。

第三章　資金籌集與預測

學習目的

（1）掌握企業籌資的概念、動機與原則。
（2）重點掌握企業各種權益資金、債務資金和混合資金籌集的種類、程序和優缺點。
（3）掌握資金需要量預測的方法。

關鍵術語

籌資渠道　籌資方式　普通股　債券　長期借款　留存收益

導入案例

新湖中寶股份有限公司（600208）於2015年7月21日，刊登了發行公司債券的公告，認購日和繳款日均為2015年7月22日。起息日為2015年7月23日。本次發行的公司債券每張面值100元，平價發行，發行總量不超過35億元（含35億元）；債券利率或其確定方式：本期債券票面年利率將根據簿記建檔結果確定。本期債券票面利率在存續期內前3年固定不變，在存續期的第3年末，公司可選擇上調票面利率，存續期後2年票面年利率為本期債券存續期前3年票面年利率加公司提升的基點，在存續期後2年固定不變。期限5年；附第3年末發行人上調票面利率選擇權和投資者回售選擇權。還本付息方式及支付金額：本期債券採用單利按年計息，不計複利。每年付息一次，到期一次還本，最後一期利息隨本金的兌付一起支付。

準確進行資金需求量的預測，熟悉包括債券在內的各種籌資方式，是企業進行籌資管理的重要內容。

資料來源：上海證券報·中國證券網（上海）作者略有刪改。http://money.163.com/15/0721/07/AV1GCSU200253B0H.html

第一節　公司籌資概述

企業籌資是指企業作為籌資主體，根據經營活動、投資活動和資本結構調整等需要，通過金融市場等籌資渠道，採用一定的籌資方式，經濟有效地籌措和集中資本的

活動。企業籌資活動是企業財務管理的一項重要內容，對企業的創建和生產經營活動均有重要意義。企業籌資是市場經濟發展的客觀要求，企業只有以較低的資本成本，從不同渠道籌集經營和發展所需的資金，才能在激烈的市場競爭中獲得優勢。

一、公司籌資的動機

企業籌資的基本目的是自身的生存和發展。但每次具體的籌資活動，則往往受特定動機的驅使。企業籌資的具體動機是多種多樣的，概括起來，企業動機可以分為以下三種類型：

（一）擴張性籌資動機

擴張性籌資動機是企業為了擴大生產經營規模或追加額外投資而產生的籌資動機。具有良好發展前景、處於成長時期的企業，通常會產生擴張籌資動機。例如，開發新產品、購置設備、修建廠房、購買證券、拓展市場、併購企業等往往需要籌集資金。這種籌資動機所導致的籌資行為將直接導致企業的資產總額和權益總額的增加。

（二）調整性籌資動機

調整性籌資動機是企業因調整現有資本結構的需要而產生的籌資動機。資本結構是指企業各種籌資的構成及其比例關係。一個企業在不同時期由於籌資方式的不同組合會形成不同的資本結構，隨著相關情況的變化，現有的資本結構可能不再合理，需要相應地予以調整，使之趨於合理。這種籌資動機所導致的籌資行為不會影響企業的權益總額，只是不同權益之間的替代。

（三）混合性籌資動機

混合性籌資動機是指上述兩種籌資動機的組合，既為擴張規模，又為調整資本結構。這種籌資動機所導致的籌資行為，既擴大了資產和資本的規模，又調整了資本結構。

二、公司籌資的原則

為了經濟有效地籌集資本，企業籌資必須遵循合法性、效益性、合理性和及時性等基本原則。

（一）合法性原則

企業的籌資活動影響社會資本及資源的流向和流量，涉及相關主體的經濟權益。因此，企業必須遵循國家有關法律法規，依法籌資，履行約定的責任，維護有關各方的合法權益，避免非法籌資行為給企業自身及相關主體造成損失。

（二）效益性原則

企業籌資與投資在效益上應當相互權衡。籌資是投資的前提，投資是籌資的目的。投資收益與資本成本相比較的結果，決定著是否要追加籌資。而一旦採納某個投資項目，其投資規模就決定了所需籌資的數量。因此，企業在籌資活動中，一方面要認真

分析投資機會，追求投資效益，避免不顧投資效益的盲目籌資；另一方面，企業要綜合考慮各種籌資方式，尋求最優的籌資組合，以降低資本成本和風險，經濟有效地籌集資金。

(三) 合理性原則

企業籌資必須合理地確定籌資數量。企業籌資固然應廣開財路，但也必須有合理的限度，使籌資數量與投資所需數量達到平衡，避免因籌資數量不足影響投資活動，或因籌資數量過剩降低籌資效益。

企業籌資還必須合理地確定資本結構。一方面要合理地確定股權資本與債務資本的結構，既要有效地利用債務經營，提高股權資本的收益水平；又要防止債務資本過多，導致財務風險過高，償債負擔過重。另一方面要合理地確定長期資本與短期資本的比例，即合理地確定企業全部資本的期限結構，這要與企業所持有的資產期限相匹配。

(四) 及時性原則

籌資和用資不僅在數量上要匹配，在時間上也要銜接。因此企業籌資要根據資金的使用時間合理安排，避免因籌資過早而造成使用前的閒置，或因取得資金滯後而貽誤投資的最佳時機。

三、公司籌資渠道與方式

(一) 籌資渠道

企業籌資渠道是指企業籌集資本來源的方向與通道，體現資本的源泉和流量。認識企業籌資渠道的種類及其特點，有利於企業充分開拓和正確利用籌資渠道，實現各種籌資渠道的合理組合，有效地籌集長期資本。企業的籌資渠道主要有以下七種類型：

1. 政府財政資本

政府財政資本是指各級財政（代表國家）對企業投入的資本。中國現有的股份制企業大都由原來的國有企業改制而成，其股份總額中的國家股就是政府財政以各種方式向原國有企業投入的資本。政府財政資本具有廣闊的源泉和穩固的基礎，為企業生產經營活動提供了可靠的保證。此外，國家不斷加大力度扶持基礎性產業和公益性產業的長遠發展戰略，決定了政府財政資本仍然是國有獨資或國有控股企業權益資本籌資的重要渠道。

2. 銀行信貸資本

銀行信貸資本是各類企業籌資的重要來源。銀行一般分為商業性銀行和政策性銀行。商業銀行為各類企業提供商業性貸款，政策性銀行主要為特定企業提供政策性貸款。銀行信貸資本主要來自於居民儲蓄、單位存款等穩定性的資本來源，貸款方式靈活多樣，能適應各類企業資本籌集的需要。

3. 非銀行金融機構資本

非銀行金融機構是指除銀行以外的各種金融機構及金融仲介機構。在中國，非銀

行金融機構主要有信託投資公司、租賃公司、保險公司、證券公司、企業集團的財務公司等。它們通過一定的途徑或方式為企業直接提供部分資金或為企業籌資提供服務。這種籌資渠道的財力雖然比銀行信貸資金小，但它的資金供應比較靈活方便，具有廣闊的發展前景。

4. 其他法人資本

其他法人資本是指其他法人單位以其可以支配的資本對企業投資形成的資本。在日常資本營運中，企業可以將部分暫時閒置的資本以購買股票或直接投資等形式向其他企業投資，以便獲得更多的收益。這相對被投資企業來講就構成了一種資金來源。

5. 民間資本

民間資本是指通過民間籌資渠道籌集的企業投資所需要的資本。民間籌資渠道主要有吸收廣大城鄉居民和中國企事業單位職工持有的貨幣資本。

6. 企業內部資本

企業內部資本是指企業通過提取盈餘公積和保留未分配利潤等而形成的資本。這是企業內部形成的籌資渠道，比較方便，有盈利的企業可以加以利用。

7. 外商資本

在改革開放的條件下，國外以及中國香港、澳門和臺灣地區的投資者持有的資本，也可加以吸收，從而形成外商投資企業的重要資本來源。

(二) 籌資方式

籌資方式是指企業籌措資金所採用的具體形式。如果說，籌資渠道客觀存在，那麼籌資方式則屬於企業的主觀能動行為。如何選擇合適的籌資方式並進行有效的組合，以降低籌資成本，提高籌資效益，已成為企業籌資管理的重要內容。

1. 吸收直接投資

吸收直接投資是指企業按照「共同投資、共同經營、共擔風險、共享利潤」的原則直接吸收國家、法人、個人投入資金的一種權益籌資方式。

2. 發行股票

發行股票是指股份公司通過發行股票籌措權益性資本的一種籌資方式，此處所指的股票通常是指普通股。

3. 利用留存收益

利用留存收益是指按照規定從稅后利潤中提取的盈餘公積金、根據投資人的意願和企業實際需要留存的未分配利潤。利用留存收益籌資是指企業將留存收益轉化為投資的過程，它是企業籌集權益資本的一種重要方式。

4. 銀行借款

銀行借款是指企業根據借款合同從銀行或非銀行類金融機構借入的需要還本付息的款項，它是企業籌集債務資金的一種重要方式。

5. 商業信用

商業信用是指企業在商品交易過程中由於商品交付與款項支付不同步而形成的延期付款或延期交貨的資金借貸關係，它是企業籌集短期資金的重要方式。

6. 發行公司債

發行公司債是指企業通過發行債券的方式籌措債務資本的一種籌資方式。

7. 融資租賃

融資租賃，又稱資本租賃或財務租賃，是區別於經營租賃的一種長期租賃形式，是指出租人根據承租人對租賃標的物和供貨人選擇或認可，將其從供貨人處取得的租賃物，按融資租賃合同的約定出租給承租人佔有、使用，並向承租人收取租金，租賃期一般為租賃標的物剩餘使用年限的 75% 及以上的一種交易活動。它是企業籌集長期債務資本的一種方式。

四、公司籌資的類型

企業籌資按照不同標準可以劃分為不同類型，這些不同類型的資金構成會形成不同的投資組合。認識和瞭解資本來源的構成與分類有利於掌握不同類型的籌資對籌資成本與籌資風險的影響，有利於選擇合理的籌資方式。

(一) 按資本來源分類

1. 內部籌資

內部籌資是指企業在企業內部通過留用利潤而形成的資本來源。內部籌資是在企業內部自然形成的，一般無籌資費用，其數量通常由企業可分配利潤的規模和利潤分配政策（或股利政策）決定。

2. 外部籌資

外部籌資是指企業在內部籌資不能滿足需要時，向企業外部籌資而形成的資本來源。處於初創期的企業，內部籌資的可能性有限；而處於成長期的企業，內部籌資往往難以滿足需要。因此，企業需要廣泛開展外部籌資。

(二) 按是否借助銀行等金融機構分類

1. 直接籌資

直接籌資是指企業不借助銀行等金融機構，直接向資本所有者融通資本的一種籌資活動。隨著中國宏觀金融體制改革的深入，直接籌資不斷發展。直接籌資主要有投入資本、發行債券等方式。

2. 間接籌資

間接籌資是指企業借助銀行等金融機構而融通資本的籌資活動。在間接籌資活動中，銀行等金融機構起著仲介作用，它們先集聚資本，然后提供給籌資企業。間接籌資的基本方式有銀行借款和融資租賃等方式。

(三) 按資本屬性的不同分類

1. 權益性籌資

權益性籌資形成企業的股權資本也稱自有資本、權益資本，是企業依法取得並且長期擁有、可以自主調配運用的資本。在中國，企業的股權資本由投入資本（或股本）、資本公積、盈余公積和未分配利潤組成。

2. 負債性籌資

負債性籌資形成企業的債務資本，也稱借入資本，是企業依法取得並依約運用、按期償還的資本。企業對持有的債務資本在約定的期限內享有使用權，並承擔按期付息還本的義務。

3. 混合性籌資

混合性籌資是指兼具股權性籌資和債務性籌資雙重屬性的籌資類型，主要包括發行優先股籌資和發行可轉換債券籌資等。

(四) 按籌集資金的使用期限分類

1. 長期籌資

長期籌資是指企業籌集使用期限在 1 年以上的資金籌集活動。通常企業所有權益籌資與長期負債籌資都是屬於長期籌資範疇。

2. 短期籌資

短期籌資是指企業籌集使用期限在 1 年以內的資金籌集活動。具體內容通常只包括企業短期負債籌資。

第二節　資金需求量預測

公司在籌資之前，應當綜合考慮影響資金需求量的各種因素，並採取一定的方法預測資金需求量，使籌集的資金既能滿足生產經營活動的需要，又不會因有太多的閒置而浪費。

一、資金需求預測的影響因素

(一) 法律依據

所謂法律依據是指現行法律、法規對企業資金需求量的限制。

1. 註冊資本限額的規定。中國相關法律對不同企業在設立時應達到的最低資本限額（即法定資本金）做出過具體的規定。例如現行《中華人民共和國公司法》對公司註冊資本的最低限額的規定為：有限責任公司註冊資本的最低限額為人民幣 3 萬元；一人有限責任公司註冊資本最低限額為 10 萬元，且股東應當一次繳足出資額；股份有限公司註冊資本的最低限額為 500 萬元。

2014 年 2 月 18 日國務院印發了註冊資本登記制度改革方案，取消有限責任公司最低註冊資本 3 萬元、一人有限責任公司最低註冊資本 10 萬元、股份有限公司最低註冊資本 500 萬元的限制。

2. 企業負債限額的規定。現代企業的基本特徵是有限責任，企業對外負債是以其完整的法人財產權作為擔保的。為最大限度保護債券的權益，法律從多方面對企業的負債能力進行了制約，如限制企業債券的發行額度（根據規定，上市公司發行可轉換債券，本次發行後累計公司債券餘額不得超過最近一期期末淨資產額的 40%），或者要

求特定行業的企業進行資產負債管理等。

(二) 生產經營規模

企業的生產經營規模是確定資金需求量的主要依據。一般而言，公司經營規模越大，所需資金越多；反之，所需資本則越少。企業必須根據生產經營規模、投資項目時間的長短來確定資金需求量，且不能盲目籌資，要做到以投定籌。

(三) 其他因素

利息率的高低、對外投資數額的多寡、企業資信狀況的好壞等都會影響企業最終的資金需求量。

二、資金需求量預測的方法

資金需要量預測的方法包括定性預測法和定量預測法。

定性預測法是指利用直觀的資料，依靠個人的經驗、主觀分析及判斷能力，對未來資金需要量做出預測的方法。定性預測法雖然實用，但卻無法揭示資金需要量與有關因素間的數量關係。

定量預測法是指根據比較完備的財務數據資料，運用數學方法進行科學分析處理，對資金的需要量做出定量的預測和估計的方法。常用的定量預測法主要有以下幾種：

(1) 比率預測法

比率預測法是指依據財務比率與資金需要量之間的關係，預測未來資金需要的方法。能預測資金需要量的比率有很多，如存貨週轉率、應收帳款週轉率等，但最常用的是資金與銷售額之間的比率，即銷售額比率法。

銷售額比率法又稱銷售百分比法，是根據資金與銷售額之間的比例關係，預測企業資金需要量的一種方法。利用銷售額比率法進行財務預測時，首先要根據歷史資料分析收入、費用、資產與銷售收入之間的比例關係，然後根據預計銷售額和相應的比例預計資產、負債和所有者權益，最后根據「資產＝負債＋所有者權益」這一公式確定企業所需要的資金數量。

銷售額比率法的基本步驟如下：

第一步，根據基期資產負債表的資料，找出資產負債表中隨銷售額的變動而同步變動的項目，並根據基期資產負債表和基期銷售額計算這些項目隨銷售額變動的百分比，也就是隨銷售額變化的幅度。資產負債表中隨銷售額變動而變動，並在一定時期內存在固定比率的項目稱為敏感性項目；短期內不隨銷售額變動而變動的項目則是非敏感性項目。大部分流動資產屬於敏感性項目，如貨幣資金、應收帳款、存貨等；固定資產等長期資產一般屬於非敏感性項目。當生產能力有剩餘時，增加銷售收入不需要增加固定資產；當生產能力飽和時，增加銷售收入則需要增加固定資產，但不一定按比例增加，此時視不同情況確定固定資產是否為敏感性項目。此外，部分流動負債也屬於敏感性項目，如應付帳款等。

第二步，分析預測年度銷售收入增加數，根據銷售收入增加數和敏感性項目的銷售百分比，確定需要籌集的資金總額。

第三步，根據有關財務指標，如銷售淨利率等的約束，測算留用的利潤數，從需要籌集的資金總額中扣減留用的利潤數，即為企業需要對外籌集的資金量。

表 3-1　　　　　　　　　　某公司資產負債表　　　　　　　　　　單位：元

資產		負債及所有者權益	
貨幣資金	5,000	應付帳款	15,000
應收帳款	15,000	短期借款	25,000
存貨	30,000	實收資本	30,000
固定資產淨值	30,000	留存收益	10,000
資產合計	80,000	負債及所有者權益合計	80,000

【例 3-1】某公司 2011 年的銷售收入為 10 萬元，現在還有生產能力（即增加生產經營量從而增加收入），但不需要進行固定資產方面的投資。

該公司 2011 年 12 月 31 日的資產負債表見表 3-1。假定該公司的銷售淨利率為 10%，公司的利潤分配給投資者的比率為 60%，2012 年的銷售收入提高到 12 萬元，預測該公司 2012 年需要對外籌集的資金量。

解析：

第一，分析資產負債表中隨銷售收入變動而變動的敏感項目和不隨銷售收入變動而變動的非敏感項目，並計算出銷售百分比。

在該公司的實例中，在資產一方，除固定資產外，其餘項目都將隨銷售收入的增加而增加，因為較多的銷售量要占用較多的存貨，發生較多的應收帳款，導致貨幣資金需求量增加。在負債及所有者權益一方，應付帳款也會因銷售收入的增加而增加，實收資本、短期借款、留存收益等不會增加。

表 3-2　　　　　　　　　　公司銷售百分比表

資產	占銷售收入的百分比	負債及所有者權益	占銷售收入的百分比
現金	5%	應付帳款	15%
應收帳款	15%	短期借款 長期借款	不變動 不變動
存貨	30%	實收資本	不變動
固定資產淨值	不變動	留存收益	不變動
合計	50%	合計	15%

將隨著銷售收入的增加而增加的項目列示在該公司銷售百分比表中（見表 3-2）。表 3-2 中不變動的項目是指該項目不隨銷售收入的變化而變化，占銷售收入的百分比都是用資產負債表中的有關項目除以銷售收入求得。例如，存貨占銷售收入的百分比 = 30,000÷100,000×100% = 30%。

第二，確定需要增加的資金量。從表 3-2 可以看出，該公司每增加 100 元的銷售

收入，就會增加50元的資金占用，但同時增加15元的資金來源。從50%的資金需求中減去15%自動產生的資金來源，就剩下35%的資金需求。

因此，該公司將增加7,000元（(120,000-100,000)×35%）的資金需求，即該公司2012年需籌集的資金總量為7,000元。

第三，確定需要對外籌集的資金量。上述7,000元的資金需求有些可通過企業內部來籌集，2012年的淨利潤預計為12,000元（120,000×10%），公司的利潤分配給投資者的比率為60%，則將有40%的利潤即4,800元被留存下來，因此企業向外界籌集的資金應為2,200元（7,000-4,800）。

上述預測過程也可用下列公式表示：

需要對外籌集的資金量 = $\frac{A}{S}(\triangle S) - \frac{B}{S}(\triangle S) - EP(S_2)$

式中：
A 為隨銷售收入變化的資金（變動資產）；
B 為隨銷售收入變化的負債（變動負債）；
S 為基期銷售額；
S_2 為預測期銷售額；
$\triangle S$ 為銷售收入的變動額；
P 為銷售淨利率；
E 為留存收益比率。

$\frac{A}{S}$ 表示變動資產占基期銷售額的百分比；

$\frac{B}{S}$ 表示變動負債占基期銷售額的百分比。

因此，根據該公司的資料及上述公式可求得：
2012年需要對外籌集的資金量 = 50%×20,000-15%×20,000-10%×40%×120,000
= 2,200（元）

(2) 資金習性預測法

資金習性預測法是根據資金習性預測未來資金需要量的一種方法。資金習性，是指資金變動與產銷量之間的依存關係。按照資金習性的不同，資金可分為不變資金、變動資金和半變動資金。

不變資金是指在一定的產銷量範圍內，不受產銷量變化的影響，保持固定不變的那部分資金，包括為維持營業而占用的最低數額的現金、原材料的保險儲備、必要的成品儲備，以及廠房、機器設備等固定資產占用的資金。變動資金是指隨產銷量的變動而同比例變動的那部分資金，包括直接構成產品實體的原材料、外購件等占用的資金，以及最低儲備以外的貨幣資金、存貨、應收帳款等。半變動資金是指雖然受產銷量變動的影響，但不成同比例的資金，包括一些輔助材料所占用的資金。

資金習性預測法有兩種形式：一種是根據資金占用總額同產銷量的關係來預測資金需要量；另一種是採用先分項後匯總的方式預測資金需要量。資金習性預測法原理

如下：

設產銷量為自變量 X，資金占用量為因變量 y，它們之間的關係可用下式表示：
$$y = a + bx$$

式中：a 為不變資金；b 為單位產銷量所需變動資金，其數值可採用線性迴歸法或高低點法求得。

①線性迴歸法。線性迴歸法是根據若干期的業務量和資金占用的歷史資料，運用最小平方法原理計算不變資金 a 和單位產銷量所需變動資金 b 的一種方法。從理論上來說，線性迴歸法是一種計算結果最為精確的方法。線性迴歸法的計算公式如下：

由線性方程 $y = a + bx$ 得到：

$$\sum y = na + b \sum x$$

$$\sum (xy) = a \sum x + b \sum x^2$$

得到 a 和 b 的公式如下：

$$b = \frac{n \sum (xy) - \sum x \sum y}{n \sum x^2 - (\sum x)^2}$$

$$a = \frac{\sum y - b \sum x}{n}$$

【例 3-2】某公司根據歷史資料統計的業務量與資金需要量的有關情況見表 3-3。已知該公司 2012 年預計的業務量為 30 萬件，採用線性迴歸法預測該公司 2012 年的資金需要量。

表 3-3　　　　　　　　　　　業務量與資金需要量表

年度 項目	2007	2008	2009	2010	2011
業務量（萬件）	10	11	14	18	25
資金需要量（萬元）	200	195	270	342	465

解析：

第一步，根據 a、b 參數公式和歷史資料，得到該公司的資金需要量預測表，見表 3-4。

表 3-4　　　　　　　　　資金需要量預測表

年度	項目	X_i	Y_i	$x_i y_i$	X_i^2
2007		10	200	2,000	100
2008		11	195	2,145	121
2009		14	270	3,780	196

表3-4(續)

年度 項目	X_i	Y_i	$x_i y_i$	X_i^2
2010	18	342	6,156	324
2011	25	465	11,625	625
合計 $n=5$	$\sum X_i = 78$	$\sum Y_i = 1,472$	$\sum X_i Y_i = 25,706$	$\sum X_i^2 = 1,366$

第二步，將表3-4中的數據代入a、b參數公式中，求得a、b的值

$b = (n \sum (xy) - \sum x \sum y) / [n \sum x^2 - (\sum x)^2]$

$= (5 \times 25,706 - 78 \times 1,472) \div (5 \times 1,366 - 78^2)$

$= (128,530 - 114,816) \div (6,830 - 6,084)$

$= 18.38 (元/件)$

$a = (\sum y - b \sum x)/n$

$= (1,472 - 18.38 \times 78) \div 5$

$= 7.67 (萬元)$

第三步，將a、b的值代入$y=a+bx$，建立預測方程式：$y=7.67+18.38x$

第四步，將$x = 30$代入上式，求得$y=559.07$。

因此，該公司2012年的資金需要量為559.07萬元。

②高低點法。根據兩點可以決定一條直線的原理，將高點和低點代入直線方程就可以求出a和b。這裡的高點是指產銷量最大點及其對應的資金占用量，低點是指產銷量最小點及其對應的資金占用量。將高點和低點代入直線方程：

最大產銷量對應的資金占用量$=a+bx$最大產銷量

最小產銷量對應的資金占用量$=a+bx$最小產銷量

解方程得：

$$b = \frac{最大產銷量對應的資金占用量 - 最小產銷量對應的資金占用量}{最大產銷量 - 最小產銷量}$$

$a =$最大產銷量對應的資金占用量$-b \times$最大產銷量

或　$a =$最小產銷量對應的資金占用量$-b \times$最小產銷量

注意：高點產銷量最大，但對應的資金占用量可能最大，也可能不是最大；同樣，低點產銷量最小，但對應的資金占用量可能最小，也可能不是最小。高低點法在企業的資金變動趨勢比較穩定的情況下較適宜採用。

【例3-3】某公司根據歷史資料統計的銷售額與資金占用量的有關情況見表3-5。

預計該公司2012年的銷售額為320萬元，利用高低點法預測該公司2012年的資金占用量。

表 3-5　　　　　　　　　　銷售額與資金占用量表

年度 項目	2007	2008	2009	2010	2011
銷售額（萬元）	200	240	260	280	300
資金占用量（萬元）	11	13	14	15	16

解析：根據高低點的定義，應先找出歷史資料中的最高點和最低點兩個銷售額，然后再找出對應的資金占用量；先求 b，后求 a。

$b = (16-11) \div (300-200) = 0.05$

式中：分子為「資金占用量之差」，分母為「銷售額之差」。

將 $a = 0.05$ 代入方程 $y = a + bx$，y 可以選擇最大銷售額對應的資金占用量，同時選擇最大銷售額，建立方程式：

$16 = a + 0.05 \times 300$

則：$a = 16 - 0.05 \times 300 = 1$

或者，y 可以選擇最小銷售額對應的資金占用量，同時選擇最小銷售額，建立方程式：

$11 = a + 0.05 \times 200$

則：$a = 11 - 0.05 \times 200 = 1$

2012 年的資金占用量 $= 1 + 0.05 \times 320 = 17$（萬元）

第三節　　主權資金籌集

主權資本是指企業投資者投入企業以及企業生產經營過程中所形成的累積性資金。它反應企業所有者的權益，可以為企業長期佔有和支配，是企業一項最基本的資金來源。它的籌集方式具體可分為吸收直接投資和發行股票。

一、吸收直接投資

吸收直接投資是指非股份制企業以協議等形式吸收國家、其他企業、個人和外商等直接投入的資本，形成企業實收資本的一種籌資方式。它不以證券為媒介，直接行成企業生產能力，投入資金的主體成為企業的所有者，參與企業經營，按其出資比例承擔風險、享有收益。它是非股份制企業籌集主權資本的一種基本方式。

（一）吸收直接投資的種類

吸收直接投資按投資主體的不同可分為四種類型：

1. 吸收國家投資

國家投資是指有權代表國家投資的政府部門或者機構以國有資產投入到企業的資金，這種情況下形成的資本叫國有資本。吸收國家投資是國有企業籌集主權資本的主

要方式。

2. 吸收法人投資

法人投資是指法人單位以其依法可以支配的資產投入到企業的資金，這種情況下形成的資本叫法人資本。隨著中國企業間橫向經濟聯合的廣泛開展，吸收法人投資在企業籌資中的地位將越來越重要。

3. 吸收個人投資

個人投資是指社會個人或企業職工以個人合法財產投入到企業的資金，這種情況下形成的資本叫個人資本。近年來，隨著中國城鄉居民和個體經營戶收入的不斷增長，個人資金的數量已十分可觀，將會逐步成為企業籌集資金的重要來源。

4. 吸收外商投資

外商投資是指由外國投資者以及中國港、澳、臺地區投資者投入到企業的資金，這種情況下形成的資本就是外商資本。隨著中國對外開放的不斷深入，吸收外商投資也逐漸成為企業籌資的重要方式。

(二) 投資者的出資方式

1. 以貨幣資金出資

籌集貨幣資金是企業吸收直接投資時所樂於採用的形式。企業有了現金，可用於購置資產、支付費用，比較靈活方便。因此，企業一般爭取投資者以貨幣資金方式出資。各國法規大多都對現金出資比例做出規定，或由融資各方協商確定。

2. 以實物資產出資

以實物資產出資就是投資者以廠房、建築物、設備等固定資產或原材料、商品等流動資產所進行的出資。

3. 以工業產權出資

以工業產權出資就是指投資者以專有技術、商標權、專利權等無形資產所進行的投資。

4. 以土地使用權出資

投資者可以用土地使用權投資。土地使用權是土地使用權人在一定期間內對國有土地開發、利用和經營的權利。

(三) 吸收直接投資的程序

企業吸收直接投資，一般應遵循如下程序：

1. 確定籌資數量

企業新建或擴大規模時，都需要一定量的資金。在籌資前企業必須進行認真研究、分析，合理確定所需資金的數量，以利於正確籌集所需資金。

2. 選擇籌資形式

企業應根據其生產經營活動的需要以及與出資方之間的協議等規定，選擇合適的籌資形式。

3. 簽署投資協議

在選擇了籌資的具體形式后，雙方便可進行具體協商，確定出資數額、出資方式、

資產作價、違約責任、收益分配等問題，簽署投資協議或合同，以明確雙方的權利和責任。

4. 接受資本投入

簽署投資協議后，應按規定接受投資人的資本投入，並督促出資人按時繳付出資，以便及時辦理有關資產驗證、註冊登記手續。

（四）吸收直接投資的優缺點

1. 吸收直接投資的優點

（1）有利於增強企業信譽。吸收直接投資所籌集的資本屬於現代企業財務管理負債資本，它能提高企業的資信和借款能力。

（2）有利於盡快形成生產能力。吸收直接投資不僅可以籌措資金，而且能夠直接獲得所需的先進設備和技術，與僅籌措現金的籌資方式相比較，它能盡快地形成生產經營能力。

（3）吸收直接投資的財務風險較低。吸收直接投資可以根據企業的經營狀況和盈利狀況向投資者支付報酬，比較靈活，財務風險較小。

2. 吸收直接投資的缺點

（1）吸收直接投資資本成本較高。由於投資者要求的報酬率高，採用直接投資方式籌資負擔的資本成本通常較高。

（2）吸收直接投資由於沒有以證券為媒介，產權關係有時不夠明晰，也不便於產權交易。

二、發行股票

股票是股份公司為籌集主權資金而發行的有價證券，是持股人擁有公司股份的憑證，它代表持股人即股東在公司中擁有的所有權。發行股票是股份公司籌集主權資金最常見的方式。

（一）股票的分類

1. 按股東的權利和承擔的義務的大小，股票可分為普通股與優先股。

（1）普通股是股票中最普通的一種形式，是構成公司主權資本的最基礎部分。普通股沒有固定股利，股利分配隨利潤變動而變動，並受公司股利分配政策的影響。

依中國《公司法》的規定，普通股股東主要有如下權利：

①出席或委託代理人出席股東大會，並依公司章程規定行使表決權。這是普通股股東參與公司經營管理的基本方式。

②股份轉讓權。股東持有的股份可以自由轉讓，但必須符合《公司法》、其他法規和公司章程規定的條件和程序。

③股利分配請求權。

④對公司帳目和股東大會決議的審查權和對公司事務的質詢權。

⑤分配公司剩余財產的權利。

⑥公司章程規定的其他權利。

同時，普通股股東也基於其資格，對公司負有義務。中國《公司法》規定了股東具有遵守公司章程、繳納股款、對公司負有有限責任、不得退股等義務。

（2）優先股是股份有限公司發行的具有一定優先權的股票。優先股股東享有的權利主要包括：

①股利的優先分配權。優先股股利一般是固定的，並且在普通股股利前支付。

②剩余財產優先分配權。在公司破產清算時，優先股股東對公司剩余財產的分配權在普通股股東之前，因此優先股的發行可以吸引部分保守者的投資。但是優先股股東不具有公司經營管理權，不具備股東大會的表決權。除涉及自身利益的重大決策外，一般無權參加股東大會。

2. 按股票票面有無記名，股票可分為記名股票和無記名股票。

記名股票是在股票票面上記載股東姓名或名稱的股票。這種股票除了股票上所記載的股東外，其他人不得行使股權，且股份的轉讓有嚴格的法律程序與手續，須辦理過戶。中國《公司法》規定，向發起人、國家授權投資的機構、法人發行的股票，應為記名股票；向社會公眾發行的股票，可以為記名股票，也可以為無記名股票。

無記名股票是票面上不記載股東姓名或名稱的股票。這類股票的持有人即股份的所有人，具有股東資格，股票的轉讓也比較自由、方便，無須辦理過戶手續。

3. 按股票票面是否標明票面金額，股票可分為面值股票和無面值股票。

面值股票是在票面上標有一定金額的股票。持有這種股票的股東，對公司享有權利和承擔義務的大小，以其所擁有的全部股票的票面金額之和占公司發行在外股票總額的比例大小來定。中國《公司法》規定，股票應當標明票面金額。

無面值股票是不在票面上標明金額，只在股票上載明所占公司股本總額的比例或股份數的股票。無面值股票的價值隨公司財產的增減而變動。

4. 按投資主體的不同，股票可分為國家股、法人股、個人股等。

國家股是有權代表國家投資的部門或機構以國有資產向公司投資而形成的股份。

法人股是企業法人依法以其可支配的財產向公司投資而形成的股份，或具有法人資格的事業單位和社會團體以國家允許用於經營的資產向公司投資而形成的股份。

個人股是社會個人或公司內部職工以個人合法財產投入公司而形成的股份。

5. 按發行對象和上市地區的不同，又可將股票分為A股、B股、H股和N股等。

A股是供中國大陸地區個人或法人買賣的，以人民幣標明票面金額並以人民幣認購和交易的股票。

B股、H股和N股是專供外國和中國港、澳、臺地區投資者買賣的，以人民幣標明票面金額但以外幣認購和交易的股票（註：自2001年2月19日起，B股開始對境內居民開放）。其中，B股在上海、深圳上市；H股在香港上市；N股在紐約上市。

(二) 股票發行

股份有限公司在設立時要發行股票。此外，公司設立之后，為了擴大經營、改善資本結構，也會增資發行新股。股份的發行，實行公開、會平、公正的原則，必須同股同權、同股同利。同次發行的股票，每股的發行條件和發行價格應當相同。任何單

位或個人所認購的股份，每股應支付相同的價款。同時，發行股票還應接受國務院證券監督管理機構的管理和監督。股票發行應執行具體的管理規定，主要包括發行條件、發行程序和方式、銷售方式等。

1. 股票發行的規定與條件

按照中國《公司法》的有關規定，股份有限公司發行股票，應符合以下規定與條件：

（1）每股金額相等。同次發行的股票，每股的發行條件和價格應當相同。

（2）股票發行價格可以按票面金額，也可以超過票面金額，但不得低於票面金額。

（3）股票應當載明公司名稱、公司登記日期、股票種類、票面金額及代表的股份數、股票編號等主要事項。

（4）向發起人、國家授權投資的機構、法人發行的股票，應當為記名股票；對社會公眾發行的股票，可以為記名股票，也可以為無記名股票。

（5）公司發行記名股票的，應當置備股東名冊，記載股東的姓名或者名稱、住所、各股東所持股份、各股東所持股票編號、各股東取得其股份的日期；發行無記名股票的，公司應當記載其股票數量、編號及發行日期。

（6）公司發行新股，必須具備下列條件：前一次發行的股份已經募足，並間隔一年以上；公司最近三年內連續盈利，並可向股東支付股利；公司在三年內財務會計文件無虛假記載；公司預期利潤率可達到銀行同期存款利率。

2. 股票發行的程序

股份有限公司在設立時發行股票與增資發行新股，在程序上有所不同。

（1）設立時發行股票的程序

①提出募集股份申請。

②公告招股說明書，製作認股書，簽訂承銷協議和代收股款協議。

③招認股份，繳納股款。

④召開創立大會，選舉董事會、監事會。

⑤辦理設立登記，交割股票。

（2）增資發行新股的程序

①股東大會做出發行新股的決議。

②由董事會向國務院授權的部門或省級人民政府申請並經批准。

③公告新股招股說明書和財務會計報表及其附屬明細表，與證券經營機構簽訂承銷合同，定向募集時向新股認購人發出認購公告或通知。

④招認股份，繳納股款。

⑤改組董事會、監事會，辦理變更登記並向社會公告。

3. 股票發行方式、銷售方式和發行價格

公司發行股票籌資，應當選擇適宜的股票發行方式和銷售方式，並恰當地制定發行價格，以便及時募足資本。

（1）發行方式

股票的發行方式是指公司通過何種途徑發行股票。一般說來，股票的發行方式

可分為以下兩種：

①公開間接發行。公開間接發行是指公司通過仲介機構向社會公眾公開發行股票。中國《證券法》規定公司通過募集設立方式向社會公眾公開發行新股時，須由證券經營機構承銷，即屬於公開間接發行。這種發行方式的發行範圍廣、對象多，易於募足資金；同時股票的流通性好，變現性強；公開發行有助於提高公司的知名度和影響力。但該方式程序繁瑣，發行成本較高。

②不公開直接發行。不公開直接發行是指公司不經仲介機構承銷，直接向少數特定的對象發行股票。中國股份公司的發起設立方式即屬該種方式。這種發行方式彈性較大，發行成本低；但發行範圍小，股票的變現性差。

(2) 銷售方式

股票的銷售方式，指的是股份有限公司向社會公開發行股票時所採取的股票銷售方法。股票銷售方式有兩類：自銷和承銷。

①自銷方式。自銷方式是指發行公司自己直接將股票銷售給認購者。這種銷售方式可由發行公司直接控制發行過程，實現發行意圖，並節省發行費用；但往往籌資時間較長，發行公司要承擔全部發行風險，並需要發行公司有較高的知名度、信譽和實力。

②承銷方式。承銷方式是指發行公司將股票銷售業務委託證券經營機構代理。這種銷售方式是發行股票所普遍採用的方式。中國《公司法》規定股份有限公司向社會公開發行股票，必須與依法設立的證券經營機構簽訂承銷協議，由證券經營機構承銷。

股票承銷又分為包銷和代銷兩種具體方法。所謂包銷，是根據承銷協議商定的價格，證券經營機構一次性全部購進發行公司公開募集的全部股份，然后以較高的價格出售給社會上的認購者。對發行公司來說，包銷的辦法可及時募足資本，免予承擔發行失敗風險（股款未募足的風險由承銷商承擔），但股票以較低的價格銷售給承銷商會損失部分溢價。所謂代銷，是證券經營機構僅替發行公司代售股票，並由此獲取一定佣金，但不承擔股款未募足的風險。

(3) 發行價格

股票的發行價格是股票發行時所使用的價格，也就是投資者認購股票時所支付的價格。它通常由股票面額、股票市場行情及其他有關因素決定。以募資方式設立公司首次發行股票時，由發起人決定；增資發行新股時，應由股東大會做出決議。股票的發行價格可以和股票的面額一致，但多數情況下不一致。發行價格通常有等價、時價、中間價三種。

①等價：亦稱平價發行，就是以股票票面面值作為發行價格的一種發行方式。等價發行多在新股發行時採用，對公司而言，較容易推銷股票，但不能獲得溢價收入。

②時價：亦稱市價發行，就是以公司原發行股票的現行市場價格為基準確定股票發行價格。公司增資擴股時多採用該種方式。由於時價考慮到現行市場價值，對投資者具有較大吸引力。

③中間價：中間價就是以公司股票等價與時價的中間值為基準確定股票發行價格。採用中間價發行股票，可能使其發行價格高於或者低於其面值，高於面值時稱為

溢價發行，公司可以獲得溢價收入，計入資本公積金；低於面值時，稱為折價發行，中國法律不允許折價發行。

(三) 股票上市

1. 股票上市的目的

股票上市，指的是股份有限公司公開發行的股票經批准在證券交易所進行掛牌交易。經批准在交易所上市交易的股票則稱為上市股票。按照國際通行做法，非公開募集發行的股票或未向證券交易所申請上市的非上市證券，應在證券交易所外的店頭市場上流通轉讓；只有公開募集發行並經批准上市的股票才能進入證券交易所流通轉讓。中國《公司法》規定，股東轉讓其股份，亦即股票進入流通，必須在依法設立的證券交易場所裡進行。

股份公司申請股票上市，一般出於這樣的一些目的：

(1) 資本大眾化，分散風險。股票上市後，會有更多的投資者認購公司股份，公司則可將部分股份轉售給這些投資者，再將得來的資金用於其他方面，這就分散了公司的風險。

(2) 提高股票的變現力。股票上市後便於投資者購買，自然提高了股票的流動性和變現力。

(3) 便於籌措新資金。股票上市必須經過有關機構的審查批准並接受相應的管理，執行各種信息披露和股票上市的規定，這就大大增強了社會公眾對公司的信賴，使之樂於購買公司的股票。同時，由於一般人認為上市公司實力雄厚，也便於公司採用其他方式（如負債）籌措資金。

(4) 提高公司知名度，吸引更多的顧客。股票上市公司為社會所知，並被認為經營優良，會帶來良好聲譽，吸引更多的顧客，從而擴大銷售量。

(5) 便於確定公司價值。股票上市後，公司股價有市價可循，便於確定公司的價值，有利於促進公司財富最大化。

但股票上市也有對公司不利的一面。這主要是指：公司將負擔較高的信息披露成本；各種信息公開的要求可能會暴露公司商業秘密；股價有時會歪曲公司的實際狀況，醜化公司聲譽；可能會分散公司的控制權，造成管理上的困難。

2. 股票上市的條件

公司公開發行的股票進入證券交易所掛牌買賣（即股票上市），須受嚴格限制。中國《公司法》規定，股份有限公司申請其股票上市，必須符合下列條件：

(1) 股票經國務院證券監督管理部門批准已向社會公開發行。不允許公司設立時直接申請股票上市。

(2) 公司股本總額不少於人民幣 5,000 萬元。

(3) 開業時間在三年以上，最近三年連續盈利；屬國有企業依法改建而設立股份有限公司的，或者在《公司法》實施後新組建成立，其主要發起人為國有大中型企業的股份有限公司，可連續計算。

(4) 持有股票面值人民幣 1,000 元以上的股東不少於 1,000 人，向社會公開發行

的股份達公司股份總數的25%以上；公司股本總額超過人民幣4億元的，其向社會公開發行股份的比例為15%以上。

（5）公司在最近三年內無重大違法行為，財務會計報告無虛假記載。

（6）國務院規定的其他條件。

具備上述條件的股份有限公司經申請，由國務院或國務院授權的證券管理部門批准，其股票方可上市。股票上市公司必須公告其上市報告，並將其申請文件存放在指定的地點供公眾查閱。股票上市公司還必須定期公布其財務狀況和經營情況，每一會計年度內半年公布一次財務會計報告。

3. 股票上市的暫停與終止

股票上市公司有下列情形之一的，由國務院證券管理部門決定暫停其股票上市：

（1）公司股本總額、股權分佈等發生變化，不再具備上市條件（限期內未能消除的，終止其股票上市）。

（2）公司不按規定公開其財務狀況，或者對財務報告作虛假記載（后果嚴重的，終止其股票上市）。

（3）公司有重大違法行為（后果嚴重的，終止其股票上市）。

（4）公司最近三年連續虧損（限期內未能消除的，終止其股票上市）。

另外，公司決定解散、被行政主管部門依法責令關閉或者宣告破產的，由國務院證券管理部門決定終止其股票上市。

4. 股票籌資的優缺點

（1）股票籌資的優點

①沒有固定的利息負擔。公司有盈餘，並認為適合分配股利，就可以分配給股東；公司盈餘較少，或雖有盈餘但資金短缺或有更有利的投資機會，就可少支付或不支付股利。

②沒有固定到期日，不用償還。利用普通股籌集的是永久性的資金，除非公司清算才需償還。它對保證企業最低的資金需求有重要意義。

③籌資風險小。由於普通股沒有固定的到期日，不用支付固定的利息，此種籌資實際上不存在不能償付的風險，因此風險最小。

④增加公司的信譽。普通股本與留存收益構成公司所借入的一切債務的基礎。有了較多的自有資金，就可為債權人提供較大的損失保障，因而，普通股籌資既可以提高公司的信用價值，同時也為使用更多的債務資金提供了強有力的支持。

⑤籌資限制較少。利用優先股或債券籌資，通常有許多限制，這些限制往往會影響經營的靈活性，而利用普通股籌資則沒有這種限制。

（2）股票籌資的缺點

①資金成本高。因為投資者投資於普通股，風險較高，其要求的投資報酬率也相應較高，並且公司支付普通股股利時要用稅后利潤支付，沒有抵稅的作用。另外，普通股的發行費用一般也高於其他證券的發行費用。

②容易分散控制權。利用普通股籌資，出售了新的股票，引進了新的股東，容易導致公司控制權的分散。

此外，新股東分享公司未發行新股前累積的盈余，會降低普通股的每股淨收益，從而可能引起股價的下跌。

三、優先股融資

(一) 優先股的特徵

所謂優先股，是同普通股相對應的一種股權形式，持有這種股份的股東在盈余分配和剩余財產分配上優先於普通的股東。但是，這種優先是有限度的，在通常情況下，優先股股東的表決權要受到限制或者被剝奪。在國外的實際操作中，優先股股東權益的具體形式有一定程度的差異。優先股股票與普通股相比一般具有如下特徵：

1. 優先分配權

在企業正常經營情況下，優先股股東的股息率穩定在一定水平上，普通股股東只有在優先股股東股息分配以後，才可以根據公司經營情況，分配到或多或少的紅利。

2. 優先分配剩余財產權

當公司解散、破產清算時，優先股股東對剩余財產有優先的請求權。

3. 優先股股東一般無表決權

一般而言，優先股股東在股東大會上沒有投票權（特別規定的除外），也無權過問公司的經營管理。

4. 公司可以贖回優先股或將其轉換成普通股

發行優先股的公司，按照公司章程有關規定，根據公司發展需要，可以按一定的方式贖回發行在外的優先股或按照一定轉換比率轉換為公司的普通股，以達到調整公司資本結構之目的。

綜上所述，優先股綜合了債券和普通股的優點，既無到期還本的壓力，也並不必擔心股東控制權的分散。但這一種方式稅后資金成本要高於負債的稅后資本成本，且優先股股東雖然負擔了相當比例的風險，卻只能取得固定的報酬，所以發行效果上不如債券。

(二) 優先股融資的優缺點

1. 優先股融資的優點

(1) 優先股籌集的資本屬於權益資本，通常沒有固定到期日，即使股利不能到期兌現也不會引發公司的破產，因而融資后不會增加財務風險，反而可以增強公司的債務融資能力。

(2) 不分散股東的控制權。一般來說，優先股股東沒有投票權，發行優先股可以避免公司股權的稀釋，也不會影響原有普通股東的對公司的管理權和控制權。

(3) 能夠發揮財務槓桿作用。優先股的股息通常是固定的，在收益上升時期可為現有普通股股東「保存」大部分利潤，具有一定的槓桿作用。

2. 優先股融資的缺點

(1) 融資成本高。由於優先股股息是在稅后支付的，不能抵減公司所得稅。優先股融資的成本一般比債務融資的成本高。

（2）財務負擔重。由於優先股要求支付固定的股利，當公司經營不善時，可能會成為公司沉重的財務負擔，當公司不能支付股利時，還會影響公司的信譽。

(三) 優先股融資的財務決策

公司在融資時，如果不想承擔發行普通股那樣高昂的融資成本，又不願因債務融資而削弱公司的償債能力，公司可考慮發行優先股募集資金。

若公司已經透支其舉債能力，進一步舉債會產生信用危機而增大財務風險，公司股東又不願發行普通股而削弱其對公司的控制權。此時，公司可優先考慮利用發行優先股進行籌資。

四、留存收益融資

(一) 留存收益融資概述

留存收益融資就是指企業將留存收益轉化為投資的過程，將企業生產經營所實現的淨收益留在企業，而不作為股利分配給股東，其實質為原股東對企業追加投資。留存收益融資是公司很重要的一種內源融資方式。

留存收益是在會計學價值分配理論體系下對企業經營成果的一種分配，一種資金佔有狀態，中國企業傾向於發行新股來籌集權益資金以滿足企業增長需求。股本擴張雖然可以為企業增長提供資金保證，但股本資金的增加並不一定會提高企業增長率。企業只有提高自身盈利能力，增加自身累積，不斷創造價值才是企業增長的原動力。

(二) 留存收益融資的途徑

1. 未分配利潤。未分配利潤，是指未限定用途的留存淨利潤。未分配利潤有兩層含義：第一，這部分淨利潤本年沒有分配給公司的股東投資者；第二，這部分淨利潤未指定用途，可以用於企業未來的經營發展、轉增資本（實收資本）、彌補以前年度的經營虧損及以後年度的利潤分配。

2. 提取盈余公積金。盈余公積金，是指有指定用途的留存淨利潤。盈余公積金是從當期企業淨利潤中提取的累積資金，其提取基數是本年度的淨利潤。盈余公積金主要用於企業未來的經營發展，經投資者審議后也可以用於轉增股本（實收資本）和彌補以前年度經營虧損，但不得用於以後年度的對外利潤分配（上市公司除外，上市公司為了維持股價穩定，可以用盈余公積來分配現金股利）。

(三) 留存收益融資的優缺點

1. 留存收益融資的優點

（1）不發生實際的現金支出。留存收益融資不同於債務融資，不必支付定期的利息，也不同於股票籌資，不必支付股利。

（2）保持企業舉債能力。留存收益實質上屬於股東權益的一部分，可以作為企業對外舉債的基礎。

（3）不影響企業的控制權。增加發行股票，原股東的控制權分散；發行債券或增加負債，債權人可能對企業施加限制性條件。而採用留存收益籌資則不會存在此類

問題。

2. 留存收益融資的缺點

（1）期間限制。企業必須經過一定時期的累積才可能擁有一定數量的留存收益，從而使企業難以在短期內獲得擴大再生產所需資金。

（2）與股利政策的權衡。如果留存收益過高，現金股利過少，則可能影響企業的形象，並給今後進一步的籌資增加困難。

第四節　債務資金籌集

債務資本，又稱借入資本，是企業一項重要的資金來源，它是企業依法籌措使用、並按期還本付息的資金。對負債資本，企業只是具有在一定期限內的使用權，而且，必須承擔按期還本付息的責任。其主要形式包括銀行借款、發行債券、融資租賃、商業信用等。

一、銀行借款

銀行借款是企業根據借款合同從銀行等借入的款項，是籌集負債資本的一種重要方式。

（一）銀行借款的種類

1. 按其借款期限劃分

可分為短期借款和長期借款。

（1）短期借款是指企業向銀行借入的償還期限在 1 年以內的各種借款。其主要用途是用來滿足企業生產週轉的需要以及因季節性或臨時性所引起的企業對資金的緊急需要，包括生產週轉借款、臨時借款、結算借款等。

（2）長期借款是指企業向銀行借入的償還期限在 1 年以上的各種借款。主要是為了滿足購建固定資產、進行更新改造、技術開發等用途的需要，包括固定資產投資借款、更新改造借款、科技開發和新產品試製借款。

2. 按其是否需要擔保劃分

可分為信用借款和擔保借款。

（1）信用借款是指以借款人的信譽為依據而獲得的借款。企業取得這種借款，無需以財產作抵押。

（2）擔保借款是指以一定的財產作抵押或以一定的保證人作擔保為條件所取得的借款。通常作為抵押的財產有房屋、建築物、機器設備、原材料、股票、債券等。

3. 按其提供貸款的機構劃分

可分為政策性貸款和商業銀行貸款。

（1）政策性銀行貸款一般是指執行國家政策性貸款業務的銀行向企業發放的貸款。如國家開發銀行為滿足企業承建國家重點建設項目的資金需要提供貸款；進出口銀行

為大型設備的進出口提供買方或賣方信貸。

（2）商業銀行貸款是指由各商業銀行向工商企業提供的貸款。這類貸款主要為滿足企業生產經營資金的需要。

此外，企業還可以從信託投資公司取得實物或貨幣形式的信託投資貸款，從財務公司取得各種貸款等。

(二) 銀行借款的程序

企業取得長期借款一般要按照規定的程序辦理必要的手續。一般程序如下：

1. 企業提出借款申請

企業要取得銀行借款必須先向銀行遞交借款申請，說明借款原因、借款金額、用款時間與計劃、還款期限與計劃等。

2. 銀行審批

銀行針對企業的借款申請，按照有關政策和貸款條件，對企業進行審查。審查的內容主要包括：企業的財務狀況、資信狀況、盈利能力、發展能力以及借款投資項目的經濟效益等。

3. 簽訂借款合同

銀行經審查批准借款申請後，可與借款企業進一步協商借款條件，簽訂正式的借款合同，為維護借貸雙方的合法權益，保證資金的合理使用，應對貸款的數額、利率、期限以及限制性條款做出明確規定。

4. 企業取得借款

借款合同簽訂後，銀行可在核定的貸款總額範圍內，根據用款計劃和企業實際需要，一次或分次將貸款轉入企業的存款結算戶，以便企業按規定的用途和時間支取使用。

5. 借款的償還

借款的償還方式常見的有兩種：到期一次還本付息和分期分批償還。企業應按合同約定的方式按期履行還本付息的義務。如果到期不能償付，應提前向銀行申請延期，但只能延期一次。借款逾期不歸還，銀行將從企業存款帳戶扣除還貸款本息並加收罰息，或者沒收抵押品。

(三) 借款合同的內容

借款合同是規定當事人雙方權利和義務的契約。借款合同依法簽訂後，具有法律約束力，當事人雙方必須嚴格遵守合同條款，履行合同規定的義務。

1. 借款合同的基本條款

根據中國有關法規，借款合同應具備下列條款：借款種類，借款用途，借款金額，借款期限，還款資本來源及還款方式，保證條款，違約責任等。其中，保證條款規定借款公司申請借款應具有銀行規定比例的自有資本，有適銷或適用的財產物資作貸款的保證，當借款公司無力償還到期貸款時，貸款銀行有權處理貸款保證的財產物資；必要時還可規定保證人，保證人必須具有足夠的代償借款的財產，如借款公司不履行合同時，由保證人連帶承擔償付本息的責任。

2. 借款合同的限制條款

由於長期貸款的期限長、風險大，因此，除了合同的基本條款以外，按照國際慣例，銀行對借款公司通常都約定一些限制性條款，歸納起來有如下三類：

（1）一般性限制條款。包括：公司需持有一定限度的現金及其他流動資產，保持其資產的合理流動性及支付能力；限制公司支付現金股利；限制公司資本支出的規模；限制公司借入其他長期資本等。

（2）例行性限制條款。多數借款合同都有這類條款，一般包括：公司定期向銀行報送財務報表，不能出售太多的資產，債務到期要及時償付，禁止應收帳款的轉讓等。

（3）特殊性限制條款。例如，要求公司主要領導人購買人身保險，規定借款的用途不得改變等，這類限制條款，只有在特殊情形下才生效。

（四）銀行借款的信用條件

按照國際慣例，銀行發放短期貸款時往往帶有一些信用條件，主要有：

1. 信貸額度

信貸額度是銀行對借款人規定的無擔保貸款的最高額，是一種無擔保的短期銀行信用。信貸額度的有效期限通常為 1 年，但是只要借款人的信用風險維持不變，銀行根據情況也可延期 1 年。一般來講，公司在批准的信貸額度內，可隨時使用銀行借款。但是，銀行並不承擔必須提供全部信貸額度的義務。如果公司信譽惡化，即使銀行曾同意按信貸額度提供貸款，公司也可能得不到借款，這時銀行不會承擔法律責任。

2. 週轉信貸協定

週轉信貸協定是銀行從法律上承諾向公司提供不超過某一最高限額的貸款協定。在協定的有效期內，只要公司的借款總額未超過最高限額，銀行必須滿足公司任何時候提出的借款要求。公司享有週轉信貸協定，通常要對貸款限額的未使用部分付給銀行一筆承諾費。承諾費通常按信貸額度總額中尚未使用部分的一定百分比計算。

【例 3-4】某企業與銀行商定的週轉信貸額為 2,000 萬元，承諾費率為 0.5%，借款企業年度內使用了 1,400 萬元，余額為 600 萬元。要求計算借款企業應支付銀行的承諾費金額。

解：承諾費 = 600×0.5% = 3（萬元）

3. 補償性余額

補償性余額是銀行要求借款公司在銀行中保留按貸款限額或實際借用額一定的百分比（通常為 10%~20%）的最低存款余額。從銀行的角度講，補償性余額可降低貸款風險，補償其可能遭受的風險。但對借款公司來說，補償性余額則提高了借款的實際利率。

【例 3-5】某企業以 10% 的年利率向銀行借款 100 萬元，銀行要求企業保持 15% 的補償性余額。要求計算該借款企業實際可動用的借款額和實際利率。

解：實際可動用借款額 = 100×(1−15%) = 85（萬元）

借款實際利率 = 100×10%/[100×(1−15%)]×100% = 11.76%

4. 借款抵押

銀行向財務風險較大、信譽不好的企業發放貸款，往往需要有抵押品擔保，以減

少自己蒙受損失的風險。借款的抵押品通常是借款企業的應收帳款、存貨、股票、債券以及房屋等。銀行接受抵押品後，將根據抵押品的帳面價值決定貸款金額，一般為抵押品帳面價值的30%~90%。這一比例的高低取決於抵押品的變現能力和銀行的風險偏好。抵押借款的資金成本通常高於非抵押借款，這是因為銀行主要向信譽好的客戶提供非抵押貸款，而將抵押借款視為一種風險貸款，因而收取較高的利息；此外，銀行管理抵押貸款比管理非抵押貸款更為困難，為此往往收取手續費。企業取得抵押借款還會限制其抵押財產的使用和將來的借款能力。

5. 償還條件

無論何種借款，一般都會規定還款的期限。根據中國金融制度的規定，貸款到期後仍無能力償還的，視為逾期貸款，銀行要照章加收逾期罰息。貸款的償還有到期一次償還和在貸款期內定期等額償還兩種方式。一般來說，企業不希望採用後種方式，因為這會提高借款的實際利率；而銀行不希望採用前種方式，因為這會加重企業還款時的財務負擔，增加企業的拒付風險，同時會降低實際貸款利率。除了上述所說的信用條件外，銀行有時還要求企業為取得借款而做出其他承諾，如及時提供財務報表，保持適當的資產流動性等。如企業違背做出的承諾，銀行可要求企業立即償還全部貸款。

(五) 借款利息的支付方式

1. 收款法

收款法是在借款到期時向銀行支付利息的方法。銀行向工商類企業發放的貸款大都採用這種方法收息。

2. 貼現法

貼現法是指銀行向企業發放貸款時，先從本金中扣除利息部分，而到期時借款企業則要償還全部本金的一種計息方法。採取這種方法，企業可利用的貸款只有本金減去利息部分后的差額，因此貸款的實際利率高於名義利率。

【例3-6】某企業從銀行取得借款20,000元，期限1年，年利率（即名義利率）10%，按照貼現法付息。要求根據以上資料，計算企業實際可利用的貸款額和實際利率。

解：

實際可利用貸款額 = 20,000×（1-10%）= 18,000（元）

實際利率 = 2,000/（20,000-2,000）×100% = 11.11%

3. 加息法

加息法是銀行發放分期等額償還貸款時採用的利息收取方法。在分期等額貸款的情況下，銀行要將根據名義利率計算的利息加到貸款本金上，計算出貸款的本利和，要求企業在貸款期內分期等額償還。由於貸款分期均衡償還，借款企業實際上平均只使用了貸款本金的一半，卻支付了全部利息。這樣，企業所負擔的實際利率便高於名義利率大約一倍。

【例3-7】某企業借入年利率為10%的一年期借款200,000元，按月等額償還本息。要求計算該項借款的實際利率。

解：實際利率＝（200,000×10%）/（200,000÷2）×100%＝20%

(六) 銀行借款籌資的優缺點

1. 銀行借款籌資的優點

（1）籌資速度快。發行各種證券籌集長期資金所需時間一般較長。做好證券發行的準備，如印刷證券、申請批准等，以及證券的發行都需要一定時間。而銀行借款與發行證券相比，一般所需時間較短，可以迅速地獲取資金。

（2）籌資成本低。就目前中國情況來看，利用銀行借款所支付的利息比發行債券所支付的利息低，另外，也無需支付大量的發行費用。

（3）借款彈性好。企業與銀行可以直接接觸，可通過直接商談，來確定借款的時間、數量和利息。在借款期間，如果企業情況發生了變化，也可與銀行進行協商，修改借款的數量和條件。借款到期後，如有正當理由，還可延期償還。

2. 銀行借款籌資的缺點

（1）財務風險較大。企業舉借長期借款，必須定期還本付息，在經營不利的情況下，可能會產生不能償付的風險，甚至會導致破產。

（2）限制條款較多。企業與銀行簽訂的借款合同中，一般都有一些限制條款，如定期報送有關報表、不準改變借款用途等，這些條款可能會限制企業的經營活動。

（3）籌資數額有限。銀行一般不願借出巨額的長期借款。因此，利用銀行借款都有一定的上限。

二、發行債券

債券是債務人為籌集債務資本而發行的，約定在一定期間內向債權人還本付息的有價證券。發行債券是企業籌集負債資本的重要方式。股份有限公司和有限責任公司發行的債券稱為公司債券。公司發行債券通常是為大型投資項目籌集大額長期資本。

(一) 債券的種類

債券可以從各種不同的角度進行分類，現說明其主要的分類方式。

1. 按債券有無擔保劃分

可將債券分為信用債券和抵押債券。

（1）信用債券。信用債券又稱為無擔保債券，是僅憑債券發行者的信用發行的、沒有抵押品作擔保的債券。通常只有信譽良好、實力較強的公司才能發行這種債券，一般利率略高於抵押債券。

（2）抵押債券。抵押債券又稱為擔保債券，是指以特定財產作抵押而發行的債券。抵押債券按抵押物品的不同，又可分為動產抵押債券、不動產抵押債券、設備抵押債券和證券信託債券。

2. 按債券是否記名劃分

可將債券分為記名債券和無記名債券。

（1）記名債券。記名債券是在債券的票面上記載有持券人姓名或名稱，並在發行單位或代理機構進行登記的債券。對於這種債券，發行公司只對票面上註明並在公司

登記簿中登記的持有人支付本息。記名債券轉讓時，須由債券持有人以背書等方式辦理過戶手續。記名債券較為安全，其發行價格較無記名債券要高。

（2）無記名債券。無記名債券是指不需在債券的票面上記載持有人的姓名或名稱，也不需要在發行單位或代理機構登記造冊的債券。此種債券可隨意轉讓，不需要辦理過戶手續。持券人即為領取債券利息和本金的權利人，還本付息以債券為憑，一般實行剪票付息。無記名債券安全性較差，但其轉讓方便，節省費用。

3. 債券的其他分類

除按上述幾種標準分類外，還有其他一些分類形式。

（1）可轉換債券。可轉換債券是指一定期間內，可以按規定的價格或一定比例，由持有人自由地選擇轉化為普通股的債券。

（2）無息債券。無息債券是指票面上不標明利息，按面值出售，到期按面值歸還本金的債券。債券的面值和買價的差異就是投資人的收益。

（3）浮動利率債券。浮動利率債券是指利息率隨基本利率（一般是國庫券利率或銀行同業拆放利率）變動而變動的債券。發行浮動利率債券的主要目的是為了應對通貨膨脹。

（4）收益債券。收益債券是指企業不盈利時，可暫時不支付利息，而到獲利時支付累積利息的債券。

此外，債券還可按用途分為直接用途債券和一般用途債券；按償還方式分為提前收回債券和不提前收回債券，分期償還債券和一次性償還債券等。

（二）債券的發行

公司發行債券，必須符合規定的發行資格和條件。

1. 發行債券的資格

中國《公司法》規定，股份有限公司、國有獨資公司和其他兩個以上的國有投資主體投資設立的有限責任公司，具有發行公司債券的資格。

2. 發行債券的條件

中國《公司法》還規定，有資格發行公司債券的公司，必須具備以下條件：

（1）股份有限公司的淨資產不低於人民幣3,000萬元，有限責任公司的淨資產不低於人民幣6,000萬元。

（2）累計債券總額不超過公司淨資產的40%。

（3）最近3年平均可分配利潤足以支付公司債券1年的利息。

（4）籌集的資本投向符合國家產業政策。

（5）債券的利率不得超過國務院限定的利率水平。

（6）國務院規定的其他條件。

另外，發行公司債券所籌集的資金，必須符合審批機關審批的用途，不得用於彌補虧損和非生產性支出，否則會損害債權人的利益。

發行公司凡有下列情形之一的，不得再次發行公司債券：

（1）前一次發行的債券尚未募足的；

（2）對已發行的公司債券或者其債券有違約或者延遲支付本息的事實，且仍處於持續狀態的。

3. 公司債券的發行程序

（1）做出發行債券的決議或決定。中國《公司法》規定：股份有限公司、有限責任公司發行債券，由董事會制訂方案，股東大會或股東做出決議；國有獨資公司發行債券，由國家授權投資的機構或者國家授權的部門做出決定。

（2）提出發行債券的申請與批准。中國《公司法》規定：凡公司發行債券，須向國務院證券管理部門提出申請，並提交相應文件（登記證明、公司章程、募集方法、資產評估報告和驗資報告等），由證券管理部門按規定予以審批。

（3）公告公司債券募集辦法。發行公司債券的申請經國務院證券管理部門批准后，公司應向社會公告募集辦法，並應載明債券發行總額、債券面值、債券利率、還本付息的期限與方式、發行的起止日期、公司債券的承銷機構等事項。

（4）委託證券機構發售，募集款項。公司向社會公開發行債券，須由有資格的證券機構承銷，雙方簽訂協議或承銷或代銷。

（5）交割。公司發行債券由證券機構承銷時，投資者向承銷商付款購買，該機構代收款項，交付債券，然後，發行公司與承銷機構結算款項。

4. 公司債券的發行價格

債券的發行價格是發行公司發行債券時所使用的價格，亦即投資者認購時所實際支付的價格。公司債券的發行價格通常有三種：平價、溢價和折價。

（1）平價是指以債券的票面金額為發行價格；

（2）溢價是指以高於債券票面金額的價格為發行價格；

（3）折價是指以低於票面金額的價格為發行價格。

債券發行價格的確定主要由票面金額、票面利率、市場利率、債券期限四項因素確定。當票面利率與市場利率不一致時，會形成不同的發行價格。其具體公式可表示為：

$$債券發行價格 = \frac{債券面值}{(1+i)^n} + \sum_{t=1}^{n} \frac{債券利息}{(1+i)^t}$$

式中：t—付息期數；

n—債券期限；

i—債券發行時的資本市場利率。

債券利息按票面利率與債券面值計算。債券發行價格公式表明，它由兩部分組成：一部分是債券各期利息的現值之和；另一部分是到期還本票面面值按市場利率折現的現值。

(三) 債券籌資的優缺點

1. 債券籌資的優點

（1）資金成本低。與股票籌資方式相比，債券籌資的成本低。一方面由於債券利率一般低於股息率；另一方面債券利息具有抵稅的作用，使企業實際利息負擔減輕。

（2）保證控制權。債券持有人無權參與企業的經營管理，因而不會分散股東的控制權。

（3）財務槓桿利息。由於債券籌資只支付固定的利息費用，在經營狀況好時，能夠為企業帶來財務槓桿利益，提高自有資金收益水平。

（4）調整資金結構。當企業發行可轉換債券或可提前收回債券時，能夠增強籌資彈性，有利於企業資金結構的調整。

2. 債券籌資的缺點

（1）財務風險大。由於債券須到期償還，並支付固定的利息費用，在企業經營不景氣時，會加重財務負擔，增大財務風險，使未來籌資更加困難。

（2）限制條件多。對債券的發行，國家有嚴格的規定，限制了企業對債券籌資方式的使用，甚至會影響未來的籌資能力。

三、融資租賃

租賃是一種契約性協議，它是以承租人支付一定租金為條件，出租者在一定時期內將資產的佔有權和使用權轉讓給承租人的一項交易行為。租賃是一種融物籌資，用以解決企業急需設備而又資金不足的困難。

（一）租賃的種類

租賃的種類很多，按其性質可分為兩種：經營租賃和融資租賃。

1. 經營租賃

經營租賃又稱營業租賃，是一種典型的傳統租賃形式，通常為短期租賃。其特點是：

（1）租賃期短，不涉及長期固定義務；

（2）租賃合同靈活，是一種可以解除的合同；

（3）經營租賃期滿，租賃資產一般退還出租者；

（4）承租人可以隨時提出租賃請求；

（5）出租人承擔專門義務，如保險、維修等。

由於沒有所有權的轉移，經營租賃風險較低。

2. 融資租賃

融資租賃又稱財務租賃，是指租賃公司按承租人的要求融資購買設備，在契約或合同規定的較長期限內提供給承租人使用的租賃業務。融資租賃一般是為了滿足企業對長期資金的需求，屬於長期租賃。融資租賃是現代租賃的主要形式，其特點一般包括：

（1）由承租人向出租人提出正式申請，由出租人融資購進設備，租給出租人使用；

（2）租期較長，大多為設備耐用年限的一半以上；

（3）租賃合同穩定，在規定的租期內，非經雙方同意，任何一方不得中途解約，這有利於維護雙方的權益；

（4）由承租人負責設備的維修、保養和保險；

（5）租賃期滿後，可選擇退還、續租或留購三種方法處置租賃資產，通常由承租人留購。由以上特徵可以看出，與租賃資產所有權相關的風險和報酬實質上已全部轉移給承租人一方，因而風險比較大。

(二) 融資租賃的形式

融資租賃按其義務上的不同特點，可分為直接租賃、售後租回、槓桿租賃等三種情況。

1. 直接租賃

直接租賃是指承租人直接向出租人租入所需要的資產並支付租金。它是融資租賃的典型形式，其出租人一般為設備製造廠商或租賃公司。

2. 售後租回

售後租回是租賃企業將其設備賣給租賃公司，然後再將所售資產租回使用並支付租金的租賃方式。承租企業出售資產可得到一筆資金，同時租回資產不影響企業繼續使用，但其所有權已經轉移到租賃公司，售後租回的出租人一般為租賃公司等金融機構。

3. 槓桿租賃

槓桿租賃是當前國際上流行的一種特殊形式的融資性租賃，在這一租賃方式中，出租人一般出資相當於租賃資產價款的 20%～40% 的資金，其餘 60%～80% 的資金由其將欲購置的租賃物作抵押向金融機構貸款，然後將購入的設備出租給承租人，並收取租金。

這種方式，一般要涉及承租人、出租人和貸款人三方當事人。從承租方看，這一租賃方式與前兩種租賃方式沒有什麼差別。但從出租方看，出租人只墊付部分資金便獲得租賃資產的所有權，而且租賃收益大於借款成本支出，出租方能夠獲得槓桿收益，故這種方式稱為槓桿租賃。

(三) 融資租賃的程序

1. 選擇租賃公司

企業決定採用租賃方式取得某項設備時，首先要瞭解各家租賃公司的經營範圍、業務能力、資信狀況，以及與其他金融企業如銀行的關係，取得租賃公司的融資條件和租賃費率等資料，加以分析比較，從中擇優選取。

2. 辦理租賃委託

企業選定租賃公司後，便可向其提出申請，辦理委託。這時，承租公司需填寫租賃申請書，說明所需設備的具體要求，同時還要向租賃公司提供財務狀況文件，包括資產負債表、利潤表和現金流量表等資料。

3. 簽訂購貨協議

由承租公司與租賃公司的一方或雙方合作組織選定設備供應廠商，並與其進行技術和商務談判，在此基礎上簽訂購貨協議。

4. 簽訂租賃合同

租賃合同是由承租企業與租賃公司簽訂的，它是租賃業務的重要法律文件。融資

租賃合同的內容可分為一般條款和特殊條款兩部分。

（1）一般條款。一般條款主要包括：①合同說明。主要明確合同的性質、當事人身分、合同簽訂的日期等。②名詞釋義。解釋合同中所使用的重要名詞，以避免歧義。③租賃設備條款。詳細列明設備的名稱、規格型號、數量、技術性能、交貨地點及使用地點等。④租賃設備交貨、驗收和稅款、費用條款。⑤租期和起租日期條款。⑥租金支付條款，包括租金的構成、支付方式和貨幣名稱等。這些內容通常以附表的形式列為合同附件。

（2）特殊條款。特殊條款主要規定：①購買協議與租賃合同的關係。②租賃設備的產權歸屬。③租期中不得退租。④對出租人和承租人的保障。⑤承租人違約及對出租人的補償。⑥設備的使用和保管、維修、保障責任。⑦保險條款。⑧租賃保證金和擔保條款。⑨租賃期滿時對設備的處理條款等。

5. 辦理驗貨、付款與保險

承租公司按購貨協議收到租賃設備時，要進行驗收，驗收合格後簽發交貨及驗收保證書，並提交租賃公司，租賃公司據以向供應廠商支付設備價款。同時，承租公司向保險公司辦理投保事宜。

6. 支付租金

承租公司在租期內按合同規定的租金數額、支付方式等，向租賃公司支付租金。

7. 合同期滿處理設備

融資租賃合同期滿時，承租企業應按租賃合同的規定，實行退租、續租或留購。租賃期滿的設備通常都以低價賣給承租企業或無償贈送給承租企業。

（四）融資租賃租金的計算

在租賃籌資方式下，承租企業要按合同規定向租賃公司支付租金。租金的數額和支付方式對承租企業的未來財務狀況具有直接的影響，也是租賃籌資決策的重要依據。

1. 融資租賃租金的構成

融資租賃的租金包括以下幾個方面：

（1）租賃設備的購置成本，它由設備的買價、運雜費和途中保險費等構成。這是租金的主要內容。

（2）融資成本，是指租賃公司為購買租賃設備所籌資金的成本，即設備租賃期間的利息。

（3）租賃手續費，包括租賃公司承辦租賃設備的營業費用以及一定的盈利。租賃手續費的高低一般無固定標準，通常由承租公司與租賃公司協商確定，按設備成本的一定比率計算。

2. 租金的支付方式

租金的支付方式也影響到租金的計算。租金通常採用分次支付的方式，具體又分為以下幾種類型：

（1）按支付時期的長短，可以分為年付、半年付、季付和月付等方式。

（2）按支付時期的先後，可以分為先付租金和後付租金兩種。先付租金是指在期

初支付；后付租金是指在期末支付。

（3）按每期支付金額，可以分為等額支付和不等額支付兩種。

3. 租金的計算方法

在中國融資租賃業務中，計算租金的方法一般採用等額年金法。等額年金法現值的計算公式變換後即可計算每期支付租金。因租金有先付租金和后付租金兩種支付方式，需分別說明。

（1）后付租金的計算。承租企業與租賃公司商定的租金支付方式，大多為后付等額年金，即普通年金。根據年資本回收額的計算公式，可確定后付租金方式下每年年末支付租金數額的計算公式：

$$A = \frac{PV}{(PV/A, i, n)}$$

【例 3-8】某企業採用融資租賃方式於 2005 年 1 月 1 日從一租賃公司租入一設備，設備價款 40,000 元，租期為 8 年，到期後設備歸企業所有；為了保證租賃公司彌補融資成本、相關的手續費並有一定的盈利，雙方商定採用 18％ 的折現率。試計算該企業每年年末應支付的等額租金。

解：$A = 40,000/(PV/A, 18\%, 8)$

$\quad\quad = 40,000/4.077,6$

$\quad\quad = 9,809.69$（元）

（2）先付租金的計算。承租企業有時可能會與租賃公司商定，採取先付等額租金的方式支付租金。根據先付年金的現值公式，可得出先付等額年金的計算公式為：

$$A = PV/[(PV/A, i, n-1) + 1]$$

【例 3-9】假如上例採用先付等額租金方式，要求計算每年年初應支付的租金額。

解：

$A = 40,000/[(PV/A, 18\%, 7) + 1]$

$\quad = 40,000/(3.811,5 + 1)$

$\quad = 8,313.42$（元）

（五）融資租賃籌資的優缺點

1. 融資租賃籌資的優點

（1）籌資速度快。租賃往往比借款購置設備更迅速、更靈活，因為租賃是籌資與設備購置同時進行，可以縮短設備的購進、安裝時間，使企業盡快形成生產能力。

（2）限制條件少。如前所述，債券和長期借款都定有相當多的限制條款，雖然類似的限制在租賃公司中也有，但一般比較少。

（3）設備陳舊過時的風險小。隨著科學技術的不斷進步，固定資產更新的週期日趨縮短。設備陳舊過時的風險很高，而多數租賃協議規定由出租人承擔設備陳舊過時的風險，使承租公司免遭這種風險。

（4）財務風險小。租金在整個租期內分攤，不用到期歸還大量本金。許多借款都在到期日一次償還本金，這會給財務基礎較弱的公司造成相當大的困難，有時會造成

不能償付的風險。而租賃則把這種風險，在整個租期內分攤，可適當減少不能償付的風險。計算租金的方法一般採用等額年金法。等額年金法可減輕稅收負擔，租金可在稅前扣除，具有抵免所得稅的作用。

2. 融資租賃籌資的缺點

融資租賃籌資的最主要缺點就是資金成本較高。一般來說，其租金要比舉借銀行借款或發行債券所負擔的利息高得多。在企業財務困難時，固定的租金也會構成一項較沉重的負擔。

四、商業信用

商業信用是企業在商品交易中以延期付款或預收貨款的方式進行購銷活動而形成的借貸關係，是企業之間的直接信用行為，商業信用是商品交易中由於貨幣與商品在時間和空間上發生分離而產生的。它形式多樣、適用廣泛，已成為企業籌集短期資金的重要方式。企業之間商業信用的主要形式有應付帳款、應付票據、預收帳款等。

（一）應付帳款

應付帳款是公司購買商品或接受勞務暫未付款而形成的欠款。對於買方來說，延期付款等於向賣方融通資金購買商品或接受勞務，可以滿足短期資金需要。應付帳款有付款期限、現金折扣等信用條件。

應付帳款可以分為免費信用、有代價的信用和展期信用。免費信用指買方公司在規定的折扣期內付款，享有折扣獲得的信用；有代價的信用指公司超過折扣期付款，付出代價而獲得的信用；展期信用指公司超過規定的付款期強制獲得的信用。

1. 應付帳款的成本

公司購買貨物後，在規定的折扣期付款，便可享受免費信用，無須為享受信用而付出代價。若超過折扣期付款，就要承受因放棄現金折扣而造成的隱形損失。

【例3-10】某公司以2/10，n/30的條件購入價值20萬元的貨物。要求根據資料，分析該公司的應付帳款成本。

分析：2/10，n/30表示公司在10天內付款可享受2%的現金折扣，超過10天，30天內付款則要全額支付。

如圖3-1所示，如果公司10天付款，則可以享受免費信用，免費信用額度為19.6萬元（20－20×2%）。如果公司放棄現金折扣，於10天後付款，公司為了不違約也必須在信用期期限第30天付款，則需要付款20萬元，相當於公司借了一筆期限為20天、金額為19.6萬元的債務，利息為0.4萬元。公司要承受放棄現金折扣的隱含利息成本。

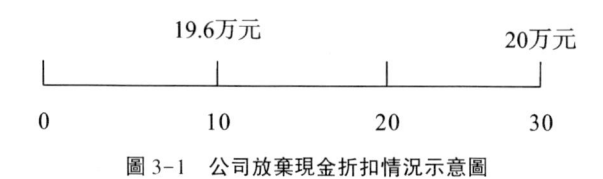

圖3-1 公司放棄現金折扣情況示意圖

公司該筆債務的利息成本為：$\dfrac{0.4}{19.6} \times \dfrac{360}{20} = 37.8\%$

故放棄現金折扣的成本公式為：

放棄現金折扣的成本 $= \dfrac{折扣百分比}{1-折扣百分比} \times \dfrac{360}{信用期-折扣期}$

具體到該例中，公司放棄現金折扣的成本為：

$\dfrac{2\%}{1-2\%} \times \dfrac{360}{30-10} = 37.8\%$

由公式可以看出，放棄現金折扣的成本與折扣百分比的大小、折扣期的長短呈同向變化，而與信用期的長短呈反向變化。可見，如果企業放棄折扣而獲得信用，其代價是比較高的。然而，企業在放棄折扣的情況下，推遲付款的時間越長，其成本越小。

比如，企業延長至 50 天付款，其放棄現金折扣的成本為：

$\dfrac{2\%}{1-2\%} \times \dfrac{360}{50-10} = 18.4\%$

2. 利用現金折扣的決策

根據公司追求效益最大化，力求使其收益大於成本的原則，公司在面臨是否放棄現金折扣的選擇時，要根據具體情況具體分析。

當公司能以低於放棄現金折扣成本的利率借入資金時，應當借入資金，享受現金折扣；當公司有著良好的短期投資機會，可以取得高於放棄現金折扣成本的投資報酬率時，就應該放棄現金折扣，把現有的資金投入短期投資，以追求更高的收益。公司要享受展期信用時，也要在其獲得的收益與付出的成本之間進行權衡，展期付款可以降低放棄現金折扣的成本，但同時會損害公司信譽，破壞公司形象，可能導致日後苛刻的信用條件，甚至喪失享受商業信用的機會。

(二) 預收帳款

預收帳款是在賣方公司交付貨物前向買方預先收取的貨款的信用形式，主要用於生產週期長、資金占用量大的商品銷售，如輪船、房地產等。其實質相當於買方企業向賣方融通短期資金，緩解資金占用過大的矛盾。

(三) 應付票據

應付票據是公司延期付款時開具的表明其債權債務關係的票據。根據承兌人的不同，應付票據分為商業承兌匯票和銀行承兌匯票，支付期最長不超過 9 個月。應付票據可以為帶息票據，也可以為不帶息票據，中國多數為不帶息票據，且使用應付票據提供的融資，一般不用保持補償餘額，所以資金成本很低，幾乎為零。

(四) 商業信用籌資的優缺點

1. 商業信用籌資的優點

(1) 籌資便利。利用商業信用籌措資金非常方便。因為商業信用與商品買賣同時進行，屬於一種自然性融資，不需做非常正規的安排。

（2）籌資成本低。如果沒有現金折扣，或企業不放棄現金折扣，則利用商業信用籌資沒有實際成本。

（3）限制條件少。如果企業利用銀行借款籌資，銀行往往對貸款的使用規定一些限制條件，而商業信用則限制較少。

2. 商業信用籌資的缺點

商業信用的期限一般較短，如果企業取得現金折扣，則時間會更短，如果放棄現金折扣，則要付出較高的資金成本。

本章小結

企業籌資是指企業根據生產經營、資本結構調整等需要，通過一定的渠道，採取適當的方式，獲取所需資金的一種行為。企業籌資可以按照不同分類標準進行分類。企業資金需要量的預測可以採用定性預測法、比率預測法和資金習性預測法。

股票是股份公司為籌集主權資金而發行的有價證券，是持股人擁有公司股份的憑證，它代表持股人即股東在公司中擁有的所有權。發行股票是股份公司籌集主權資金最常見的方式。普通股籌資的優點是：（1）沒有固定的利息負擔；（2）沒有固定到期日，不用償還；（3）籌資風險小；（4）增加公司的信譽；（5）籌資限制較少。普通股籌資的缺點是：（1）資金成本高；（2）容易分散控制權。

留存收益融資就是指企業將留存收益轉化為投資的過程，留存收益融資是公司很重要的一種內源融資方式。留存收益融資的優點是：（1）企業不發生實際的現金支出；（2）保持企業舉債能力；（3）不影響企業的控制權。留存收益融資的缺點是：（1）有嚴格的期間限制；（2）有時與股利政策很難進行權衡。

債券是債務人為籌集債務資本而發行的，約定在一定期間內向債權人還本付息的有價證券。發行債券是企業籌集負債資本的重要方式。債券籌資的優點是：（1）資金成本低；（2）保證控制權；（3）財務槓桿作用；（4）調整資金結構。

思考題

1. 簡述銷售百分比法的基本依據。
2. 簡述股票上市對上市公司的意義。
3. 簡述中國債券發行的條件。
4. 簡述普通股籌資的優缺點。
5. 簡述籌資渠道與籌資方式之間的區別與聯繫。

自測題

一、單項選擇題

1. 某企業按「2/10，n/45」的條件購進商品一批，若該企業放棄現金折扣優惠，而在信用期滿時付款，則放棄現金折扣的機會成本為（　　）。
   A. 20.99%　　　B. 28.82%　　　C. 25.31%　　　D. 16.33%

2. 下列各項中，不屬於融資租賃特點的是（　　）。
   A. 租賃期較長
   B. 租金較高
   C. 不得任意中止租賃合同
   D. 出租人與承租人之間並未形成債權債務關係

3. 出租人既出租某項資產，又以該項資產為擔保借入資金的租賃方式是（　　）。
   A. 直接租賃　　B. 售後回租　　C. 槓桿租賃　　D. 經營租賃

4. 下列各項中屬於商業信用的是（　　）。
   A. 商業銀行貸款　B. 應付帳款　　C. 應付工資　　D. 融資租賃信用

5. 在以下各項中，不能增強企業融資彈性的是（　　）。
   A. 短期借款　　　　　　　　B. 發行可轉換債券
   C. 發行可提前收回債券　　　D. 發行可轉換優先股

6. 利用企業自留資金渠道籌資，可利用的籌資方式為（　　）。
   A. 發行股票　　B. 融資租賃　　C. 吸收直接投資　D. 商業信用

7. 下列哪些屬於權益資金的籌資方式（　　）。
   A. 利用商業信用　B. 發行公司債券　C. 融資租賃　　D. 發行股票

8. 大華公司按年利率10%向銀行借入200萬元的款項，銀行要求保留15%的補償性餘額，該項借款的實際利率為（　　）。
   A. 15%　　　　B. 10%　　　　C. 11.76%　　　D. 8.50%

9. 一般而言，企業資金成本最低的籌資方式是（　　）。
   A. 發行債券　　B. 長期借款　　C. 發行普通股　　D. 發行優先股

10. 中國《公司法》規定，股票不能（　　）發行。
    A. 折價　　　B. 溢價　　　C. 平價　　　D. 按票面金額

二、多選題

1. 下列情況中，企業不應享受現金折扣的有（　　）。
   A. 借入資金利率高於放棄現金折扣的成本
   B. 借入資金的利率低於放棄現金折扣的成本
   C. 延期付款的損失小於所降低的放棄現金折扣的成本
   D. 國庫券利率低於放棄現金折扣成本

2. 相對於發行債券籌資而言，對企業而言，發行股票籌集資金的優點有（　　）。

A. 增加公司籌資能力　　　　　　B. 降低公司財務風險
C. 降低公司資金成本　　　　　　D. 籌資限制較少

3. 優先股的優先權主要表現在（　　　）。
A. 優先認股　　　　　　　　　　B. 優先取得股息
C. 優先分配剩餘財產　　　　　　D. 優先行使投票權

4. 在短期借款的利息計算和償還方法中，企業實際負擔利率高於名義利率的有（　　　）。
A. 利隨本清法付息　　　　　　　B. 貼現法付息
C. 貸款期內定期等額償還貸款　　D. 到期一次償還貸款

5. 下列各項目中，能夠被視作「自然融資」的項目有（　　　）。
A. 短期借款　　B. 應付票據　　C. 應付水電費　　D. 應付工資

三、判斷題

1. 一般來說，在償還貸款時，企業希望採用定期等額償還方式，而銀行希望採用到期一次償還方式。　　　　　　　　　　　　　　　　　　　　　　　　（　　）

2. 與流動負債融資相比，長期負債融資的期限長、成本高，其償債風險也相對較大。　　　　　　　　　　　　　　　　　　　　　　　　　　　　　　（　　）

3. 一旦企業與銀行簽訂週轉信貸協議，則在協定的有效期內，只要企業的借款總額不超過最高限額，銀行必須滿足企業任何時候、任何用途的借款要求。（　　）

4. 企業發行債券時，相對於抵押債券，信用債券利率較高的原因在於其安全性差。　　　　　　　　　　　　　　　　　　　　　　　　　　　　　　　（　　）

5. 在債券面值與票面利率一定的情況下，市場利率越高，則債券的發行價格越低。　　　　　　　　　　　　　　　　　　　　　　　　　　　　　　　（　　）

四、計算題

1. 某公司擬採購一批零件，價值5,400元，供應商規定的付款條件如下：

立即付款，付5,238元；第20天付款，付5,292元；第40天付款，付5,346元；第60天付款，付全額。每年按360天計算。

要求：回答以下互不相關的問題：

（1）假設銀行短期貸款利率為15%，計算放棄現金折扣的成本（比率），並確定對該公司最有利的付款日期和價格。

（2）假設目前有一短期投資報酬率為40%，確定對該公司最有利的付款日期和價格。

2. A企業按年利率10.2%從銀行借入180萬元，銀行要求企業按貸款額的15%保持補償性餘額。試計算該項貸款的實際利率及企業實際動用的借款。

3. 某公司2000年12月31日的資產負債表如表一所示。已知該公司2000年的銷售收入為400萬元，現在還有生產能力，即增加收入不需要進行固定資產投資。已知一些資產、負債和權益項目將隨著銷售收入的變化而成正比例變化，並計算出變化項目占銷售收入的百分比，獲得表二，經過預測2001年的銷售收入將增加到500萬元。假定銷售收入淨利潤率為10%，留存收益為淨利潤的20%。請測定該企業對外籌集的

資金數額。

表一　　　　　　　　　　××公司簡要資產負債表　　　　　　　　　單位：元

資產	金額	負債及所有者權益	金額
現金	200,000	應付費用	200,000
應收帳款	600,000	應付帳款	400,000
存貨	1,200,000	短期借款	300,000
固定資產淨值	800,000	公司債券	300,000
		實收資本	1,500,000
		留存收益	100,000
合計	2,800,000	合計	2,800,000

表二　　　　　　　　　　××公司銷售百分比表

資產	占銷售收入%	負債及所有者權益	占銷售收入%
現金	5	應付費用	5
應收帳款	15	應付帳款	10
存貨	30	短期借款	不變動
固定資產淨值	不變動	公司債券	不變動
		實收資本	不變動
		留存收益	不變動
合計	50	合計	15

第四章　資本成本與資本結構

學習目的

(1) 瞭解資本成本的含義、特徵及作用；

(2) 熟練掌握長期借款、債券、普通股、優先股、留存收益等個別資本的計算方法；

(3) 理解綜合資本成本的含義及計算原理，熟悉邊際資本成本的概念及計算過程；

(4) 理解經營風險和財務風險的產生機理；

(5) 掌握經營槓桿、財務槓桿和綜合槓桿的含義及計算方法；

(6) 理解企業最佳資本結構的特徵，掌握最佳的資本結構決策方法。

關鍵術語

資本成本　經營槓桿　財務槓桿　綜合槓桿　資本結構

導入案例

2010年4月26日，高鴻股份發布公告，擬對子公司進行資本結構調整，以持有的高鴻信息2,740萬元出資額與高鴻恒昌2,740萬元出資額進行等價置換。資本結構調整后，公司將持有高鴻信息78.65%的股份，持有高鴻恒昌100%的股權。上述資本結構調整之後，高鴻信息和高鴻恒昌的註冊資本沒有變化，資本結構發生變化。公司表示，對公司控股子公司資本結構進行調整，可以充分發揮資源優勢，順應銷售市場的快速增長趨勢，擴大公司銷售份額，有利於公司的長遠發展。

資料來源：高志勇. 高鴻股份. 第六屆第十次董事會決議公告 [N]. 證券時報, 2010.4。

公司財務人員如何準確測算各種籌資方式的資本成本、權衡籌資風險和收益、確定最佳資本結構以便及時、足額籌集公司所需資金，那麼就讓我們帶著這些問題進行本章知識的學習吧。

第一節　資本成本

一、資本成本的含義、特徵及作用

(一) 資本成本的含義

　　資本成本是指企業取得和使用資本時所付出的代價。取得資本所付出的代價，主要指發行債券、股票的費用，向非銀行金融機構借款的手續費用等；使用資本所付出的代價，如股利、利息等。資本成本是指企業為籌集和使用資金而付出的代價，廣義講，企業籌集和使用任何資金，不論短期的還是長期的，都要付出代價。狹義的資本成本僅指籌集和使用長期資金（包括自有資本和借入長期資金）的成本。由於長期資金也被稱為資本，所以長期資金的成本也稱為資本成本。

　　資本成本既可以用絕對數表示，也可以用相對數表示。用絕對數表示的，如借入長期資金，即指資金占用費和資金籌集費；用相對數表示的，如借入長期資金，即為資金占用費與實際取得資金之間的比率，但是它不簡單地等同於利息率，兩者之間在含義和數值上是有區別的。在財務管理中，一般用相對數表示。

　　資本成本有多種運用形式：一是在比較各種籌資方式時，使用的是個別資本成本，如借款資本成本率、債券資本成本率、普通股資本成本率、優先股資本成本率、留存收益資本成本率；二是進行企業資本結構決策時，則使用綜合資本成本率；三是進行追加籌資結構決策時，則使用邊際資本成本率。

(二) 資本成本的特徵

　　資本成本與生產經營成本相比具有以下四個特點。

　　1. 生產經營成本全部從營業收入中抵補，而資本成本有的是從營業收入中抵補，如向銀行借款支付的利息和發行債券支付的利息；有的是從稅後利潤中支付，如發行普通股支付的股利；有的則沒有實際成本的支出，而只是一種潛在和未來的收益損失的機會成本，如留存收益。

　　2. 生產經營成本是實際耗費的計算值，而資本成本是一種建立在假設基礎上的不很精確的估算值。如按固定增長模型計算普通股成本率，就以假定其股利每年平均增長作為基礎。

　　3. 生產經營成本主要是為核算利潤服務的，其著眼點是已經發生的生產經營過程中的耗費。資本成本主要是為企業籌資、投資決策服務的，其著眼點在於將來資金籌措和使用的代價。

　　4. 生產經營成本都是稅前的成本，而資本成本是一種稅後的成本。

(三) 資本成本的作用

　　資本成本在企業籌資、投資和經營活動過程中具有以下三個方面的作用：

1. 資本成本是企業籌資決策的重要依據

企業的資本可以從各種渠道,如銀行信貸資金、民間資金、企業資金等來源取得,其籌資的方式也多種多樣,如吸收直接投資、發行股票、銀行借款等。但不管選擇何種渠道,採用哪種方式,主要考慮的因素還是資本成本。

通過不同渠道和方式所籌措的資本,將會形成不同的資本結構,由此產生不同的財務風險和資本成本。所以,資本成本也就成了確定最佳資本結構的主要因素之一。

隨著籌資數量的增加,資本成本將隨之變化。當籌資數量增加到增資的成本大於增資的收入時,企業便不能再追加資本。因此,資本成本是限制企業籌資數額的一個重要因素。

2. 資本成本是評價和選擇投資項目的重要標準

資本成本實際上是投資者應當取得的最低報酬水平。只有當投資項目的收益高於資本成本的情況下,才值得為之籌措資本;反之,就應該放棄該投資機會。

3. 資本成本是衡量企業資金效益的臨界基準

如果一定時期的綜合資本成本率高於總資產報酬率,就說明企業資本的運用效益差,經營業績不佳;反之,則相反。

二、資本成本的計算

(一) 債務資本成本

1. 長期借款的資本成本

長期借款的成本是指借款利息和籌資費。由於借款利息計入稅前成本費用,可以起到抵稅的作用。

(1) 不考慮貨幣時間價值時的長期借款資金成本計算模型。不考慮貨幣時間價值的長期借款資金成本計算公式為:

$$K_l = \frac{R_l(1-T)}{1-f_l}$$

或

$$K_l = \frac{I_l(1-T)}{L(1-f_l)} \quad (4-1)$$

式中,K_l——長期借款的資本成本;

I_l——長期借款年利息;

T——公司所得稅率;

L——長期借款籌資數額(借款本金);

f_l——長期借款的籌資費率;

R_l——長期借款的利率。

(2) 考慮貨幣時間價值時的長期借款資金成本計算模型。在考慮貨幣時間價值時,長期借款資金成本計算公式為:

$$L(1-f_l) = \sum_{t=1}^{n} \frac{I_t}{(1+K)^t} + \frac{P}{(1+K)^n} \quad (4-2)$$

$K_l = K(1-T)$

式中，P——第 n 年末應償還的本金；

K——所得稅前的長期借款的資本成本

K_l——所得稅後的長期借款資本成本

第一個公式中，等號左邊是借款的實際現金流入，等號右邊為借款引起的未來現金流出的現值總額，由各年利息支出的年金現值之和加上到期償還本金的複利現值而得。

按照這種辦法，實際上是將長期借款的資本成本看作是使這一借款的現金流入現值等於其現金流出現值的貼現率。運用時，先通過第一個公式，採用內插法求解借款的稅前資本成本，再通過第二個公式將借款的稅前資本成本調整為稅後的資本成本。

【例4-1】某企業向銀行貸款500萬元，年利率8%，借款手續費率為0.1%，企業所得稅率為25%，計算這筆借款的年成本。

$$K_l = \frac{500 \times 8\% \times (1-25\%)}{500 \times (1-0.1\%)} \times 100\% = 6.00\%$$

2. 長期債券的資本成本

長期債券的資本成本主要是指債券利息和籌資費。由於債券利息計入稅前成本費用，可以起到抵稅的作用。

（1）不考慮貨幣時間價值時的債券成本計算模型。在不考慮貨幣的時間價值時，債券成本計算公式為：

$$K_b = \frac{R_b(1-T)}{1-f_b}$$

或

$$K_b = \frac{I_b(1-T)}{B(1-f_b)} \quad (4-3)$$

式中，K_b——債券的資本成本；

I_b——債券年利息；

T——公司所得稅率；

B——債券籌資數額(債券發行價格)；

f_b——債券的籌資費率；

R_b——債券的票面利率。

（2）考慮貨幣時間價值時的債券成本計算模型。在考慮貨幣的時間價值時，債券成本計算公式為：

$$B(1-f_b) = \sum_{t=1}^{n} \frac{I_b}{(1+K)^t} + \frac{P}{(1+K)^n} \quad (4-4)$$

$K_b = K(1-T)$

式中，P——第 n 年末應償還的本金；

K——所得稅前債券的資本成本

K_b——所得稅後的債券資本成本

【例4-2】某企業發行一筆期限為5年的債券，債券面值為100萬元，票面利率為

12%，每年付息一次，發行費率為3%，所得稅率為25%，根據下列不同情況計算債券的資本成本。

①面值發行時

$$K_b = \frac{100 \times 12\% \times (1-25\%)}{100 \times (1-3\%)} \times 100\% = 9.28\%$$

②溢價20%發行時

$$K_b = \frac{100 \times 12\% \times (1-25\%)}{100 \times (1+20\%) \times (1-3\%)} \times 100\% = 7.73\%$$

③折價10%發行時

$$K_b = \frac{100 \times 12\% \times (1-25\%)}{100 \times (1-10\%) \times (1-3\%)} \times 100\% = 10.31\%$$

(二) 主權資本成本

1. 優先股資本成本

企業發行優先股既要支付籌資費用，又要定期支付股利，與債券不同的是股利是在稅後支付，沒有固定的到期日。優先股資本成本的計算公式為：

$$K_p = \frac{D_p}{P_0(1-f_p)} \tag{4-5}$$

式中，K_p——優先股成本；

D_p——優先股每年支付的股利；

P_0——為發行優先股總額；

f_p——為優先股籌資費率。

【例4-3】某企業按面值發行100萬元的優先股，籌資費率為3%，每年按10%支付股利，則優先股成本是多少？

根據公式可得：

$$K_p = \frac{100 \times 10\%}{100(1-3\%)} \times 100\% = 10.31\%$$

由於優先股的股利是在稅後支付，而債務利息是在稅前支付，且優先股籌資的是自有資金，股東承受的風險較大，必然要求較高的投資回報率，因此優先股成本通常高於債券的資本成本。

2. 普通股資本成本

由於普通股的股利是不固定的，即未來現金流出是不確定的，因此很難準確估計出普通股的資本成本。常用的普通股資本成本估計的方法有：股利折現模型、資本資產定價模型和債券收益率加風險報酬率。

（1）股利折現模型法。股利折現模型法就是按照資本成本的基本概念來計算普通股資本成本的，即將企業發行股票所收到資金淨額現值與預計未來資金流出現值相等的貼現率作為普通股資本成本。其中預計未來資金流出包括支付的股利和回收股票所支付的現金。因為一般情況下企業不得回購已發行的股票，所以運用股利折現模型法計算普通股資本成本時只考慮股利支付。因為普通股按股利支付方式的不同可以分為

零成長股票、固定成長股票和非固定成長股票等，相應的資本成本計算也有所不同。具體如下：

①零成長股票。零成長股票是各年支付的股利相等，股利的增長率為 0 的股票。根據其估價模型可以得到其資本成本計算公式為：

$$K_s = \frac{D}{P_c(1-f_c)} \tag{4-6}$$

式中，K_s—普通股資本成本

　　　P_c—發行價格

　　　f_c—普通股籌資費率

　　　D—固定股利

②固定成長股票。固定成長股票是指每年的股利按固定的比例 g 增長的股票。根據其估價模型得到的股票資本成本計算公式為：

$$K_s = \frac{D_1}{P_c(1-f_s)} + g \tag{4-7}$$

式中，K_s—普通股資本成本

　　　P_c—發行價格

　　　f_s—普通股籌資費率

　　　D_1—預測的第一期股利

使用該模型的關鍵是股利增長率 g 的確定，且隱含條件 $K_s > g$。

【例 4-4】某公司普通股每股發行價格為 100 元，籌資費率為 5%，第一年股利 12 元，以後每年增長 4%，則普通股成本是多少？

根據公式可得：

$K_s = \dfrac{12}{100(1-5\%)} + 4\% = 16.63\%$

③非固定成長股。有些股票股利增長率是從高於正常水平的增長率轉為一個被認為正常水平的增長率，如高科技企業的股票，這種股票稱為非固定成長股票。這種股票資本成本的計算不像固定成長股票和零成長股票有一個簡單的公式，而是要通過解高次方程來計算。

例如某企業股票預期股利在最初 5 年中按 10% 的速度增長，隨後 5 年中增長率為 5%，然後再按 2% 的速度永遠增長下去。則其資本成本應該是使下面等式成立的貼現率，即：

$$P_c(1-f_c) = \sum_{t=1}^{5} \frac{D_0(1+10\%)^t}{(1+K_s)^t} + \sum_{t=6}^{10} \frac{D_5(1+5\%)^{t-5}}{(1+K_s)^t} + \sum_{t=11}^{\infty} \frac{D_{10}(1+2\%)^{t-10}}{(1+K_s)^t}$$

求出其中的 K_s 就是該股票的資本成本。

（2）資本資產定價模型法。在市場均衡的條件下，投資者要求的報酬率與籌資者的資本成本是相等的，因此可以按照確定普通股預期報酬率的方法來計算普通股的資本成本。資本資產定價模型是計算普通預期報酬率的基本方法，即

$$R_i = R_f + \beta_i(R_m - R_f) \tag{4-8}$$

整理 4-8 式可以得到：

$$K_s = R_f + \beta_i(R_m - R_f) \tag{4-9}$$

式中，R_f——無風險報酬率；

R_m——市場上股票的平均報酬率；

β_i——第 i 種股票的 β 系數；

$(R_m - R_f)$——市場股票的平均報酬率。

該模型使用的關鍵是 β 系數和市場平均收益率的確定。

（3）債券投資報酬率加上股票投資風險報酬率。普通股必須提供給股東比同一公司的債券持有人更高的期望收益率，因為股東承擔了更多的風險。因此可以在長期債券利率的基礎上加上股票的風險溢價來計算普通股資本成本。用公式表示為：

普通股資本成本 = 長期債券收益率 + 風險溢價

由於在此要計算的是股票的資本成本，而股利是稅後支付，沒有抵稅作用，因此是長期債券收益率而不是債券資本成本構成了普通股成本的基礎。風險溢價可以根據歷史數據進行估計。在美國，股票相對於債券的風險溢價大約為 4%～6%。由於長期債券收益率能較準確地計算出來，在此基礎上加上普通股風險溢價作為普通股資本成本的估計值還是有一定科學性的，而且計算比較簡單。

3. 留存收益資本成本

留存收益是由公司稅後淨利潤形成的。從表面上看，如果公司使用留存收益似乎沒有什麼成本，其實不然，留存收益資本成本（K_e）是一種機會成本。留存收益屬於股東對企業的追加投資，股東放棄一定的現金股利，意味著將來獲得更多的股利，即要求與直接購買同一公司股票的股東取得同樣的收益，也就是說公司留存收益的報酬率至少等於股東將股利進行再投資所能獲得的收益率。因此企業使用這部分資金的最低成本應該與普通股資本成本相同，唯一的差別就是留存收益沒有籌資費用。

【例 4-5】某公司的 β 系數等於 1.4，該公司準備投資一條生產線，全部由企業自有資金籌集。現在市場上無風險利率為 6%，平均風險報酬率為 15.5%。計算該項目投資的折現率應該是多少？

該項目投資的折現率實際上就是留存收益的資本成本，根據公式可得：

$K_e = R_f + \beta_i(R_m - R_f) = 6\% + 1.4(15.5\% - 6\%) = 19.3\%$

（三）綜合資本成本的計算

企業從不同來源和渠道取得的資金，其資本成本高低不一。由於各種條件的限制和影響，企業不可能只從某種資本成本較低的來源中籌集資金。相反地從多種來源取得資金以形成各種融資方式的組合可能更為有利。這樣，企業為了進行融資決策和投資決策，則需要計算全部資金來源的綜合資本成本，即加權平均資本成本。企業加權平均資本成本的計算公式如下：

$$K_w = \sum_{i=1}^{n} W_i \cdot K_i \tag{4-10}$$

式中：K_w——平均資本成本率；

W_i——來源占全部資金比重；

K_i——第 i 種資金來源資本成本率；

n——融資來源方式的種類。

【例 4-6】海通公司管理當局已經預測了本公司各單項資本的成本，現計算加權資本成本如表 4-1 所示。

表 4-1　　　　　　　　　　　海通公司加權平均資本成本

資本來源	權重（%）	個別資本成本（%）	加權資本成本（%）
債券	35	7（稅後）	2.45
優先股	5	13	0.65
普通股	60	16	9.60
全部資本加權平均成本	100		12.70

需要注意的是，在計算加權平均資本成本時權重的確定。一般而言，權重的確定有三種方法：帳面價值法、市場價值法和目標價值法，不同的權重對加權資本成本的影響是不一樣的。

帳面價值權重是指個別資本占全部資本的比重，按帳面價值確定權重，其資料容易取得。但當資本的帳面價值與市場價值差別較大時，比如股票、債券的市場價格發生較大變動，計算結果會與實際有較大差距，從而貽誤融資決策。

市場價值權重是指債券、股票以市場價格確定其權數。這樣計算的加權平均資本成本能反應企業目前的實際情況。同時，為彌補證券市場價格頻繁變動的不便，也可選用平均價格。

目標價值權重是指債券、股票以未來預計的目標市場價值確定其權數。這種權重能體現期望的資本結構，而不是像帳面價值權重和市場價值權重那樣只反應過去和現在的資本結構，所以按目標價值權重計算的加權平均資本成本更適用於企業籌措新資金。然而，企業很難客觀合理地確定證券的目標價值，因此這種計算方法不易推廣。

(四) 邊際資本成本的計算

1. 融資規模與資本成本。一般情況下，企業在保持其債務與股權組合目標結構不變時，往往會首先使用最經濟的資金來源。企業的融資順序一般是先內部融資，然後對外融資。但是，無論如何企業都無法以某一固定資本成本來籌措無限的資金，當其籌集的資金超過一定限度時，原來的資本成本就會增加。所以，在企業追加融資時，需要知道融資額在什麼數額上會引起資本成本的變化，其變化幅度又是怎樣的。

【例 4-7】華天公司 2012 年長期資本總額為 400 萬元，其中普通股 240 萬元，長期借款 60 萬元，長期債券 100 萬元。企業因擴大經營需要，管理當局擬追加籌資，經財務部人員分析，認為籌集新資金後仍然保持目前的資本結構。此外還預測出隨公司融資額外負擔的變化。各種資本成本的變動資料如表 4-2 所示。

表 4-2　　　　　　　　　　　各種資本成本的變動資料

資本種類	目標資本結構（%）	新籌資來源（元）	個別資本成本（%）
長期借款	15	45,000 以內	3
		45,000~90,000	5
		90,000 以上	7
長期債券	25	200,000 以內	10
		200,000~400,000	11
		400,000 以上	12
普通股	60	300,000 以內	13
		300,000~600,000	14
		600,000 以上	15

（1）計算融資分界點。根據融資分界點的計算公式可知：在資本成本為3%時，公司取得長期借款的融資限額為45,000元。因此，其相應的融資分界點為：

$$\frac{45,000}{15\%}=300,000（元）$$

而資本成本為5%時，公司可以取得長期借款的融資限額為90,000元。因此，其相應的融資分界點為：

$$\frac{90,000}{15\%}=600,000（元）$$

以此類推，華天公司在不同資本成本條件下的融資分界點計算結果如表4-3所示。

表 4-3　　　　　　　　　　　華天公司融資分界點

資本種類	目標資本結構（%）	個別資本成本（%）	新融資來源（元）	籌資分界點（元）
長期借款	15	3	45,000 以內	300,000
		5	45,000~90,000	600,000
		7	90,000 以上	—
長期債券	25	10	200,000 以內	800,000
		11	200,000~400,000	1,600,000
		12	400,000 以上	—
普通股	60	13	300,000 以內	500,000
		14	300,000~600,000	1,000,000
		15	600,000 以上	—

（2）計算加權邊際資本成本。根據上一步計算的融資分界點，可以得到7組融資範圍：①30萬元以內；②30萬~50萬元；③50萬~60萬元；④60萬~80萬元；⑤80萬~100萬元；⑥100萬元~160萬元；⑦160萬元以上。對上述各組融資範圍的資金分別計算加權資本成本，就可得出各種融資條件下的邊際資本成本。加權邊際資本成本

計算結果如表4-4所示。

表4-4　　　　　　　　　　華天公司加權邊際資本成本

融資範圍（元）	資本種類	資本結構（%）	資本成本（%）	加權邊際資本成本（%）
300,000以內	長期借款 長期債券 普通股	15 25 60	3 10 13	3×15 = 0.45 10×25 = 2.5 13×60 = 7.8 10.75
300,000~500,000	長期借款 長期債券 普通股	15 25 60	5 10 13	5×15 = 0.75 10×25 = 2.5 13×60 = 7.8 11.05
500,000~600,000	長期借款 長期債券 普通股	15 25 60	5 10 14	5×15 = 0.75 10×25 = 2.5 14×60 = 8.4 11.65
600,000~800,000	長期借款 長期債券 普通股	15 25 60	7 10 14	7×15 = 1.05 10×25 = 2.5 14×60 = 8.4 11.95
800,000~1,000,000	長期借款 長期債券 普通股	15 25 60	7 11 14	7×15 = 1.05 11×25 = 2.75 14×60 = 8.4 12.20
1,000,000~1,600,000	長期借款 長期債券 普通股	15 25 60	7 11 15	7×15 = 1.05 11×25 = 2.75 15×60 = 9 12.80
1,600,000以上	長期借款 長期債券 普通股	15 25 60	7 12 15	7×15 = 1.05 12×25 = 3 15×60 = 9 13.05

（3）繪製融資分析圖。在計算出加權邊際資本成本后，還可以進一步繪製融資分析圖，可以更加形象地看出融資總額增加時邊際資本成本的變動趨勢（融資分析圖略）。

第二節　槓桿原理

一、槓桿效應的含義

自然界中的槓桿效應，是指人們通過利用槓桿，可以用較小的力量移動較重物體

的現象。財務管理中的槓桿效應，則是指由於生產經營或財務方面固定成本（費用）的存在，當業務量發生較小的變化時，利潤會產生更大的變化。

財務管理中的槓桿效應有三種形式，即經營槓桿、財務槓桿和複合槓桿，要瞭解這些槓桿的原理，需要首先瞭解成本習性、邊際貢獻和息稅前利潤等相關術語的含義。

二、成本習性、邊際貢獻與息稅前利潤

（一）成本習性及分類

所謂成本習性（cost behavior），是指成本總額與業務量之間在數量上的依存關係，也稱成本性能。

業務量是指企業在一定的生產經營期內投入或完成的經營工作量的統稱。它可以使用絕對量和相對量加以衡量。絕對量可細分為實物量、價值量和時間量三種形式，相對量可以用百分比或比率形式反應。在最簡單的條件下，業務量通常是指生產量或銷售量。

成本按習性可劃分為固定成本、變動成本和混合成本三類。

1. 固定成本

固定成本（fixed cost，FC）是指其總額在一定時期和一定業務量範圍內不隨業務量發生任何變動的那部分成本。隨著產量的增加，它將分配給更多數量的產品。也就是說，單位固定成本將隨產量的增加而逐漸變小。屬於固定成本的主要有按直線法計提的折舊費、保險費、管理人員工資、辦公費等。

固定成本還可進一步區分為約束性固定成本和酌量性固定成本兩類。

（1）約束性固定成本屬於企業「經營能力」成本，是企業為維持一定的業務量所必須負擔的最低成本，如廠房、機器設備折舊費、長期租賃費等。企業的經營能力經形成，在短期內很難有重大改變，因而這部分成本具有很大的約束性，管理當局的決策行動不能輕易改變其數額。要想降低約束性固定成本，只能從合理利用經營能力入手。

（2）酌量性固定成本屬於企業「經營方針」成本，是企業根據經營方針確定的一定時期（通常為一年）的成本，如廣告費、研究與開發費、職工培訓費等。這部分成本的發生，可以隨企業經營方針和財務狀況的變化，斟酌其開支情況。因此，要降低酌量性固定成本，就要在預算時精打細算，合理確定這部分成本的數額。

應當指出的是，固定成本總額只是在一定時期和業務量的一定範圍內保持不變。這裡所說的一定範圍，通常為相關範圍。超過了相關範圍，固定成本也會發生變動。因此，固定成本必須和一定時期、一定業務量聯繫起來進行分析。從較長時間來看，所有的成本都在變化，沒有絕對不變的固定成本。

2. 變動成本

變動成本（variable cot，VC）是指總額隨著業務量成正比例變動的那部分成本。直接材料、直接人工等都屬於變動成本，但從產品單位成本來看，則恰恰相反，產品單位成本中的直接材料、直接人工將保持不變。

與固定成本相同，變動成本也存在相關範圍，即只有在一定範圍之內，產量和成本才能完全成同比例變化，即完全的線性關係，超過了一定的範圍，這種關係就不存在了。例如，當一種新產品還是小批量生產時，由於生產還處於不熟練階段，直接材料和直接人工耗費可能較多，隨著產量的增加，工人對生產過程逐漸熟練，可使單位產品的材料和人工費用降低。在這一階段，變動成本不一定與產量完全成同比例變化，而且表現為小於產量增減幅度。在這以後，生產過程比較穩定，變動成本與產量成同比例變動，這一階段的產量便是變動成本的相關範圍。然而，當產量達到一定程度後，再大幅度增產可能會出現一些新的不利因素，使成本的增長幅度大於產量的增長幅度。

3. 混合成本

有些成本介於固定成本和變動成本之間，雖然也隨業務量的變動而變動，但不成同比例變動，不能簡單地歸入變動成本或固定成本，這類成本稱為混合成本。

（1）半變動成本（semi variable cost）通常有一個初始量，類似於固定成本，在這個初始量的基礎上隨產量的增長而增長，又類似於變動成本。例如，在租用機器設備時，有的租約規定租金同時按兩種標準計算：①每年支付一定租金數額（固定部分）；②每運轉一小時支付一定租金數額（變動部分）。又如，企業的電話費也多屬於半變動成本。

（2）半固定成本（stepped fixed cost）隨產量的變化而呈階梯形增長，產量在一定限度內，這種成本不變，當產量增長到一定限度後，這種成本就跳躍到一個新水平。

4. 總成本習性模型

從以上分析可以知道，成本按習性可分為變動成本、固定成本和混合成本三類，混合成本又可以按一定方法分解成變動部分和固定部分，那麼，總成本習性模型可以表示為

$$y = a + bx$$

式中：y 為總成本；a 為固定成本；b 為單位變動成本；x 為業務量（如產銷量，這裡假定產量與銷量相等，下同）。

顯然，若能求出公式中 a 和 b 的值，就可以利用這個直線方程來進行成本預測、成本決策和其他短期決策。

(二) 邊際貢獻及其計算

邊際貢獻（marginal contribution）是指銷售收入減去變動成本以後的差額。其計算公式為

邊際貢獻＝銷售收入－變動成本
　　　　＝(銷售單價－單位變動成本)×產銷量
　　　　＝單位邊際貢獻×產銷量

若以 M 表示邊際貢獻，p 表示銷售單價，b 表示單位變動成本，x 表示產銷量，m 表示單位邊際貢獻，則上式可表示為

$$M = px - bx = (p-b)x = mx \qquad (4-11)$$

(三) 息稅前利潤及其計算

息稅前利潤（Earning before interest and taxation，EBIT）是指企業支付利息和繳納所得稅前的利潤。其計算公式為

息稅前利潤＝銷售收入總額－變動成本總額－固定成本
　　　　　＝（銷售單價－單位變動成本）×產銷量－固定成本
　　　　　＝邊際貢獻總額－固定成本

若以 $EBIT$ 表示息稅前利潤，a 表示固定成本，則上式可表示為

$$EBIT = px - bx - a = (p-b)x - a = M - a \tag{4-12}$$

顯然，不論利息費用的習性如何，上式的固定成本和變動成本中不應包括利息費用因素。息稅前利潤也可以用利潤總額加上利息費用求得。

【例4-8】 某公司當年年底的所有者權益總額為 2,000 萬元，普通股 1,200 萬股。目前的資本結構為長期負債占 40%，所有者權益占 60%，沒有流動負債。該公司的所得稅稅率為 25%，預計繼續增加長期債務不會改變目前 10% 的平均利潤率水平。董事會在討論明年資金安排時提出：①計劃年度分配現金股利 0.05 元/股；②擬為新的投資項目籌集 400 萬元的資金；③計劃年度維持目前的資本結構，並且不增發新股。

要求：測算實現董事會上述要求所需要的息稅前利潤。

解：

（1）因為計劃年度維持目前的資本結構，所以，計劃年度增加的所有者權益為 400×60%＝240（萬元）。

因為計劃年度不增發新股，所以，增加的所有者權益全部來源於計劃年度分配現金股利之後剩餘的淨利潤。

因為發放現金股利所需稅後利潤＝0.05×1,200＝60（萬元），所以，

計劃年度的稅後利潤＝60+240＝300（萬元）。

計劃年度的稅前利潤＝$\dfrac{300}{1-25\%}$＝400（萬元）

（2）因為計劃年度維持目前的資本結構，所以，需要增加的長期負債＝400×40%＝160 萬元。

（3）因為原來的所有者權益總額為 2,000 萬元，資本結構為所有者權益占 60%，所以，原來的資金總額＝$\dfrac{2,000}{60\%}$＝3,333.33 萬元，因為資本結構中長期負債占 40%，所以，原來的長期負債＝3,333.33×40%＝1,333.33 萬元。

（4）因為計劃年度維持目前的資本結構，所以，計劃年度不存在流動負債，計劃年度借款利息＝長期負債利息＝(原長期負債+新增長期負債)×利率＝(1,333.33+160)10%＝149.3 萬元。

（5）因為息稅前利潤＝稅前利潤+利息，所以，計劃年度息稅前利潤＝400+149.3＝549.3 萬元。

三、經營槓桿

(一) 經營風險

企業經營面臨各種風險，可劃分為經營風險和財務風險。

經營風險 (operating risk) 是指經營上的原因導致的風險，即未來的息稅前利潤或利潤率的不確定性。經營風險因具體行業、具體企業以及具體時期而異。通常不同行業的經營風險各異，即使同一行業，不同企業的經營風險也不一樣。在其他條件不變的情況下，影響企業經營風險的因素有以下幾個。

(1) 市場需求的變動性：市場對產品的需求越穩定，企業的經營風險越低。

(2) 銷售價格的變動性：市場價格變動大的企業，經營風險高。

(3) 投入要素價格的變動性：投入生產要素的價格越不確定，企業的經營風險越高。根據投入生產要素價格的變動而調整產品價格的能力：企業的定價策略彈性越大，即產品價格根據生產要素價格的變動進行調整的靈活性越大，其經營風險越低。

(4) 產品責任訴訟風險：有些企業的產品可能對消費者產生傷害，存在或有成本，則其經營風險越高。

(5) 固定成本比重：如果固定成本比重大，當需求下降時，企業的總成本水平就不容易下降，出現損失的可能性就大，經營風險就高。

(二) 經營槓桿的含義

企業的經營風險通常使用經營槓桿來衡量。經營槓桿 (operating leverage) 是指企業的固定成本占總成本的比重。主要用於衡量銷動量變動對息稅前利潤的影響。在一定範圍內，產銷量增加一般不會改變固定成本總額，但會降低單位固定成本，從而提高單位利潤，使息稅前利潤增長率大於產銷量增長率。反之，產銷量減少會提高單位固定成本，降低單位利潤，使息稅前利潤下降率大於產銷量下降率。如果企業的固定成本占總成本的比重越大，企業經營槓桿越大，銷售因素略微的變動會引起息稅前利潤大幅度變動，企業的經營風險高。

下面舉例說明經營槓桿的作用。

【例 4-9】 某公司生產 A 產品，年固定成本總額為 500 萬元，單位變動成本為 200 元，產品單價為 280 元。下面列表 (表 4-5) 說明該公司 A 產品年產銷量分別為 100,000、120,000 和 144,000 件時利潤變化情況。

表 4-5　　　　　　　　　　經營槓桿作用分析表　　　　　　　　　單位：萬元

業務量			變動成本	固定成本	息稅前利潤	
產銷量/件	銷售額	增長率(%)			利潤額	增長率(%)
100,000	2,800		2,000	500	300	
120,000	3,360	20	2,400	500	460	53
144,000	4,032	20	2,880	500	652	42

表 4-5 中，在產銷量從 100,000 件增加到 120,000 件時，產銷量增長了 20%，而息稅前利潤卻增長了 53%。可以看出，在固定成本不變的情況下，當產銷量以一定速度增長時，息稅前利潤總是以更快的速度增長。當然，產銷量增長到一定程度時，息稅前利潤的增長速度會有所減弱。如在本例中，產銷量在 120,000 件的基礎上繼續以 20% 的速度增長時，息稅前利潤增長速度雖然仍比產銷量的增長速度快，但已減至 42%。

(三) 經營槓桿的計量

只要企業存在固定成本，就存在經營槓桿效應的作用。對經營槓桿的計量最常用的指標是經營槓桿係數或經營槓桿度（degree of operating leverage，DOL）。經營槓桿係數，是指息稅前利潤變動率相當於產銷量變動率的倍數。計算公式為

$$\text{經營槓桿係數 (DOL)} = \frac{\text{息稅前利潤變動率}}{\text{產銷量變動率}} = \frac{\Delta EBIT / EBIT}{\Delta Q / Q} \quad (4-13)$$

式中：DOL 為經營槓桿係數；$\Delta EBIT$ 為息稅前利潤的變動額；$EBIT$ 為變動前息稅前利潤；ΔQ 為銷售量的變動額；Q 為變動前銷售量。

經營槓桿係數的簡化公式為

$$\text{經營槓桿係數 (DOL)} = \frac{\text{邊際貢獻}}{\text{息稅前利潤}} = \frac{M}{EBIT} = \frac{EBIT + F}{EBIT} \quad (4-14)$$

式中：M 為邊際貢獻；F 為固定成本。

【例 4-10】A 公司有關資料如表 4-6 所示，試計算該企業的經營槓桿係數。

表 4-6　　　　　　　　　　　　A 公司相關資料　　　　　　　　　　　　單位：萬元

項 目	2007 年	2008 年	變動額	變動率/%
銷售額	1,000	1,200	200	20
變動成本	600	720	120	20
邊際貢獻	400	480	80	20
固定成本	200	200	0	—
息稅前利潤	200	280	80	40

解：根據公式可得：

$$\text{經營槓桿係數 (DOL)} = \frac{80/200}{200/1,000} = \frac{40\%}{20\%} = 2$$

上述計算是按經營槓桿的理論公式計算的，利用該公式，必須以已知變動前後的有關資料為前提，比較麻煩。按簡化公式計算如下。

按表 4-6 中 2007 年的資料可求得經營槓桿係數：

$$\text{經營槓桿係數 (DOL)} = \frac{400}{200} = 2$$

計算結果表明，兩個公式計算出的經營槓桿係數是完全相同的。

同理，可按 2008 年的資料求得經營槓桿係數：

經營槓桿系數（DOL）= $\dfrac{480}{280}$ = 1.71

經營槓桿系數等於 2 的意義是：當企業銷售額增長 10% 時，息稅前利潤將增長 20%。反之，當企業銷售額下降 10% 時，息稅前利潤將下降 20%。

（四）經營槓桿與經營風險的關係

引起企業經營風險的主要原因是市場需求和成本等因素的不確定性，經營槓桿本身並不是利潤不穩定的根源。經營槓桿系數會放大企業的經營風險，經營槓桿系數應當被看作對「潛在風險」的衡量。而且，經營槓桿系數越高，利潤變動越劇烈，企業的經營風險就越大。一般來說，在其他因素一定的情況下，固定成本越高，經營槓桿系數越大，企業經營風險也就越大。其關係可表示為：

經營槓桿系數 = $\dfrac{邊際貢獻}{邊際貢獻-固定成本}$

或　經營槓桿系數 = $\dfrac{(銷售單價-單位變動成本) \times 產銷量}{(銷售單價-單位變動成本) \times 產銷量-固定成本}$

從公式可以看出，影響經營槓桿系數的因素包括產品銷售數量、產品銷售價格、單位變動成本和固定成本總額等因素。經營槓桿系數將隨固定成本的變化呈同方向變化，即在其他因素一定的情況下，固定成本越高，經營槓桿系數越大。同理，固定成本越高，企業經營風險也越大；如果固定成本為零，則經營槓桿系數等於 1。

在影響經營槓桿系數的因素發生變動的情況下，經營槓桿系數一般也會發生變動，從而產生不同程度的經營槓桿和經營風險。由於經營槓桿系數影響著企業的息稅前利潤，從而也就制約著企業的籌資能力和資本結構。因此，經營槓桿系數是資本結構決策的一個重要因素。

控制經營風險的方法有：增加銷售額、降低產品單位變動成本、降低固定成本比重。

四、財務槓桿

（一）財務風險

財務風險（financial risk）是由於企業決定通過債務籌資而給公司的普通股股東增加的風險。財務風險包括可能喪失償債能力的風險和每股收益變動性的增加。企業在資本結構中增加資金成本固定的籌資方式的比例時，固定的現金流出量增加，結果是喪失償債能力的概率也會增加。財務風險的第二個方面涉及每股收益的相對離散程度。財務風險分析通常用財務槓桿系數來衡量。

（二）財務槓桿的概念

在資本總額及其結構既定的情況下，企業需要從息稅前利潤中支付的債務和利息通常都是固定的。當息稅前利潤增大時，每一元盈餘所負擔的固定財務費用（如利息、融資租賃金等）就會相對減少，就能給普通股股東帶來更多的盈餘；反之，每一元盈餘所負擔的固定財務費用就會相對增加，就會大幅度減少普通股的盈餘。這種由於固

定財務費用的存在而導致普通股每股收益變動率大於息稅前利潤變動率的槓桿效應，稱作財務槓桿（financial leverage）。現用表4-7加以說明。

表4-7　　　　　　甲、乙公司的資本結構與普通股每股收益表　　　　　　單位：元

時間	項目	甲公司	乙公司
2009年	普通股發行在外股數/股	2,000	1,000
	普通股股本（每股面值：100）	200,000	100,000
	債務（年利率8%）	0	100,000
	資金總額	200,000	200,000
	息稅前利潤	20,000	20,000
	債務利息	0	8,000
	利潤總額	20,000	12,000
	所得稅（稅率25%）	5,000	3,000
	淨利潤	15,000	9,000
	每股收益	7.5	9
2010年	息稅前利潤增長率	20%	20%
	增長后的息稅前利潤	24,000	24,000
	債務利息	0	8,000
	利潤總額	24,000	16,000
	所得稅（稅率25%）	6,000	4,000
	淨利潤	18,000	12,000
	每股收益	9	12
	每股收益增加額	1.5	3
	普通股每股收益增長率	20%	33.3%

在表4-7中，甲、乙兩個公司的資金總額相等，息稅前利潤相等，息稅前利潤的增長率也相同，不同的只是資本結構。甲公司全部資金都是普通股，乙公司的資金中普通股和債券各占一半。在甲、乙公司息稅前利潤均增長20%的情況下，甲公司每股收益增長20%，而乙公司卻增長了33.3%，這就是財務槓桿效應。當然，如果息稅前利潤下降，乙公司每股收益的下降幅度要大於甲公司每股收益的下降幅度。

（三）財務槓桿的計量

只要在企業的籌資方式中有固定財務費用支出的債務，就會存在財務槓桿效應。但不同企業財務槓桿的作用程度是不完全一致的，為此，需要對財務槓桿進行計量。對財務槓桿計量的主要指標是財務槓桿係數。財務槓桿係數（degree of financial leverage，DFL）是指普通股每股收益的變動率相當於息稅前利潤變動率的倍數，計算公式為

$$財務槓桿系數（DFL）=\frac{普通股每股收益變動率}{息稅前利潤變動率}=\frac{\Delta EPS/EPS}{\Delta EBIT/EBIT} \qquad (4-15)$$

式中：DFL 為財務槓桿系數；ΔEPS 為普通股每股收益的變動額；EPS 為變動前的普通股每股收益；$\Delta EBIT$ 為息稅前利潤的變動額；$EBIT$ 為變動前的息稅前利潤。

上式公式可以推導為

$$DFL=\frac{EBIT}{EBIT-I-\dfrac{D}{1-t}} \qquad (4-16)$$

式中：I 為債務利息；D 為優先股股息；t 為公司所得稅稅率。

財務槓桿作用的強弱取決於企業的資本結構。在資本結構中負債資本所占比例越大，財務槓桿作用越強，財務風險越大。具體來說，影響企業財務槓桿系數的因素包括息稅前利潤、企業資金規模、企業的資本結構、固定財務費用水平等多個因素。財務槓桿系數將隨固定財務費用的變化呈同方向變化，即在其他因素一定的情況下，固定財務費用越高，財務槓桿系數越大。同理，固定財務費用越高，企業財務風險也越大；如果企業固定財務費用為零，則財務槓桿系數為1。

【例4-11】將表4-7中2009年的有關資料代入式（4-16），求甲、乙兩公司的財務槓桿系數。

解：甲公司財務槓桿系數 $=\dfrac{20,000}{20,000-0}=1$

乙公司財務槓桿系數 $=\dfrac{20,000}{20,000-8,000}\approx 1.67$

這說明，在利潤增長時，乙公司每股收益的增長幅度大於甲公司的增長幅度；當然，當利潤減少時，乙公司每股收益減少得也更快。因此，公司息稅前利潤較多，增長幅度較大時，適當地利用負債性資金發揮財務槓桿的作用，可增加每股收益，使股票價格上漲，增加企業價值。

【例4-12】某公司2009年的淨利潤為750萬元，所得稅稅率為25%，估計該公司的財務槓桿系數為2。該公司固定成本總額為1,500萬元，公司年初發行一種債券，數量為10萬張，每張面值為1,000元，發行價格為1,100元，債券票面利率為10%，發行費用占發行價格的2%。假設公司無其他債務資本。

要求：（1）計算2009年的利潤總額；
（2）計算2009年的利息總額；
（3）計算2009年的息稅前利潤總額；
（4）計算該公司經營槓桿系數。

解：（1）利潤總額 $=1,000$（萬元）
（2）2009年的利息總額 $=10,000\times 10\%=1,000$（萬元）
（3）$DFL=2$
$EBIT=2,000$（萬元）
即息稅前利潤總額為2,000萬元。

（4）DOL = 1.75

（四）財務槓桿與財務風險的關係

由於財務槓桿的作用，當息稅前利潤下降時，稅后利潤下降得更快，從而給企業股權資本所有者造成財務風險。財務槓桿會加大財務風險，企業舉債比重越大，財務槓桿效應越強，財務風險越大。控制財務風險的方法有控制負債比率，即通過合理安排資本結構，適度負債使財務槓桿利益抵消財務風險增大所帶來的不利影響。

【例4-13】東方公司2008—2010年的息稅前利潤分別為400萬元、240萬元和160萬元，每年的債務利息都是50萬元，公司所得稅稅率為25%。該公司的財務風險測算如表4-8所示。

表4-8　　　　　　　　　　東方公司財務風險測算表　　　　　　　　單位：萬元

年份	息稅前利潤	息稅前利潤增長率(%)	債務利息	所得稅(25%)	稅后利潤	稅后利潤增長率(%)
2008	400		50	87.5	262.5	
2009	240	-40	50	47.5	142.5	-46
2010	160	-33	50	27.5	82.5	-42

由表4-8可知，東方公司2008—2010年每年的債務利息均為50萬元，但隨著息稅前利潤的下降，稅后利潤以更快的速度下降。與2009年相比，2010年息稅前利潤的降幅為33%，同期稅后利潤的降幅達42%。可知，由於東方公司沒有有效地利用財務槓桿，從而導致了財務風險，即稅后利潤的降低幅度高於息稅前利潤的降低幅度。

五、複合槓桿

（一）複合槓桿的概念

如前所述，由於存在固定成本產生經營槓桿的效應，銷售量變動對息稅前利潤有擴大的作用；同樣，由於存在固定財務費用，財務槓桿的效應息稅前利潤對普通股每股收益有擴大的作用。如果兩種槓桿共同起作用，那麼，銷售額的細微變動就會使每股收益產生更大的變動。

複合杠杠（combined leverage）是指由於固定生產經營成本和固定財務費用的共同存在而導致的普通股每股收益變動率大於產銷量變動率的槓桿效應。

（二）複合槓桿的計量

複合槓桿系數（degree of combined leverage，DCL）反應了經營槓桿與財務槓桿之間的關係，即為了達到某一複合槓桿系數，經營槓桿和財務槓桿可以有多種不同組合，在維持總風險一定的情況下，企業可以根據實際情況，選擇不同的經營風險和財務風險組合，實施企業的財務管理策略。

只要企業同時存在固定生產經營成本和固定財務費用等財務支出，就會存在複合

槓桿的作用。對複合槓桿計量的主要指標是複合槓桿系數或複合槓桿度。複合槓桿系數是指普通股每股收益變動率相當於產銷量變動率的倍數。其計算公式為

$$複合槓桿系數（DCL）=\frac{普通股每股收益變動率}{產銷量變動率}=\frac{\Delta EPS/EPS}{\Delta Q/Q} \quad (4-17)$$

式中：DCL 為複合槓桿系數；ΔEPS 為普通股每股收益的變動額；EPS 為變動前的普通股每股收益；ΔQ 為銷售量的變動額；Q 為變動前的銷售量。

複合槓桿系數與經營槓桿系數、財務槓桿系數之間的關係可用下式表示：

$$複合槓桿系數 = 經營槓桿系數 \times 財務槓桿系數 \quad (4-18)$$

即

$$DCL = DOL \times DFL \quad (4-19)$$

複合槓桿系數亦可直接按以下公式計算：

$$複合槓桿系數 = \frac{邊際貢獻}{邊際貢獻-固定成本-利息-稅前優先股股息} = \frac{M}{M-F-I-\dfrac{D}{1-t}} \quad (4-20)$$

式中：M 為邊際貢獻；F 為固定成本；I 為債務利息；D 為優先股利息；t 為公司所得稅稅率。

【例4-14】A 企業年銷售額為 10,000 萬元，變動成本率60%，息稅前利潤為 2,500 萬元，全部資本 5,000 萬元，負債比率40%，負債平均利率10%。

要求：

（1）計算 A 企業的經營槓桿系教、財務槓桿系教和複合槓桿系數。

（2）如果預測期 A 企業的銷售額將增長 10%，計算息稅前利潤及每股收益的增長幅度。

解：（1）計算 A 企業的經營槓桿系數、財務槓桿系教和複合槓桿系數：

$$經營槓桿系數 = \frac{10,000-10,000\times60\%}{2,500} = 1.6$$

$$財務槓桿系數 = \frac{2,500}{2,500-5,000\times40\%\times10\%} = 1.087$$

複合槓桿系數 $= 2.6 \times 1.087 = 1.739,2$

（2）計算息稅前利潤及每股收益的增長幅度：

息稅前利潤增長幅度 $= 1.6 \times 10\% = 16\%$

每股收益增長幅度 $= 1.739,2 \times 10\% = 17.39\%$

（三）複合槓桿與企業風險的關係

企業複合槓桿系數越大，每股收益的波動幅度越大，由於複合槓桿作用使普通股每股收益大幅度波動而造成的風險，稱為複合風險直接反應企業的整體風險。在其他因素不變的情況下，複合槓桿系數越大，複合風險越大；複合槓桿系數越小，複合風險越小。

第三節　資本結構

一、資本結構的含義

所謂資本結構（capital structure），從狹義上講，指企業長期債務資本與權益資本之間的比例關係。從廣義上講，是指企業多種不同形式的負債與權益資本之間多種多樣的組合結構。資本結構是企業籌資決策的核心問題。企業應綜合考慮有關影響因素，運用適當的方法確定最佳資本結構，並在以後追加籌資中繼續保持。企業現有資本結構不合理，應通過籌資活動進行調整，使其趨於合理化。

企業資本結構是由企業採用的各種籌資方式籌集資金而形成的。各種籌資方式不同的組合類型決定著企業資本結構及其變化。企業籌資方式有很多，但總的來看分為負債資本和權益資本兩類。因此，資本結構問題總的來說是負債資本的比例問題，即負債在企業全部資本中的所占比重。

二、影響資本結構的因素

從理財人員的角度，確定企業的資本結構，應當與企業的理財目標緊密結合，同時還要充分考慮理財環境各種可能的變化。按照現代財務理論，最廣為接受的理財目標是企業價值最大化，要達到這一目標，企業必須合理確定並不斷優化其資本結構，使企業的資金得到充分有效的使用。因此，從這一角度出發，企業的目標資本結構應是實現企業價值最大化，並且同時實現資本成本最小化的統一的點上。

企業確定目標資本結構時，應該考慮以下因素。

（一）企業的行業規模與成長性

（1）不同的企業資本結構區別較大；同一行業不同規模的企業，籌資能力不同。企業的規模越大，籌資能力越強，籌資成本越低；反之，企業的籌資能力弱，籌資成本高。

（2）處於高速發展的企業，對於資金的需求量大，依靠股權籌資難以滿足企業發展的需要，需要依靠更多的債務籌資。

（二）所得稅的影響

一般來講，所得稅稅率越高，利息的抵稅收益就越多，較多的債務可以帶來較多的現金流量，企業舉債的願望就越強。

（三）企業的經營風險

當企業不採用債務籌資而開展經營的固有風險，主要是由企業的銷售數量、銷售價格與成本等因素引起的，企業的經營風險越高，資本結構中債務的比重應越低。

（四）企業財務狀況

企業財務狀況主要包括企業資產結構、變現能力與盈利能力等因素。

（1）企業資產結構，如果企業擁有的固定資產比例較高，在資金籌集中更多可以依賴長期籌資；反之，則依賴於短期籌資。

（2）企業變現能力與盈利能力強，償還債務能力強，財務風險承受能力也高，可以增加債務占資本總額的比重，獲取更大的財務槓桿效益。反之，則不行。

（五）股東與經營者的態度

（1）股東與經營者風險態度，敢於冒險的企業籌資時傾向於高負債；反之，傾向於低負債。

（2）股東與經營者對企業的控制態度，如果想保持對企業的控制，在籌資中傾向於股權籌資；反之，傾向於債務與優先股籌資。

（六）企業的信用等級與負債率

企業的信用等級較差或已有負債率較高，將會降低企業債務籌資的能力；反之，會提高企業債務籌資的能力。

三、資本結構優化決策

從上述分析可知，利用負債資金具有雙重作用，適當利用負債，可以降低企業資金成本，但當企業負債比率太高時，會帶來較大的財務風險。為此，企業必須權衡財務風險和資金成本的關係，確定最佳資本結構。最佳資本結構是指在一定條件下使企業加權平均資金成本最低、企業價值最大的資本結構。其判斷的標準有：

（1）有利於最大限度地增加所有者財富，能使企業價值最大化；

（2）企業加權平均資金成本最低；

（3）資產保持適當的流動，並使資本結構富有彈性。

其中加權平均資本成本最低是其主要標準。

確定最佳資本結構的方法有每股收益無差別點法、比較資金成本法和公司價值分析法。

（一）每股收益無差別點法

每股收益無差別分析（又稱每股利潤無差別點或息稅前利潤—每股收益分析法，EBIT-EPS分析法）是利用每股收益的無差別點進行的分析。所謂每股收益無差別點，是指每股收益不受融資方式影響的銷售水平，一般用息稅前利潤表示。根據每股收益無差別點，可以判斷在什麼情況下的銷售水平適用於何種融資方式，以進行資本結構的決策。

每股收益無差別點處息稅前利潤的計算公式為

$$\frac{(\overline{EBIT} - I_1)(1-T)}{N_1} = \frac{(\overline{EBIT} - I_2)(1-T)}{N_2} \quad (4-21)$$

$$\overline{EBIT} = \frac{N_2 I_1 (1-T) - N_1 I_2 (1-T)}{(N_2 - N_1)(1-T)}$$

$$\overline{EBIT} = \frac{N_2 I_1 - N_1 I_2}{N_2 - N_1}$$

式中：$\overline{EBIT}$ 為每股收益無差別點處的息稅前利潤；I_1、I_2 為兩種籌資方式下的年利息；N_1、N_2 為兩種籌資方式下的流通在外的普通股股數；T 為所得稅稅率。

根據每股收益無差別點，可以分析判斷在什麼樣的銷售水平下，適於採用何種資本結構。每股收益無差別點可以用銷售額、息稅前利潤來表示，還可以用邊際貢獻表示。如果已知每股收益相等時的銷售水平，也可以計算出有關的成本水平。

進行每股收益分析時，當銷售額（或息稅前利潤）大於每股無差別點的銷售額（或息稅前利潤）時，運用負債籌資可獲得較高的每股收益；反之，運用權益籌資可獲得較高的每股收益。每股收益越大，風險也越大，如果每股收益的增長不足以補償風險增加所需要的報酬，儘管每股收益增加，股價仍會下降。

【例4-15】甲公司目前有資金7,500萬元，現因生產發展需要準備再籌集2,500萬元資金，這些資金可以利用發行股票來籌集，也可以利用發行債券來籌集，該公司適用所得稅稅率為25%。表4-9列示了原資本結構和籌資後資本結構情況。

表4-9　　　　　　　　　　甲公司資本結構變化情況表　　　　　　　　單位：萬元

籌資方式	原資本結構	增加籌資后資本結構	
		增發普通股（A方案）	增發公司債券（B方案）
公司債券（利率8%）	1,000	1,000	3,500
普通股（每股面值1元）	2,000	3,000	2,000
資本公積	2,500	4,000	2,500
留存收益	2,000	2,000	2,000
資金總額合計	7,500	10,000	10,000
普通股股數（萬股）	2,000	3,000	2,000

發行股票時，每股發行價格為2.5元，籌資2,500萬元，發行1,000萬元，普通股股本增加1,000萬元，資本公積增加1,500萬元。

根據資本結構的變化情況，可採取每股收益無差別點法分析資本結構對普通股每股收益的影響。詳細的分析情況見表4-10。

表4-10　　　　　　　　甲公司不同資本結構下的每股收益　　　　　　　　單位：萬元

項目	增發股票	增發債券
預計息稅前利潤（EBIT）	2,000	2,000
利息	80	280
利潤總額	1,920	1,720
所得稅（稅率25%）	480	430
淨利潤	1,440	1,290

表4-10(續)

項目	增發股票	增發債券
普通股股數/萬股	3,000	2,000
每股收益/元	0.48	0.645

從表4-10中可以看出，在息稅前利潤為2,000萬元的情況下，利用增發公司債的形式籌集資金能使每股收益上升較多，這可能更有利於股票價格上漲，更符合理財目標。

那麼，究竟息稅前利潤為多少時發行普通股有利，息稅前利潤為多少時發行公司債有利呢？這就要測算每股收益無差別點處的息稅前利潤。

現將甲公司的資料代入公式：

$$\overline{EBIT} = \frac{2,000 \times 80 - 3,000 \times 280}{2,000 - 3,000}$$

求得：$\overline{EBIT} = 680$（萬元）

此時：$EPS_1 = EPS_2 = 0.15$（元）

這就是說，當息稅前利潤等於680萬元時，每股收益為0.15元。如圖4-1所示，當息稅前利潤大於680萬元時，增發債權的每股收益大於增發股票的每股收益，利用負債籌資較為有利；當息稅前利潤小於680萬元時，增發債權的每股收益小於增發股票的每股收益，不應再增加負債，以發行普通股為宜；當息稅前利潤等於680萬元時，採用兩種方式沒有差別。甲公司預計息稅前利潤為2,000萬元，故採用發行公司債的方式較為有利。

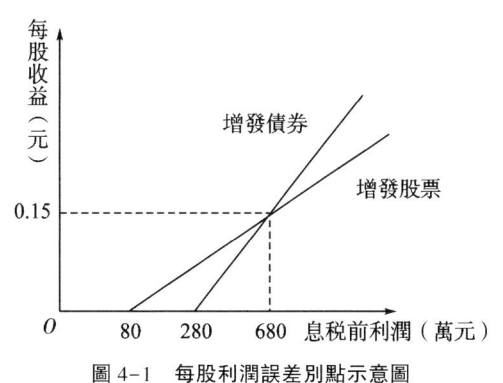

圖4-1 每股利潤誤差別點示意圖

應當說明的是，這種分析方法只考慮了資本結構對每股收益的影響，並假定每股收益最大，股票價格也最高。但把資本結構對風險的影響置於視野之外，是不全面的。因為隨著負債的增加，投資者的風險加大，股票價格和企業價值也會有下降的趨勢，所以，單純地用EBIT-EPS分析法有時會做出錯誤的決策。但在資金市場不完善的時候，投資人主要根據每股收益的多少來做出投資決策，每股收益的增加也的確有利於股票價格的上升。

每股收益無差別點法的原理比較容易理解,測算過程較為簡單。它以普通股收益最高為決策標準,沒有考慮財務風險因素,其決策目標實際上是每股收益最大化而不是公司價值最大化,可用於資本規模不大、資本結構不太複雜的股份有限公司。

【例4-16】東聖公司2009年初的負債加所有者權益總額為9,000萬元。其中,公司債券為1,000萬元(按面值發行,票面年利率為8%,每年年末付息,三年後到期);普通股股本為4,000萬元(面值1元,4,000萬股);資本公積為2,000萬元;其餘為留存收益。

2009年該公司為擴大生產規模,需要再籌集1,000萬元資金,有以下兩個籌資方案可供選擇。

方案一:增加發行普通股,預計每股發行價格為5元。

方案二:增加發行同類公司債券,按面值發行,票面年利率為8%。

預計2009年可實現息稅前利潤2,000萬元,適用的企業所得稅稅率為25%。

要求:

(1)計算增發股票方案的下列指標。

①2009年增發普通股股份數。

②2009年全年債券利息。

(2)計算增發公司債券方案下的2009年全年債券利息。

(3)計算每股收益的無差別點,並據此進行籌資決策。

解:(1)增發股票方案:

①2009年增發普通股股份數=$\frac{1,000}{5}$=200(萬股)

②2009年全年債券利息= 1,000×8%=80(萬元)

(2)增發公司債券方案:

2009年全年債券利息=2,000×8% = 160(萬元)

每股收益無差別點的息稅前利潤=$\frac{160\times4,200-80\times4,000}{4,200-4,000}$=1,760(萬元)

因為預計2009年實現的息稅前利潤2,000萬元大於每股收益無差別點的息稅前利潤1,760萬元,所以應採用方案二,負債籌資。

(二)比較資金成本法

比較資金成本法是指計算不同資本結構的加權平均資金成本,並根據加權平均資金成本的高低來確定最優資本結構。其計算公式為

$$k_w = \sum_{j=1}^{n} k_j W_j$$

式中:k_w為綜合資金成本,即加權平均資金成本;k_j為第j種個別資金成本;W_j為第j種個別資金成本占全部資金的比重。

資本成本實質是機會成本,是投資者對企業要求的最低報酬率。在其確定過程中,需要做好的工作為:首先確定單項資本成本,然後確定各類資金來源並計算各類資金比重。

資本結構決策的原則是企業價值最大化（與資本成本最小化是一致的），而企業價值最主要來自企業的經營活動所創造的現金流量。因此，加權平均資本成本的計算要能夠反應對企業經營活動予以支持的全部資金的資本成本。

資本成本的計算是對企業以往各期單項成本的加權，還是對未來時期新資本及其新單項資本成本的加權計算是應該思考的問題。從資本成本的實質來看應該用未來的預測數據，因為其實質是投資者要求的報酬率。

【例4-17】甲公司2009年初的資本結構如表4-10所示。普通股每股面值1元，發行價格10元，目前價格也為10元，今年期望股利為1元/股，預計以後每年增加股利5%。該企業使用的所得稅稅率假設為25%，假設發行的各種證券均無籌資費。

表4-10　　　　　　　　甲公司2009年初的資本結構　　　　　　　　單位：萬元

籌資方式	金額
債券（年利率10%）	8,000
普通股（每股面值1元，發行價10元，共800萬股）	8,000
合計	16,000

該公司2009年擬增資4,000萬元，以擴大生產經營規模，現有如下兩種方案可供選擇。甲方案：增加發行4,000萬元的債券，因負債增加，投資人風險加大，債券利率增加至12%才能發行，預計普通股股利不變，但由於風險加大，普通股市價降至8元/股。

乙方案：發行債券2,000萬元，年利率為10%，發行股票200萬股，每股發行價10元，預計普通股股利不變。

要求：分別計算其加權平均資金成本，並確定哪個方案最好。

解：（1）甲公司2009年初的各種資金的比重和資金成本分別為：

$W_{債} = \dfrac{8,000}{16,000} \times 100\% = 50\%$

$W_{股} = \dfrac{8,000}{16,000} \times 100\% = 50\%$

$k_{債} = 10\% \times (1-25\%) = 7.5\%$

$k_{股} = \dfrac{1}{10} + 5\% = 15\%$

2009年初加權平均資金成本為

$WACC = 50\% \times 7.5\% + 50\% \times 15\% = 11.25\%$

（2）計算甲方案的加權平均資金成本。各種資金的比重和資金成本分別為：

$W_{債1} = \dfrac{8,000}{20,000} \times 100\% = 40\%$

$W_{債2} = \dfrac{4,000}{20,000} \times 100\% = 20\%$

$$W_{股} = \frac{8,000}{20,000} \times 100\% = 40\%$$

$$k_{借1} = 10\% \times (1-25\%) = 7.5\%$$

$$k_{借2} = 12\% \times (1-25\%) = 9\%$$

$$k_{股} = \frac{1}{8} + 5\% = 17.5\%$$

甲方案的加權平均資金成本為

$$k_{w甲} = 40\% \times 7.5\% + 20\% \times 9\% + 40\% \times 17.5\% = 11.8\%$$

（3）計算乙方案的加權平均資金成本。各種資金比重分別為50％、50％；資金成本分別為7.5％、15％。（計算過程略）

乙方案的加權平均資金成本為：

$$k_{w乙} = 50\% \times 7.5\% + 50\% \times 15\% = 11.25\%$$

從計算結果可以看出，乙方案的加權平均資金成本最低，所以，應該選用乙方案，即該企業保持原來的資本結構。

該方法通俗易懂，計算過程也不是十分複雜，是確定資本結構的一種常用方法。因所擬訂的方案數量有限，故有把最優方案漏掉的可能。資金成本比較法一般適用於資本規模較小、資本結構較為簡單的非股份制企業。

（三）公司價值分析法

公司價值分析法是在充分反應公司財務風險的前提下，以公司價值的大小為標準，經過測算確定公司最佳資本結構的方法。與比較資金成本法和每股收益無差別點法相比，公司價值分析法充分考慮了公司的財務風險和資金成本等因素的影響，進行資本結構的決策以公司價值最大為標準，更符合公司價值最大化的財務目標；但其測算原理及測算過程較為複雜，通常用於資本規模較大的上市公司。

關於公司價值的內容和測算基礎與方法，目前主要有兩種認識。

（1）公司價值等於其未來淨收益（或現金流量，下同）按照一定的折現率折現的價值，即公司未來淨收益的折現值。這種測算方法的原理有其合理性，但因其中所含的不易確定的因素很多，難以在實踐中加以應用。

（2）公司價值是其股票的現行市場價值。公司股票的現行市場價值可按其現行市場價格來計算，有其客觀合理性。但一方面，股票的價格經常處於波動之中，很難確定按哪個交易日的市場價格計算；另一方面，只考慮股票的價值而忽略長期債務的價值不符合實際情況。

本章小結

資本成本是指企業取得和使用資本時所付出的代價。它包括資金籌集費和資金占用費兩部分。資金占用費經常發生，資金籌集費是企業在籌措資金過程中為獲取資金而支付的費用。資本成本的表示形式有絕對數和相對數兩種，但在財務管理實務中通

常用相對數表示形式。

個別資本成本是企業各種具體籌資方式的資本成本，包括債券成本、銀行借款成本、優先股成本、普通股成本和留存收益成本，前兩者可通稱為負債資金成本，后三者統稱為權益資金成本。主要用於衡量某一籌資方式的優劣。綜合資金成本率是指企業全部長期資本的成本率，綜合反應資金成本總體水平的一項重要指標。它是公司取得資金的平均成本，因此在計算時必須考慮所有不同的資金來源及其占總資本的比重。主要用於衡量籌資組合方案的優劣或用於評價企業資金結構的合理性。邊際資金成本率是指企業追加長期資本的成本率。用於衡量在某一資金結構下，資金每增加一個單位而增加的成本。它是公司取得額外1元新資金所必須負擔的成本，實質上是一種加權平均資金成本。

企業經營風險的大小常常使用經營槓桿來衡量。經營槓桿是指在某一固定成本比重下，銷售量變動對息稅前利潤產生的作用。債務對投資者收益的影響稱作財務槓桿。財務槓桿作用的大小通常用財務槓桿系數表示。財務槓桿系數表明息稅前利潤的增長所引起的每股淨收益的增長幅度。經營槓桿和財務槓桿的連鎖作用稱為總槓桿（複合槓桿）作用。

資金結構是指企業各種長期資金籌集來源的構成和比例關係。公司最佳資本結構應當是可使其預期的綜合資金成本率最低同時又能使企業總價值最高的資本結構。資本結構決策的方法主要介紹兩種即每股收益無差異分析（EBIT-EPS分析）和比較資金成本法。每股收益的無差別點是指每股收益不受融資方式影響的銷售水平，一般用息稅前利潤表示。根據每股收益無差別點，可以分析判斷在什麼樣的銷售水平下採用何種資本結構。比較資金成本法即分別計算籌資方案的加權平均資金成本，再根據加權平均資金成本的高低來確定資本結構，哪個方案的加權平均資金成本最低就選哪個。

思考題

1. 什麼是資本成本？資本成本有哪些作用？
2. 簡述經營槓桿基本原理？
3. 簡述財務槓桿的作用原理對企業籌資決策的意義。
4. 簡述聯合槓桿系數的含義和作用。
5. 什麼是最佳資本結構？如何確定最佳資本結構？

自測題

一、單選題

1. 某企業的財務槓桿系數為2，經營槓桿系數為2.5，當企業的產銷業務量的增長率為30%時，企業的每股利潤將會增長（　　）。
　　A. 60%　　　　　B. 150%　　　　　C. 75%　　　　　D. 100%
2. （　　）是通過計算和比較各種資金結構下公司的市場總價值來確定最佳資金

結構的方法。

    A. 比較資金成本法　　　　　　　B. 公司價值分析法
    C. 每股利潤無差別點法　　　　　D. 因素分析法

3. 某公司發行總面額為 500 萬元的 10 年期債券，票面利率 12%，發行費用率為 5%，公司所得稅率為 33%。該債券採用溢價發行，發行價格為 600 萬元，該債券的資金成本為（　　）

    A. 8.46%　　　　B. 7.05%　　　　C. 10.24%　　　　D. 9.38%

4. 某企業上年的息稅前利潤為 6,000 萬元，利息為 300 萬元，融資租賃的租金為 200 萬元，假設企業不存在優先股，本年的利息費用和融資租賃的租金較上年沒有發生變化，但是本年的息稅前利潤變為 8,000 萬元。則該企業本年度財務槓桿係數為（　　）。

    A. 1.2　　　　B. 1.07　　　　C. 1.24　　　　D. 1.09

5. 某企業的產權比率為 80%（按市場價值計算），債務平均利率為 12%，權益資金成本是 18%，所得稅稅率為 40%，則該企業的加權平均資金成本為（　　）。

    A. 12.4%　　　　B. 10%　　　　C. 13.2%　　　　D. 13.8%

6. 公司增發的普通股的市價為 10 元/股，籌資費用率為市價的 5%，最近剛發放的股利為每股 0.5 元，已知該股票的股利年增長率為 6%，則該股票的資金成本率為（　　）。

    A. 11%　　　　B. 11.58%　　　　C. 11%　　　　D. 11.26%

7. （　　）成本的計算與普通股基本相同，但不用考慮籌資費用。

    A. 債券　　　　B. 銀行存款　　　　C. 優先股　　　　D. 留存收益

8. 一般來說，普通股、優先股和長期債券的資金成本由高到低的順序正確的是（　　）。

    A. 優先股、普通股、長期債券　　　　B. 優先股、長期債券、普通股
    C. 普通股、優先股、長期債券　　　　D. 以上都不正確

9. 某公司的經營槓桿係數為 2.5，預計息稅前利潤將增長 30%，在其他條件不變的情況下，銷售量將增長（　　）。

    A. 75%　　　　B. 15%　　　　C. 12%　　　　D. 60%

二、多選題

1. 企業財務風險主要體現在（　　）。

    A. 增加了企業產銷量大幅度變動的機會
    B. 增加了普通股每股利潤大幅度變動的機會
    C. 增加了企業資金結構大幅度變動的機會
    D. 增加了企業的破產風險

2. 影響債券資金成本的因素包括（　　）。

    A. 債券的票面利率　　　　B. 債券的發行價格
    C. 籌資費用的多少　　　　D. 公司的所得稅稅率

3. 關於複合槓桿係數，下列說法正確的是（　　）。

A. 等於經營槓桿系數和財務槓桿系數之和
B. 該系數等於普通股每股利潤變動率與息稅前利潤變動率之間的比率
C. 等於經營槓桿系數和財務槓桿系數之積
D. 複合槓桿系數越大，複合風險越大

4. 企業調整資金結構的存量調整方法主要包括（　　　）。
A. 債轉股　　　　　　　　　B. 發行債券
C. 股轉債　　　　　　　　　D. 調整權益資金結構

5. 如果企業的全部資本中權益資本占70%，則下列關於企業風險的敘述不正確的是（　　　）。
A. 只存在經營風險　　　　　B. 只存在財務風險
C. 同時存在經營風險和財務風險　　D. 財務風險和經營風險都不存在

三、判斷題

1. 資金成本的本質就是企業為了籌集和使用資金而實際付出的代價，其中包括用資費用和籌資費用兩部分。（　　）

2. 根據財務槓桿作用原理，企業淨利潤增加的基本途徑包括在企業固定成本總額一定的條件下，增加企業銷售收入。（　　）

3. 公司增發普通股的市價為10元/股，籌資費用率為市價的6%，最近剛發放的股利為每股0.5元，已知該股票的資金成本率為10%，則該股票的股利年增長率為4.44%。（　　）

4. 在其他因素不變的情況下，企業的銷售收入越多，複合槓桿系數越小，企業的複合風險也就越小。（　　）

5. 企業在選擇追加籌資方案時的依據是個別資金成本的高低。（　　）

四、計算題

1. 某企業資金總額6,000萬元，其中：長期借款1,200萬元，長期債券1,600萬元，普通股3,200萬元，長期借款為4年，年利率8%，籌資費率忽略不計；長期債券票面利率10%，籌資費率3%；普通股1,000萬股，預期股利為0.2元每股，股利增長率為4%，普通股籌資費率為6%，所得稅稅率為33%，計算企業的綜合資金成本。

2. 某企業2004年資產總額為1,000萬元，資產負債率為40%，負債平均利息率5%，實現的銷售收入為1,000萬，全部的固定成本和費用為220萬，變動成本率為30%，若預計2005年的銷售收入提高50%，其他條件不變。

要求：
（1）計算DOL、DFL、DTL；
（2）預計2005年的每股利潤增長率。

3. 某公司2004年銷售產品15萬件，單價80元，單位變動成本40元，固定成本總額150萬元。公司有長期負債80萬元，年平均利息率為10%；有優先股200萬元，優先股股利率為8%；普通股100萬股（每股面值1元），每股股利固定為0.5元；融資租賃的租金為20萬元。公司所得稅稅率為40%。

要求：
（1）計算2004年該公司的邊際貢獻總額；

(2) 計算 2004 年該公司的息稅前利潤總額;
(3) 計算該公司 2005 年的複合槓桿係數。

4. 某公司目前擁有資本 850 萬元,其結構為:債務資本 100 萬元,普通股權益資本 750 萬元。現準備追加籌資 150 萬元,有三種籌資選擇:增發新普通股、增加債務、發行優先股。有關資料詳見下表:

資本 種類	現行資本結構		追加籌資后的資本結構					
			增發普通股		增加債務		發行優先股	
	金額 (萬元)	比例	金額 (萬元)	比例	金額 (萬元)	比例	金額 (萬元)	比例
債務	100	0.12	100	0.10	250	0.25	100	0.1
優先股	0		0		0		150	0.15
普通股	750	0.88	900	0.90	750	0.75	750	0.75
資本總額	850	1.00	1,000	1.00	1,000	1.00	1,000	1.00
其他資料								
年利息額	9		9		27		9	
年優先股股利額							15	
普通股股份數(萬股)	10		13		10		10	

要求:

(1) 當息稅前利潤預計為 160 萬元時,計算三種增資方式后的普通股每股利潤及財務槓桿係數,該公司所得稅率為 40%;

(2) 計算增發普通股與增加債務兩種增資方式下的無差別點;

(3) 計算增發普通股與發行優先股兩種增資方式下的無差別點;

(4) 按每股利潤無差別點分析法的原理,當息稅前利潤預計為 160 萬元時,應採用哪種籌資方式。

5. 某企業為了進行一項投資,計劃籌集資金 500 萬元,所得稅稅率為 40%。有關資料如下:

(1) 向銀行借款 100 萬元,借款年利率為 6%,手續費率為 3%;

(2) 按溢價發行債券,債券面值 50 萬元,溢價發行價格為 60 萬元,票面利率為 8%,期限為 10 年,每年支付一次利息,其籌資費率為 4%;

(3) 按面值發行優先股 240 萬元,預計年股利率為 10%,籌資費率為 5%;

(4) 發行普通股 75 萬元,每股發行價格 15 元,籌資費率為 6%,今年剛發放的股利為每股股利 1.5 元,以后每年按 5% 遞增;

(5) 其余所需資金通過留存收益取得。

要求:

(1) 計算該企業各種籌資方式的個別資金成本;

(2) 計算該企業的加權平均資金成本。

第五章 項目投資決策

學習目的

(1) 掌握項目投資的含義、內容及項目計算期的構成;
(2) 重點掌握項目投資現金流量的構成與測算;
(3) 重點掌握各種投資決策評價指標的計算方法和決策規則;
(4) 掌握各種投資決策評價方法的相互比較與具體應用。

關鍵術語

項目投資　現金流量　淨現值　內含報酬率

導入案例

某企業計劃進行一項投資活動,現有A、B兩個方案可以選擇,有關資料如下:

(1) A方案:固定資產原始投資200萬元,全部資金於建設起點一次投入,建設期1年。固定資產投資資金來源為銀行借款,年利率為8%,利息按年支付,項目結束時一次還本。該項目營運期10年,到期殘值收入8萬元。預計投產後每年增加營業收入170萬元,每年增加經營成本60萬元。

(2) B方案:固定資產原始投資120萬元,無形資產投資25萬元,流動資金投資65萬元。全部固定資產原始投資於建設起點一次投入。建設期2年,營運期5年,到期殘值收入8萬元。無形資產從投產年份起分5年平均攤銷,無形資產和流動資金投資於建設期期末投入,流動資金在項目結束後收回。該項目投產後預計年增加營業收入170萬元,年增加經營成本80萬元。

(3) 該企業按直線法提折舊,所得稅稅率為33%,該企業要求的最低投資回報率為10%。

項目投資是企業發展生產的重要手段,項目投資管理是一項具體而複雜的系統工程。尤其是在市場經濟條件下,對項目投資進行科學管理,把資金投放到能夠提高企業競爭力、增加收益的項目上去,有助於企業更好地拓展生存和發展空間。

第一節　項目投資概述

作為投資活動的重要內容,無論是維持簡單再生產還是實現擴大再生產,都必須

進行一定的項目投資。例如，簡單再生產要求及時對機器設備進行更新、對產品和生產工藝進行改造；擴大再生產需要新建、擴建廠房，增添機器設備等。

一、項目投資的定義、分類及特點

(一) 項目投資的定義及分類

項目投資是一種以特定建設項目為對象，直接與新建項目或更新改造項目有關的長期投資行為。

本章主要介紹工業企業投資項目，包括新建項目和更新改造項目兩種類型。新建項目以新增工業生產能力為主的投資項目，更新改造項目則以恢復、改善生產能力為主要目的。新建項目按其涉及的內容可以進一步細分為單純固定資產投資項目和完整工業投資項目兩種類型。其中，單純固定資產投資項目簡稱固定資產投資，其特點是只涉及固定資產投資而不涉及無形資產投資、其他資產投資和流動資金投資；而完整工業投資項目不僅包括固定資產投資，還包括流動資金投資，甚至涉及無形資產投資、其他資產投資。更新改造投資項目則可以進一步細分為以恢復固定資產生產效率為目的的更新項目和以改善企業經營條件為目的的改造項目兩種類型。工業企業投資項目的分類如圖5-1所示。

$$投資項目\begin{cases}新建項目\begin{cases}單純固定資產投資項目（簡稱固定資產投資）\\完整工業投資項目\end{cases}\\更新改造項目\begin{cases}更新項目\\改進項目\end{cases}\end{cases}$$

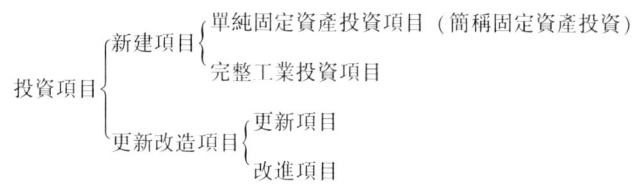

圖5-1 工業企業投資項目的分類

可見，項目投資的範圍要比固定資產投資更為廣泛，將項目投資簡單地等同於固定資產投資是不合適的。

(二) 項目投資的特點

從性質上看，項目投資是企業直接的、生產性的對內投資，與其他形式的投資相比，具有以下主要特點：

1. 投資金額大

項目投資，特別是戰略性的擴大生產能力的投資一般都需要較多的資金，其投資額往往是企業及其投資人多年的資金累積，在企業總資產中佔有相當大的比重，對企業未來現金流量和財務狀況都將產生深遠的影響。

2. 影響時間長

項目投資決策一經做出，便會在較長時間內影響企業，對企業今後長期的經濟效益，甚至對企業的命運都有著決定性的影響。這就要求企業進行項目投資必須小心謹慎，認真地進行可行性研究。

3. 變現能力差

項目投資的形態主要是廠房、機器設備等實物資產或無形資產，這些資產不易改

變用途，出售困難，變現能力差。

4. 發生頻率低

與短期投資相比，項目投資一般較少發生，尤其是大規模的項目投資，可能幾年甚至十幾年才發生一次。

5. 投資風險高

影響項目投資的因素特別多，加上其投資金額大、影響時間長、變現能力差，必然造成投資風險比其他投資高。

二、項目投資的程序

項目投資的程序主要包括以下環節：

(一) 項目提出

項目投資領域和投資對象，要在把握良好投資機會的情況下，根據企業長遠發展戰略、中長期投資計劃和投資環境的變化來確定，可以由企業管理當局或高層管理人員提出，也可以由各級管理部門和相關部門領導提出。

(二) 項目評價

投資項目的評價主要涉及以下幾項工作：①對提出的投資項目進行適當分類，為分析評價做好準備；②確定項目計算期，測算項目投產後的收入、費用和經濟效益，預測現金流入和現金流出；③運用各種投資評價指標對有關項目的財務可行性做出評價並排序；④寫出詳細的評價報告。

(三) 項目決策

在財務可行性評價的基礎上，對可供選擇的多個投資項目進行比較和選擇，其結論一般可分成以下三種：①接受該投資項目，可以投資；②拒絕該投資項目，不能進行投資；③發還給項目提出的部門，重新論證後，再行處理。

(四) 項目執行

決定對某項目進行投資後，要積極籌措資金，實施投資行為，並對工程進度、工程質量、施工成本和工程概算進行監督、控制和審核，確保工程質量，保證按時完成。

(五) 項目再評價

在投資方案的執行過程中，應注意原來做出的投資決策是否合理、正確。一旦出現新情況，應適時做出新的評價和調整。如果情況發生重大變化，原來的投資決策變得不合理，就要進行是否終止投資或怎樣終止投資的決策，以避免更大損失。

三、項目計算期的構成和項目投資的內容

(一) 項目計算期的構成

項目計算期是指投資項目從投資建設開始到最終清理結束整個過程的全部時間，包括建設期和營運期。建設期是指從項目資金正式投入開始到項目建成投產為止所需

要的時間，建設期的第一年年初稱為建設起點，建設期的最後一年年末稱為投產日。在實踐中，確定建設期通常應參照項目建設的合理工期或項目的建設進度計劃。項目計算期的最後一年年末稱為終結點，一般假定項目最終報廢或清理均發生在終結點（但更新改造除外）。營運期是指從投產日到終結點之間的時間間隔，包括試產期和達產期（完全達到設計生產能力）兩個階段。試產期是指項目投入生產，但生產能力尚未完全達到設計能力時的過渡階段。達產期是指生產營運達到設計預期水平後的時間。一般應根據項目主要設備的經濟使用壽命期確定營運期。項目計算期、建設期和營運期之間的關係可用圖 5-2 表示。

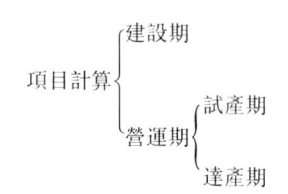

圖 5-2　項目計算期的構成示意圖

(二) 項目投資的內容

1. 原始投資

項目投資的原始投資又稱初始投資，等於企業為使該項目完全達到設計生產能力、開展正常經營而投入的全部現實資金，包括建設投資和流動資金投資兩項內容，即：

原始投資（初始投資）= 建設投資+流動資金投資

（1）建設投資

建設投資是指在建設期內按一定生產經營規模和建設內容進行的投資，具體包括固定資產投資、無形資產投資和其他投資三項內容。

①固定資產投資是指項目用於購置或安裝固定資產應當發生的投資。固定資產投資的金額加上建設期內資本化的借款利息，構成固定資產原值。

②無形資產投資是指項目用於取得無形資產應當發生的投資。

③其他資產投資是指建設投資中除固定資產和無形資產以外的投資，包括生產準備和開辦費投資。

（2）流動資金投資

在項目投資決策中，流動資金是指在營運期內長期占用並週轉使用的營運資金。流動資金投資是指項目投產前後分次或一次投放於流動資產項目的投資增加額，又稱墊支流動資金或營運資金投資。由於這部分資金的墊支一般要到項目壽命終結時才能收回，因此，這種投資應看作是長期投資而不是短期投資。

2. 項目總投資

項目總投資是反應項目投資總體規模的價值指標，等於原始投資與建設期資本化利息之和，即：項目總投資=原始投資（初始投資）+建設期資本化利息

項目總投資的內容可用圖 5-3 表示。

```
                          ┌─ 固定資產投資
              ┌─ 建設投資 ─┼─ 無形資產投資
              │           └─ 其他資產投資
   ┌─ 原始投資（初始投資）
項目總投資     └─ 流動資金投資
   └─ 建設期資本化利息
```

圖 5-3　項目總投資的內容示意圖

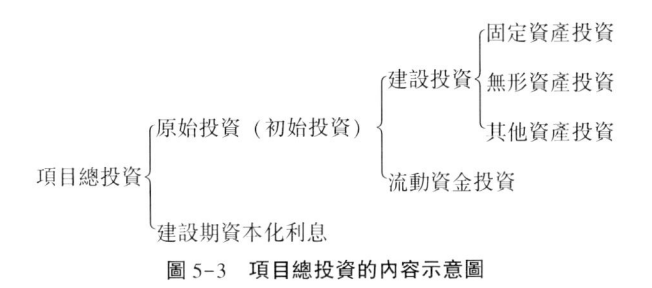

【例 5-1】原野公司擬建一條新生產線，預計 2011 年初開始動工，2011 年末竣工投產，預期使用壽命 15 年。該項目需在建設起點一次性投入固定資產投資 235 萬元，在建設期末投入無形資產 30 萬元，建設期資本化的利息為 15 萬元，在投產前需增加營運資金 25 萬元。

根據上述資料確定項目計算期及項目投資的內容，分析如下：

（1）項目計算期的構成

該項目屬於新建項目，建設起點為 2011 年年初，建設期為 1 年，營運期為 15 年，因此項目終結點為 2026 年年末，項目計算期一共為 16 年：

項目計算期 = 1+15 = 16（年）

項目計算期的構成如圖 5-4 所示。

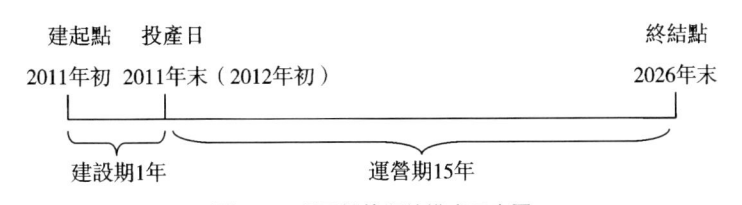

```
建起點    投產日                              終結點
2011年初  2011年末（2012年初）                2026年末
  └──┬──┘└─────────────────┬─────────────────┘
  建設期1年                運營期15年
```

圖 5-4　項目計算期的構成示意圖

（2）項目投資的內容

①建設投資。該項目的建設投資包括固定資產投資和無形資產投資：

建設投資 = 235+30 = 265（萬元）

需要注意的是，固定資產投資與固定資產原值的金額並不總是相等。本項目中所形成的固定資產，其原值不僅包括固定資產投資，還應考慮需在建設期內資本化的利息 15 萬元，即：固定資產原值 = 265+15 = 280（萬元）

②原始投資。需增加的 25 萬元營運資金屬於流動資金投資，應和建設投資一併計入原始投資。原始投資 = 265+25 = 290（萬元）

③項目總投資。該項目投資的總體規模等於原始投資與建設期資本化利息之和。

項目總投資 = 290+15 = 305（萬元）

四、項目投資資金的投入方式

原始投資的投入方式包括一次投入和分次投入兩種方式。一次投入方式是指投資行為集中發生在項目計算期第一個年度的年初或年末；分次投入方式是指投資行為涉

及兩個或兩個以上年度，或雖然只涉及一個年度但同時在該年的年初和年末發生。

第二節　現金流量估算

現金流量（cash flow）也稱現金流動量，簡稱現金流。在投資決策中，現金流量是一個項目在其計算期內產生的現金流入、流出數量及其總量情況的總稱。這裡的「現金」不僅包括各種貨幣資金，而且還包括項目需要投入的、企業現有的非貨幣資源的變現價值。例如，一個項目需要使用企業原有的廠房、機器設備和原材料等，相關的現金流量指的是它們的變現價值而不是帳面價值。

現金流量是計算各種投資決策評價指標的基礎性數據，對投資方案進行可行性分析，首先要測算現金流量。

一、現金流量的構成

根據現金流動的方向，可將項目投資產生的現金流量分為現金流入量、現金流出量和淨現金流量。現金流入量（cash inflow）是指投資項目引起的企業現金收入的增加額；現金流出量（cash outflow）是指該項目引起的企業現金收入的減少額；淨現金流量又稱現金淨流量（net cash flow，NCF），是指同一時點上現金流入量與現金流出量的差額。當現金流入量大於現金流出量，現金淨流量為正值；反之，現金淨流量為負值。項目計算期不同階段上的現金淨流量往往呈現不同的特點，如建設期內的淨現金流量一般小於等於零，在營運期則多為正值。

根據現金流量的發生時間，又可將項目投資產生的現金流量分為初始現金流量、營業現金流量和終結現金流量。由於使用這種分類方法分析現金流量比較方便，因此下面主要介紹這三種現金流量：

（一）初始現金流量

初始現金流量是指開始投資時發生的現金流量，既包括投資在固定資產上的資金，也包括投資在流動資產上的資金，多為現金流出。

1. 投資前費用

投資前費用是指在正式投資之前為做好各項準備工作而花費的費用，如勘察設計費、技術資料費、土地（使用權）購入費等。投資前費用的總額應綜合考慮、合理預測。

2. 設備購置費用

設備購置費用是指為購買投資項目所需各項設備而花費的費用。設備購置費的多少需要企業財務人員根據所需設備的數量、規格、型號、性能、價格水平、運輸費用等進行預測。

3. 設備安裝費用

設備安裝費用是指為安裝各種設備所需的費用。這部分費用的預測需考慮安裝設備的多少、安裝難度、工作量及當地的安裝收費標準等各種因素。

4. 建築工程費

建築工程費是指進行土建工程所花費的費用。預測這部分費用的主要依據包括建築類型、建築面積大小、建築質量要求、當地建築造價標準等。

5. 墊支營運資金

投資項目建成后，必須墊支一定的營運資金才能投入營運。

6. 固定資產變價收入扣除相關稅金后的淨收益

變價收入主要是指固定資產更新改造時變賣原有固定資產所得的現金收入。

7. 不可預見的費用

不可預見的費用是指在投資項目正式建設之前不能完全估計但又很可能發生的一系列費用，如價格上漲、自然災害等。對這些因素進行合理預測，可以為現金流量預測留有余地。

(二) 營業現金流量

營業現金流量是指投資項目投入使用后，在其壽命期內由於生產經營所帶來的現金流入和流出的數量。這裡現金流入一般是指營業現金收入，現金流出是指營業現金支出和繳納的稅金。營業現金淨流量是一定時期內營業現金收入減去營業現金支出和繳納的稅金之後的差額，一般以年為單位進行計算，可用公式表示為：

$$
\begin{aligned}
\text{營業現金淨流量（NCF）} &= \text{營業現金流入量} - \text{營業現金流出量} \\
&= \text{營業現金收入} - (\text{營業現金支出} + \text{繳納的稅金}) \\
&= \text{營業現金收入} - \text{營業現金支出} - \text{繳納的稅金} \quad (5-1)
\end{aligned}
$$

根據相關假設，營業現金收入可用營業收入代替，營業現金支出可用付現成本（指不包括折舊的成本）代替，繳納的稅金只考慮所得稅，則式（5-1）簡化為：

$$
\begin{aligned}
\text{營業現金淨流量（NCF）} &= \text{營業收入} - \text{付現成本} - \text{所得稅} \quad (5-2) \\
&= \text{稅後淨利} + \text{折舊} \quad (5-3) \\
&= \text{營業收入} \times (1-\text{所得稅率}) - \text{付現成本} \times (1-\text{所得稅率}) + \text{折舊} \times \text{所得稅率} \quad (5-4)
\end{aligned}
$$

不同的投資項目，產生營業現金流量的模式會有很大差異。有的項目各年收入、支出比較穩定，現金淨流量與年金非常接近；有的項目則可能情況比較複雜，會產生非常不規則的現金流量，分析的難度也隨之增加。

(三) 終結點現金流量

終結點現金流量是指投資項目完結時所發生的現金流量。主要包括：①固定資產的殘值收入或變價收入（須扣除相關稅金）；②墊支的營運資金的回收；③停止使用的土地（使用權）的變價收入等。

二、現金流量的測算

由於項目投資的投入、回收及收益的形成均以現金流量的形式表現，因此，在整個項目計算期的各個階段上，都有可能發生現金流量。不同類型的投資項目，其現金流量的具體內容也會有所差異。

(一) 單純固定資產投資項目

單純固定資產投資項目的初始現金流量只涉及固定資產投資而不涉及無形資產投資、其他資產投資和流動資金投資，營業現金流量主要是來自增加的營業收入、營業成本及各項稅款等，終結現金流量主要是固定資產的殘值收入。

【例 5-2】 已知甲公司準備購入一套設備以擴充生產能力，項目編號為 101 號。該項目需一次性投入設備價款 200 萬元，設備可立即用於生產經營，使用壽命為 10 年，採用直線法計提折舊，期滿時的淨殘值為 0。10 年中每年銷售收入為 120 萬元（假設全部收現，以下各例同，不再贅述），每年的付現成本為 40 萬元。假設所得稅率為 40%，計算該方案的現金流量。

分析：可以首先計算營業現金流量。由於項目每年的收入、成本等均不發生變化，因此第 1-5 年的營業現金流量相同，詳見表 5-1。

表 5-1　　　　　　　　　101 號項目營業現金流量計算表　　　　　　　　單位：萬元

項目	計算
銷售收入（1）	120
付現成本（2）	40
折舊（3）	$\frac{200}{10}=20$
稅前利潤（4）=（1）-（2）-（3）	120-40-20=60
所得稅（5）=（4）×40%	60×40%=24
稅後淨利（6）=（4）-（5）	60-24=36
營業現金淨流量（7）=（1）-（2）-（5）=（3）+（6）	120-40-24=56 或 36+20=56

然后，再結合初始現金流量和終結現金流量確定全部現金流量。該設備可立即投入使用，其初始現金流量為需一次性投入的設備價款 200 萬元，屬於現金流出，發生在第 1 年年初即 0 期；由於設備使用期滿時的淨殘值為 0，因此發生在第 5 年年末的終結現金流量為 0。將該方案的全部現金流量通過表格列示，詳見表 5-2。

表 5-2　　　　　　　　　　101 號項目現金流量計算表　　　　　　　　　單位：萬元

項　目	第 0 年	第 1 年	……	第 10 年
初始現金流量	-200			
營業現金淨流量		56	……	56
終結現金流量				0
各年現金淨流量	-200	56	……	56

(二) 完整工業投資項目

完整工業投資項目的初始現金流量不僅包括固定資產投資，而且還包括墊支的流動資金，有時還可能涉及無形資產或其他資產投資。其營業現金流量主要源於營業收

入、營業成本及繳納稅款等業務。完整工業投資項目的終結現金流量除了固定資產的殘值收入，還需考慮收回的流動資金投資。

【例 5-3】已知甲公司有一項編號 201 的完整工業投資項目，需要固定資產投資 1,100 萬元，流動資金投資 300 萬元，建設期為一年。固定資產投資於建設起點投入，流動資金於投產前一次性投入。該項目壽命期 10 年，固定資產按直線法折舊，期滿有 100 萬元淨殘值，流動資金於項目結束時一次性回收。投產后，項目每年的稅前利潤分別為 50 萬元、100 萬元、150 萬元、200 萬元、250 萬元、300 萬元、350 萬元、400 萬元、400 萬元、400 萬元。假設所得稅率為 25%。該項目的現金流量計算如下。

①項目計算期 n = 1+10 = 11（年）

項目計算期 11 年包括 1 年建設期和 10 年營運期。

②固定資產年折舊 = $\dfrac{1,100-100}{10}$ = 100（萬元）

③初始現金流量。項目建設期發生的初始現金流量是第一年年初的固定資產投資 1,100 萬元和建設期結束後、投產前於第 1 年年末、第 2 年年初墊支的流動資金 300 萬元，即：

NCF_0 = −1,100（萬元）

NCF_1 = −300（萬元）

④營業現金流量。題中並未給出銷售收入、銷售成本等有關數據，因此需根據稅前利潤和折舊的資料確定各年的營業現金流量。

NCF_2 = 50×（1−25%）+100 = 137.5（萬元）

NCF_3 = 100×（1−25%）+100 = 175（萬元）

NCF_4 = 150×（1−25%）+100 = 212.5（萬元）

NCF_5 = 200×（1−25%）+100 = 250（萬元）

NCF_6 = 250×（1−25%）+100 = 287.5（萬元）

NCF_7 = 300×（1−25%）+100 = 325（萬元）

NCF_8 = 350×（1−25%）+100 = 362.5（萬元）

NCF_9 = 400×（1−25%）+100 = 400（萬元）

第 10、11 年的營業現金流量與第 9 年相同，均為 400 萬元。

⑤終結現金流量 = 300+100 = 400（萬元）

項目在第 11 年年末結束，終結點上發生的現金流量除了正常的營運現金流量，還需考慮兩筆終結現金流量：收回的 300 萬元營運資金和 100 萬元固定資產淨殘值，均為現金流入。

將該項目的全部現金流量通過表 5-3 列示。

表 5-3　　　　　　　　　　201 號項目現金流量計算表　　　　　　　　　　單位：萬元

第 n 年	初始現金流量	營業現金淨流量	終結現金流量	各年現金流量合計
0	−1,100			−1,100
1	−300			−300

表5-3(續)

第n年	初始現金流量	營業現金淨流量	終結現金流量	各年現金流量合計
2		137.5		137.5
3		175		175
4		212.5		212.5
5		250		250
6		287.5		287.5
7		325		325
8		362.5		362.5
9		400		400
10		400		400
11		400	400	800

(三) 固定資產更新改造項目

如果新舊固定資產的可使用年限不同，須對其各自的現金流量分別測算，具體方法同前。如果新舊固定資產的可使用年限相同，則可以採用差量分析法，比較兩個方案現金流量的差量。具體來說，固定資產更新改造項目初始現金流量的差量主要來自購置新固定資產的投資、處置舊固定資產的變現淨收入及流動資金投資的變化；營業現金流量的差量取決於新舊固定資產營業收入、營業成本及稅款的差異；終結現金流量的差量源於新舊固定資產淨殘值及回收營運資金金額的不同。

【例5-4】甲公司正在考慮用一臺效率更高的新設備來代替舊設備，項目編號301，新舊設備的有關資料如下：舊設備原值60萬元，有效使用年限10年，已使用5年，尚可繼續使用5年，採用直線法折舊，淨殘值為0，目前的變價淨收入為30萬元。使用舊設備時，每年的銷售收入為51萬元，付現成本為35萬元。

取得新設備的投資額為105萬元，使用壽命5年，採用直線法折舊，預計淨殘值5萬元。使用新設備後每年的銷售收入可增加到95萬元，付現成本增加到55萬元。

假設新舊設備的替換在當年完成（即更新設備的建設期為0），企業所得稅稅率為25%。

分析：由於此例中新舊設備的可使用年限相同，都是5年，因此可以採用差量分析法，將新舊設備各年的現金流量進行對比，計算現金流量的差量（習慣上用希臘字母「Δ」表示）。需注意的是，現金流量差量既可以用甲方案減去乙方案計算，也可以用乙方案減去甲方案計算，關鍵是對同一案例一旦確定就應自始至終前後統一，否則將影響分析的正確性。本例用新設備產生的現金流量減去舊設備產生的現金流量作為差量。

①計算初始現金流量的差量。本例中，初始現金流量的差量就是新舊設備原始投資的差額。取得新設備的投資額為105萬元，這一點沒有爭議。而對於舊設備而言，如果將其變賣，會獲得30萬元的變價淨收入，如果繼續使用舊設備，則無法獲得這筆

收入，形成機會成本，即舊設備初始投資額為30萬元。至於舊設備的原值60萬元，則屬於與決策無關的沉沒成本，不應予以考慮。

Δ 初始投資 = 105-30 = 75（萬元）

②計算各年營業現金流量的差量。首先需計算新舊設備的年折舊額：

新設備年折舊額 = $\frac{105-5}{5}$ = 20（萬元）

舊設備年折舊額 = $\frac{30}{5}$ = 6（萬元）

無論新設備還是舊設備，各年的收入、成本均穩定不變，因此各年營業現金的差量相同，詳見表5-4。

表5-4　　　　　　　　　新舊設備營業現金流量差量　　　　　　　　單位：萬元

項　　目	新設備	舊設備	Δ 現金流量
銷售收入（1）	95	51	44
付現成本（2）	55	35	20
折舊（3）	20	6	14
稅前利潤（4）=（1）-（2）-（3）	20	10	10
所得稅25%（5）	5	2.5	2.5
稅后利潤（6）	15	7.5	7.5
營業現金淨流量（7）=（1）-（2）-（5）=（3）+（6）	35	13.5	21.5

③計算終結現金流量的差量。

Δ 終結現金流量 = 5-0 = 5（萬元）

④計算兩個方案全部現金流量的差量，詳見表5-5。

表5-5　　　　　　　　　新舊設備現金流量的差量　　　　　　　　單位：萬元

項　　目	第0年	第1年	第2年	第3年	第4年	第5年
Δ 原始投資	-75					
Δ 營業現金淨流量		21.5	21.5	21.5	21.5	21.5
Δ 終結現金流量						5
Δ 現金淨流量	-75	21.5	21.5	21.5	21.5	26.5

需要說明的是，上例中舊設備的帳面折余價值30萬元與其變價淨收入是相等的，沒有變價虧損或盈余，因此不需考慮抵減所得稅的問題。如果二者不等，例如變價淨收入為25萬元，則有變價虧損5（30-25）萬元，由於這部分虧損可抵減部分所得稅，抵減的所得稅為1.25（5×25%）萬元。也就是說，如果繼續使用舊設備，所放棄的不僅包括變價淨收入25萬元，而且還包括未享受到的納稅抵減額1.25萬元。因此，這時初始現金流量的差量應為80（105-25）萬元，而1.25萬元的節稅額則基於「稅金等項目的確認均發生在年末」的假設，計入第1年年末的營業現金流量差量。

三、投資決策中使用現金流量的原因

項目投資決策應以現金流量為依據,將現金流入作為項目的收入、現金流出作為項目的支出,以淨現金流量作為項目的淨收益,並在此基礎上評價投資項目的經濟效益。其原因如下:

1. 採用現金流量有利於科學地考慮時間價值因素

科學的投資決策需要認真考慮資金的時間價值,這就要求在決策時一定要弄清楚每筆預期收入和支出發生的具體時間,因為不同時間的資金具有不同的價值。

財務會計以收入減去費用後的利潤作為評價企業經濟效益的重要指標,但是這些指標是按權責發生制計算的,沒有考慮資金收付的時間,不適合作為決策的依據。

現金流量則是按收付實現制確定的,充分考慮了資金收付的時間,以現金流量作為評價項目經濟效益的基礎,有利於在投資決策中考慮時間價值因素。

2. 現金流量的確定更具有客觀性

收入、費用和利潤的確定,往往受到會計政策與方法的影響,比現金流量的計算有更大的主觀隨意性,作為決策的依據不如現金流量可靠。

第三節　投資決策評價方法

對投資項目評價時使用的指標可分為兩類。一類是折現指標,即考慮了時間價值因素的指標,如淨現值、獲利指數、內含報酬率等,這類指標也被稱為動態指標;另一類是非折現指標,即沒有考慮時間價值因素的指標,如投資回收期、平均報酬率等,這類指標也被稱為靜態指標。根據分析評價指標的類別,投資項目評價分析的方法,可以分為兩種:折現的分析評價方法和非折現的分析評價方法。

一、折現的分析評價方法

折現的分析評價方法,是指考慮資金時間價值的分析評價方法,亦被稱為折現現金流量分析技術。利用這種方法進行投資決策,就是根據折現現金流量的思想,把未來現金流量折現,用現金流量的現值計算各種動態評價指標,並據以進行決策。

(一) 淨現值法

這種方法通過比較備選方案的淨現值來評價方案優劣。所謂淨現值 (net present value, NPV) 是指在項目計算期內,按資本成本或企業要求達到的報酬率計算的各年淨現金流量現值的代數和。

1. 淨現值的計算

淨現值理論上的通用計算公式為:

$$\text{淨現值 (NPV)} = \sum_{t=0}^{n} \frac{\text{第 t 年的現金淨流量}}{(1+k)^t} \qquad (5-5)$$

式中，n 表示項目計算期；k 表示折現率，一般為資本成本或企業要求的投資報酬率。由式（5-5）可知，淨現值就是從投資開始時的第 0 年至項目壽命終結時的第 n 年所有現金流量（包括現金流入和現金流出）的現值之和。

除此之外，淨現值還可以表述為項目投產進入營運期後產生的現金流量，按資本成本或企業要求達到的報酬率折算為現值，再減去原始投資（如果項目建設期超過一年，應減去原始投資的現值）之後的余額。按照這一思路，式（5-5）又可進一步推導為：

淨現值(NPV)＝營運期各年現金淨流量的現值合計－原始投資的現值合計　　（5-6）

當一項投資的淨現值為正數，說明其報酬率大於預定的折現率；如果淨現值等於 0，說明投資項目的報酬率等於預定的折現率；如果淨現值為負數，說明項目的報酬率小於預定的折現率。一般情況下，隨著折現率的增加，淨現值越來越小，逐漸從正數轉為負數，如圖 5-5 所示。

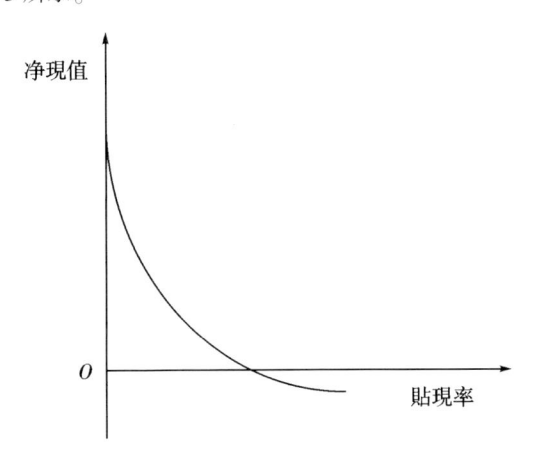

圖 5-5　淨現值曲線示意圖

【例 5-5】沿用例 5-2 的資料，假設資本成本為 10%，計算 101 號項目的淨現值。

分析：101 號項目建設期為 0，原始投資為一次性投入 200 萬元，營運期 10 年，每年的現金淨流量均為 56 萬元，屬於普通年金。其淨現值的計算如下：

淨現值＝（NPV）＝ 56×（P/A，10%，10）－200
　　　　　　　　＝ 56×6.144,6－200
　　　　　　　　＝144.098（萬元）

項目的淨現值大於 0，說明其投資報酬率大於 10%的資本成本。

【例 5-6】沿用例 5-3 的資料，假設資本成本為 10%，計算 201 號項目淨現值。

分析：201 號項目建設期為 1 年，原始投資分兩次投入，營運期每年的現金淨流量不相等，故套用通用公式（5-5）列表計算，如表 5-6 所示。

表 5-6　　　　　　　　　　201 號項目淨現值計算表

第 n 年	各年現金淨流量/萬元	10%的複利現值係數	現值/萬元
	(1)	(2)	(3) = (1) × (2)
0	-1,100	1	-1,100
1	-300	0.909,1	-272.73
2	137.5	0.826,4	113.63
3	175	0.751,3	131.477,5
4	212.5	0.683	145.137,5
5	250	0.620,9	155.225
6	287.5	0.564,5	162.293,75
7	325	0.513,2	166.79
8	362.5	0.466,5	169.106,25
9	400	0.424,1	169.64
10	400	0.385,5	154.2
11	800	0.350,5	280.4
淨現值（NPV）	—	—	275.17

如果套用推導公式（5-6），則「營運期各年現金淨流量的現值合計」應從第 2 年投產開始計算，將各年現金淨流量的現值相加，一直到第 11 年項目結束為止，「原始投資的現值合計」為第 1 年年初和年末現金淨流量的現值相加，即：

淨現值(NPV) =（113.63+131.477,5+⋯+280.4）-（1,100+272.73）

　　　　　　 = 1,647.9-1,372.73

　　　　　　 = 275.17（萬元）

淨現值大於 0，說明 201 號項目的投資報酬率也大於 10%。

2. 淨現值法的決策規則

只有淨現值指標大於等於 0 的投資項目才具有財務可行性。具體來說，淨現值法的決策規則是，在只有一個備選方案的採納與否決策中，淨現值大於等於 0 則採納，淨現值為負則不採納；在有多個備選方案的互斥項目選擇決策中，應選擇淨現值非負方案中的最大者。

101 號項目和 201 號項目的淨現值均大於 0，在採納與否的決策中都是可以接受的。

3. 對淨現值法的評價

淨現值法綜合考慮了項目計算期內的全部現金淨流量、資金時間價值和投資風險。作為絕對數指標的淨現值，能夠較好地反應項目的投資效益。但是，淨現值法無法直接揭示投資項目可能達到的報酬率究竟是多少，只能定性地反應它是大於、等於還是小於預定的折現率。

(二) 獲利指數法

這種方法使用獲利指數作為評價方案的指標。所謂獲利指數（profitability index，

PI），是指項目投產后按資本成本或企業要求達到的報酬率計算的各年現金淨流量的現值合計與原始投資的現值合計之比。

1. 獲利指數的計算

根據獲利指數的含義，可知其計算公式為：

$$獲利指數（PI）= \frac{營運期各年現金淨流量的現值合計}{原始投資的現值合計} \quad (5-7)$$

如果一項投資的獲利指數大於1，說明其收益大於成本，即投資報酬率超過預定的折現率；如果獲利指數等於1，說明折現后現金流入等於現金流出，投資報酬率與預定的折現率相同；如果獲利指數小於1，說明項目的投資報酬率沒有達到預定的折現率。

【例5-7】沿用例5-2的資料，假設資本成本為10%，計算101號項目的獲利指數。

分析：101號項目建設期為0，初始投資為一次性投入200萬元，營運期10年，每年的現金淨流量均為56萬元。

$$獲利指數（PI）= \frac{56×（P/A,10\%,10）}{200} = \frac{56×6.144,6}{200} = 1.720$$

項目的獲利指數大於1，說明其未來報酬的總現值超過了初始投資。

【例5-8】沿用例5-3的資料，假設資本成本為10%，計算201號項目的獲利指數。

分析：201號項目建設期為1年，原始投資分兩次投入，營運期每年的淨現金流量不等，利用表5-6中的數據計算獲利指數。

$$獲利指數（PI）= \frac{113.63+131.477,5+\cdots+280.4}{1,100+272.73}$$

$$= \frac{1,647.9}{1,372.73}$$

$$= 1.20$$

獲利指數大於1，說明項目未來報酬的總現值超過了初始投資的現值。

2. 獲利指數法的決策規則

只有獲利指數大於等於1的投資項目才具有財務可行性。具體來說，獲利指數法的決策規則是：在只有一個備選方案的採納與否決策中，獲利指數大於等於1則採納，否則就拒絕；在有多個備選方案的互斥項目選擇決策中，應選擇獲利指數超過1最多的方案。

上述兩個項目的獲利指數均大於1，在採納與否的決策中都是可以接受的。

3. 對獲利指數法的評價

獲利指數法考慮了資金的時間價值，能夠從動態的角度反應項目的資金投入與產出之間的關係。而且，獲利指數是用相對數來表示的，它可以看作是1元的原始投資可望獲得的現值淨收益，因此有利於在原始投資額不同的項目之間進行投資效率的對比。

但是，與淨現值法一樣，獲利指數法也無法反應項目可能達到的投資報酬率究竟

是多少。此外，獲利指數只代表獲得收益的能力而不代表實際可能獲得的財富，由於忽略互斥項目之間投資規模的差異，因此在多個互斥項目的選擇中，可能會做出錯誤的決策。

(三) 內含報酬率法

內含報酬率法是根據方案本身內含報酬率來評價方案優劣的一種方法。所謂內含報酬率（internal rate of return，IRR），又稱內部報酬率、內部收益率等，是指能夠使未來現金流入量現值等於未來現金流出量現值的折現率，或者說是使投資方案淨現值等於 0 的折現率。當淨現值曲線與橫軸相交時，縱軸淨現值為 0，交點在橫軸上的位置，即為內含報酬率，如圖 5-6 所示。

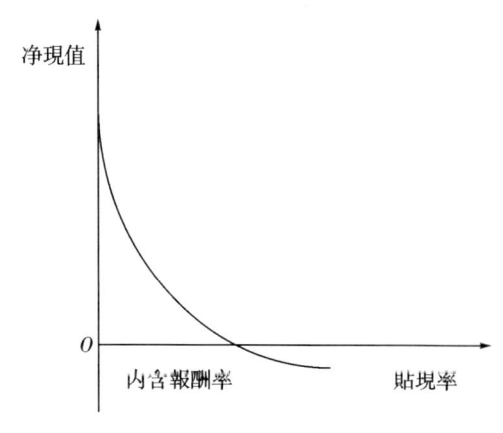

圖 5-6 內含報酬率示意圖

1. 內含報酬率的計算

本質上，內含報酬率反應的是項目實際可望達到的收益率。目前越來越多的企業使用該指標對投資項目進行評價。其計算公式為：

$$\sum_{t=0}^{n} \frac{第 t 年的現金淨流量}{(1+r)^t} = 0 \qquad (5-8)$$

式中，r 即代表內含報酬率。當把一項投資的內含報酬率與其資本成本或基準收益率相比較時，如果兩者正好相等，說明在考慮了時間價值的基礎上，項目各年帶來的現金淨流量剛好能夠補償其需要的資本成本或基準收益率；如果內含報酬率大於資本成本，說明補償之後還有剩餘，反之說明項目的收益未能達到所要求的標準。

(1) 計算內含報酬率的一般方法。內含報酬率的計算，通常需要採用逐步測試法。該法通過計算項目不同設定折現率的淨現值，然後根據內含報酬率的定義所揭示的淨現值與設定折現率的關係，採用一定的技巧，最終設法找到能使淨現值等於零的折現率，即內含收益率。其具體應用步驟如下：

第一步，先預估一個折現率，按此折現率計算淨現值，並進行下面的判斷。

第二步，如果計算出的淨現值為正數，表示預估的折現率小於該項目的內含報酬率，應提高折現率，再進行測算；如果計算出的淨現值為負數，則表明預估的折現率

大於方案的內含報酬率，應降低折現率，再進行測算。如此反覆，直到找到淨現值由正到負並且比較接近於 0 的兩個折現率。

第三步，根據上述兩個鄰近的折現率，利用插值法，計算出方案的內含報酬率。

（2）計算內含報酬率的簡便方法。如果項目建設期為 0，營運期內每年的現金淨流量相等，則可按下列步驟計算內含報酬率。

第一步，計算年金現值系數：

$$年金現值系數 = \frac{原始投資額}{營運期每年現金淨流量} \qquad (5-9)$$

第二步，查年金現值系數表，在相同的期數內，找出與上述年金現值系數相等的折現率，即為內含報酬率。如果找不到正好的數值，就取鄰近的較大和較小的兩個折現率，並進入下一步。

第三步，根據上述兩個相鄰的折現率和已求得的年金現值系數，採用插值法計算內含報酬率。

【例 5-9】沿用例 5-2 的資料，計算 101 號項目的內含報酬率。

分析：101 號項目建設期為 0，原始投資為一次性投入 200 萬元，營運期 10 年，每年的現金淨流量相等，都是 56 萬元，可用簡便方法計算內含報酬率。

$$年金現值系數 = \frac{200}{56} = 3.571$$

查年金現值系數表可知，當期限為 10 時，與 3.571 最接近的年金現值系數為 3.570,5，所對應的折現率是 25%，由於 3.571 與 3.570,5 非常接近，因此可以認為項目的內含報酬率為 25%。

但是，很多情況下在系數表上並不能直接找到一個如此接近甚至相等的數值，而只能取得與之鄰近的較大和較小的兩個折現率，然後採用插值法計算內含報酬率。

【例 5-10】沿用例 5-3 的資料，計算 201 號項目的內含報酬率。

分析：201 號項目各年的現金流量不相等，因而必須逐次進行測算，測算過程見表 5-7。

表 5-7　　　　　　　　　201 號項目內含報酬率測算表

第 n 年	各年現金淨流量(萬元)	測算			
		13%的複利現值系數	現值(萬元)	14%的複利現值系數	現值(萬元)
0	-1,100	1	-1,100	1	-1,100
1	-300	0.885	-265.5	0.877,2	-263.16
2	137.5	0.783,1	107.676	0.769,5	105.806
3	175	0.693,1	121.293	0.675	118.125
4	212.5	0.613,3	130.326	0.592,1	125.821
5	250	0.542,8	135.7	0.519,4	129.85
6	287.5	0.480,3	138.086	0.455,6	130.985

表5-7(續)

第n年	各年現金淨流量(萬元)	測算			
		13%的複利現值系數	現值(萬元)	14%的複利現值系數	現值(萬元)
7	325	0.425,1	138.158	0.399,6	129.87
8	362.5	0.376,2	136.373	0.350,6	127.093
9	400	0.332,9	133.16	0.307,5	123
10	400	0.294,6	117.84	0.269,7	107.88
11	800	0.260,7	208.56	0.236,6	189.28
淨現值（NPV）	—		1.672		-75.45

在表5-7中，先按13%的折現率進行測算，淨現值為1.672，大於0，說明所選用的折現率偏低，因此調高折現率，按14%進行第二次測算，淨現值變為負數，說明該項目的內含報酬率在13%與14%之間，再應用插值法進一步計算：

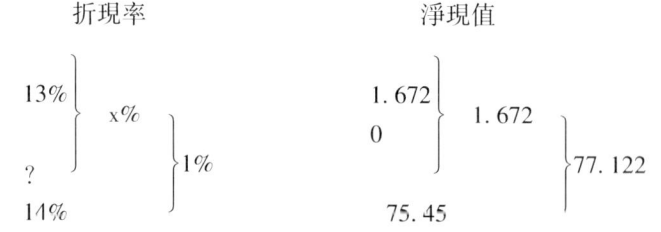

$$\begin{array}{ll} \text{折現率} & \text{淨現值} \\ 13\% \left.\begin{array}{l} \\ x\% \\ \\ ? \\ \\ 14\% \end{array}\right\} 1\% & \left.\begin{array}{l} 1.672 \\ \\ 0 \\ \\ 75.45 \end{array}\right\} 77.122 \end{array}$$

則：內含報酬率 = 13% + 0.02% = 13.02%

2. 內含報酬率法的決策規則

只有內含報酬率大於等於資本成本或必要報酬率的投資項目才具有財務可行性。具體來說，在只有一個備選方案的採納與否決策中，如果其內含報酬率大於等於企業的資本成本或必要報酬率，就可以採納，否則，應拒絕；在有多個備選方案的互斥項目選擇決策中，應選擇內含報酬率超過資本成本或必要報酬率最多的投資項目。

如例5-9和例5-10所示，當資本成本是10%時，101號項目及201號項目的內含報酬率都超過了這一標準，因此在採納與否決策中都是可以接受的。但是，如果資本成本提高為15%，101號項目25%的內含報酬率仍然超過資本成本，可以採納；201號項目則由於其內含報酬率只有13.02%，沒有達到資本成本的要求，將會被拒絕。

3. 對內含報酬率法的評價

內含報酬率法不僅考慮了資金的時間價值，而且能夠不受基準收益率的影響直接反應項目本身的收益能力和獲利水平，更具客觀性。但是，這種方法的計算過程比較複雜，如果每年的現金流量不相等，一般需要經過多次測算才能求得內含報酬率，特別是當經營期內大量追加投資時，甚至可能出現多個內含報酬率，導致決策規則失效。

二、非折現的分析評價方法

非折現的分析評價方法不考慮時間價值，把不同時間的貨幣收支看成是等效的，

可以直接進行比較、相加或相減。這些方法在投資決策中一般只起次要或輔助作用。

(一) 投資回收期法

投資回收期（payback period，PP）是指投資引起的現金流入累計到與原始投資額相等所需要的時間。它代表收回投資所需要的年限，投資回收期越短，方案越有利。投資回收期包括建設期的投資回收期（PP）和不包括建設期的投資回收期（PP'）兩種形式。

1. 投資回收期的計算

(1) 計算投資回收期的一般方法。一般情況下，投資回收期需要根據累計現金淨流量或每年年末尚未回收的投資額計算，投資回收期應該是累計現金淨流量恰好為0的年限。如果項目建設期不為0，按這種方法算出的投資回收期是包括建設期在內的，如式 (5-10)：

包括建設期的投資回收期(PP) = 最後一項為負值的累計現金淨流量對應的年數
$$+\frac{\text{最後一項為負值的累計現金淨流量絕對值}}{\text{下年現金淨流量}}$$

或 包括建設期的投資回收期(PP) = 累計現金淨流量第一次出現正值的年份 -1
$$+\frac{\text{該年初尚未回收的投資}}{\text{該年現金淨流量}} \quad (5\text{-}10)$$

不包括建設期的投資回收期（PP'）應按式（5-11）計算：

不包括建設期的投資回收期（PP'）= 包括建設期的投資回收期（PP）-建設期

$$(5\text{-}11)$$

(2) 計算投資回收期的簡便方法。如果項目建設期為0，原始投資為一次性支出，並且營運期內每年的現金淨流量相等。投資回收期的計算便可以採用簡便方法，按式 (5-12) 計算如下：

$$\text{投資回收期} = \frac{\text{原始投資額}}{\text{營業期每年現金淨流量}} \quad (5\text{-}12)$$

【例5-11】沿用例5-2的資料，計算101號項目的投資回收期。

分析：101號項目建設期為0，原始投資為一次性投入200萬元，營運期10年，每年的現金淨流量相等，都是56萬元，可用簡便方法計算投資回收期。

$$\text{投資回收期} = \frac{200}{56} = 3.571 \text{（年）}$$

【例5-12】沿用例5-3的資料，計算201號項目的投資回收期。

分析：該項目屬於非常規項目，需用表格計算投資回收期，詳見表5-8。

表 5-8　　　　　　　　201 號項目投資回收期計算表（含建設期）　　　　　單位：萬元

第 n 年	各年現金淨流量	累計現金淨流量
0	-1,100	-1,100
1	-300	-1,400
2	137.5	-126.5
3	175	-1,087.5
4	212.5	-875
5	250	-625
6	287.5	-337.5
7	325	-12.5
8	362.5	350
9	400	750
10	400	1,150
11	800	1,950

根據表 5-8，累計至第 7 年年末的現金淨流量為 -12.5 萬元（即第 8 年年初尚未收回的投資額），到了第 8 年轉為正值，說明包括建設期的投資回收期在第 7~8 年之間。

包括建設期的投資回收期（PP）$= 7 + \dfrac{|-12.5|}{362.5} = 7.034$（年）

或　　　　　　　　　　　　　$= 7 - 1 + \dfrac{|-12.5|}{362.5} = 7.034$（年）

不包括建設期的投資回收期（PP'）$= 7.034 - 1 = 6.034$（年）

2. 投資回收期法的決策規則

利用投資回收期對方案進行評價時，需事先確定一個基準投資回收期，應選擇投資回收期小於等於基準投資回收期的方案。習慣上，可以以項目計算期（或營運期）的一半作為包括（或不包括）建設期的基準投資回收期。

3. 對投資回收期法的評價

投資回收期法能夠直觀地反應原始投資的返本期限，便於理解，計算也比較簡單。但這種方法的缺點也十分顯著，它既沒有考慮資金的時間價值，也沒有考慮回收期滿之后的現金流量狀況，只能反應投資的回收速度，往往優先考慮急功近利的項目，那些早期收益較低而中後期收益較高的項目則常常被忽略；此外，其基準投資回收期多以經驗或主觀判斷為基礎確定，缺乏客觀依據。

【例 5-13】假設有兩個項目的預計現金淨流量如表 5-9 所示，試計算投資回收期，並比較優劣。

表 5-9　　　　　　　A、B 兩個方案的預計現金淨流量　　　　　　　單位：萬元

項目	第 0 年	第 1 年	第 2 年	第 3 年	第 4 年	第 5 年
A	-100	50	50	30	30	30
B	-100	50	50	60	60	60

分析：兩個方案的投資回收期都是 2 年，如果僅以投資回收期判斷，A 方案和 B 方案沒有區別。但是，如果繼續觀察投資回收期之後的現金流量會很容易發現，B 方案在后期所帶來的回報顯然比 A 方案豐厚得多。可見，僅僅以投資回收期作為方案取捨的標準，很可能會做出錯誤的決策。因此，雖然投資回收期法在過去曾經是評價投資方案最常用的方法，但是現在僅作為輔助方法使用，主要用來測定投資項目的流動性而非營利性。

（二）平均報酬率法

平均報酬率（average rate of return，ARR）是投資項目壽命週期內平均的年投資報酬率，也稱平均投資報酬率。

1. 平均報酬率的計算

平均報酬率有多種計算方法，其中最常見的計算公式為：

$$平均報酬率（ARR）= \frac{營業期平均現金淨流量}{原始投資額} \times 100\% \quad (5-13)$$

【例 5-14】沿用例 5-2 的資料，計算 101 號項目的平均報酬率。

分析：101 號項目建設期為 0，原始投資為一次性投入 200 萬元，在營運期每年的現金淨流量相等，都是 56 萬元。

$$平均報酬率（ARR）= \frac{56}{200} \times 100\% = 28\%$$

【例 5-15】沿用例 5-3 的資料，計算 201 號項目的平均報酬率。

分析：201 號項目原始投資額為 1,400（1,100 + 300）萬元，營運期各年現金淨流量如表 5-10 所示。

表 5-10　　　　　　201 號項目第 2~11 年現金淨流量　　　　　　單位：萬元

第 n 年	2	3	4	5	6	7	8	9	10	11	合計
各年現金淨流量	137.5	175	212.5	250	287.5	325	362.5	400	400	800	3,350

$$平均報酬率（ARR）= \frac{(137.5+175+\cdots+800)/10}{1,100+300} \times 100\%$$

$$= \frac{3,350/10}{1,400} \times 100\%$$

$$= 23.93\%$$

2. 平均報酬率法決策規則

在採用平均報酬率法進行決策時，應事先確定一個企業要求達到的平均報酬率，或稱必要平均報酬率，並選擇平均報酬率高於必要平均報酬率的方案。

3. 對平均報酬率法的評價

平均報酬率的計算公式比較簡單、容易理解。但是，這種方法將各年的現金流量等同看待，沒有考慮資金的時間價值實際上會誇大項目的盈利水平。此外，必要平均報酬率的確定往往帶有主觀色彩，影響決策的客觀性、科學性。

第四節　投資決策實務

對於企業而言，面臨的最大挑戰往往就是項目投資決策，例如購買新的生產線，或者投資大型項目等，此類投資一旦完成，再進行資金變更非常困難。因此，採用合理的方法、適當的指標對項目進行評價分析及科學的投資決策對於企業至關重要。

一、獨立項目財務可行性評價及投資決策

（一）獨立項目的含義

獨立項目是一組互相分離、互不排斥的項目。在獨立項目中，各方案之間沒有什麼關聯，互相獨立，不存在相互比較和選擇的問題，選擇某一項目並不排斥選擇另一項目，企業既可以全部都接受，也可以都不接受或只接受一個或多個。

（二）獨立項目財務可行性評價的判定條件

一個項目能否被接受，首先需要對其財務可行性進行評價。項目的財務可行性評價有四種可能的結論：完全具備財務可行性、完全不具備財務可行性、基本具備財務可行性、基本不具備財務可行性，每一種結論的得出都有一定的判定條件。

1. 完全具備財務可行性的判定條件

項目的財務可行性分析不能只根據一個評價指標就得出結論，而是需要對一系列的財務評價指標進行綜合分析和判斷，既包括淨現值、獲利指數、內含報酬率等主要指標，也包括投資回收期、平均報酬率等次要指標和輔助指標。無論哪一項評價指標，都有自己的可行區間和不可行區間。如淨現值指標要求的可行區間是淨現值大於等於0，若一個項目的淨現值小於0，說明其處於淨現值指標的不可行區間。一個完全具備財務可行性的項目，除了應滿足淨現值指標的可行區間，還應滿足其他所有評價指標值的可行區間。

（1）主要指標的可行區間。

淨現值 0，獲利指數≥1，內含報酬率≥資本成本或必要報酬率

（2）次要及輔助指標的可行區間。

包括建設期的投資回收期≤項目計算期/2

不包括建設期的投資回收期≤項目營運期/2

平均報酬率≥企業要求的平均報酬率

如果一個獨立項目的所有評價指標均處於可行區間，就可以判定該項目無論從哪個方面看都具備財務可行性，或者說完全具備財務可行性。

2. 完全不具備財務可行性的判定條件

如果一個獨立項目的所有評價指標均處於不可行區間，就可以判定該項目無論從哪個方面看都不具備財務可行性，或者說完全不具備財務可行性。對於完全不具備財務可行性的項目應該徹底放棄投資。

3. 基本具備財務可行性的判定條件

如果一個獨立項目的主要指標處於可行區間，但是有次要指標或輔助指標處於不可行區間，則可以判定該項目基本上具備財務可行性。

4. 基本不具備財務可行性的判定條件

如果一個獨立項目的主要指標處於不可行區間，即使有次要指標或輔助指標處於可行區間，也可以判定該項目基本上不具備財務可行性。

上述各項判定條件總結見表 5-11。

表 5-11　　　　　　　　　　　　項目財務可行性的判定條件

評價指標及可行區間		完全具備財務可行性	完全不具備財務可行性	基本具備財務可行性	基本不具備財務可行性
主要指標	淨現值≥0 獲利指數≥1 內含報酬率≥資本成本或必要報酬率	滿足	不滿足	滿足	不滿足
次要及輔助指標	包括建設期的投資回收期≤項目計算期÷2 不包括建設期的投資回收期≤項目營運期÷2 平均報酬率≥企業要求的平均報酬率	滿足	不滿足	不滿足	滿足

在對獨立方案進行財務可行性評價的過程中，除了要熟練掌握和運用上述判定條件外，還需明確以下兩點：

①主要評價指標起主導作用。在對獨立項目進行財務可行性評價和投資決策的過程中，當投資回收期（次要指標）或平均報酬率（輔助指標）的評價結論與淨現值等主要指標的評價結論發生矛盾時，應當以主要指標的結論為準。

②主要評價指標會得出一致的結論。在對同一個投資項目進行財務可行性評價時，淨現值、獲利指數和內含報酬率等動態指標的評價結論相同。

(三) 獨立項目財務可行性評價與投資決策的關係

獨立項目的決策是指對特定投資項目採納與否的決策，這種決策可以不考慮任何其他投資項目是否得到採納和實施，這種投資的收益和成本也不會因為其他項目的採納或否決而受到影響，即項目的取捨只取決於項目本身的經濟價值。從財務角度看，各獨立性投資所引起的現金流量是互不相關的。

對於獨立項目而言，投資決策過程就是評價項目財務可行性的過程。對於一組獨立項目中的任何一個方案，都存在著接受或拒絕的選擇。只有完全具備或基本具備財務可行性的項目，才可以接受；完全不具備或基本不具備財務可行性的項目，只能選擇拒絕。

【例 5-16】沿用例 5-2、例 5-3 的資料，假設 101 號項目、201 號項目均為獨立項

目，資本成本均為10%。101號項目的行業基準投資回收期為5年，企業要求達到的平均報酬率為25%；201號項目包括建設期的行業基準投資回收期為5.5年，企業要求達到的平均報酬率為20%。現將前面各例中有關兩個項目的投資決策評價指標匯總於表5-12。

表5-12　　　　101號項目、201號項目投資決策評價指標匯總表

投資決策評價指標	淨現值NPV(萬元)	獲利指數PI	內含報酬率IRR(%)	包括建設期的投資回收期PP(年)	平均報酬率(ARR)(%)
101號項目	144.098	1.720	25	3.571	28
201號項目	275.17	1.2	13.02	7.034	23.93

分析與評價上述項目的財務可行性。

①101號項目：淨現值大於0，獲利指數大於1，內含報酬率高於資本成本，投資回收期和平均報酬率均超過行業基準及企業的要求。由於所有評價指標均處於可行區間，因此可以判定該項目完全具備財務可行性。

②201號項目：折現指標均處於可行區間，淨現值大於0，獲利指數大於1，內含報酬率高於資本成本。而在兩個非折現指標中，雖然平均報酬率也高於企業要求的水平，但是投資回收期卻比行業基準投資回收期長1.534（7.034-5.5）年。究其原因，通過回顧項目從第2年到第11年的營運期內各年的現金淨流量（137.5萬元、175萬元、212.5萬元、250萬元、287.5萬元、325萬元、362.5萬元、400萬元、400萬元、800萬元）可見，該項目現金流量的特點是早期收益較低而中後期收益較高，正是早期較低的現金淨流量影響了投資回收的速度。但是，不應忽視項目後期帶來的豐厚回報，畢竟投資回收期不是判定項目財務可行與否的主要指標，不適合作為取捨方案的唯一標準。

總之，由於各項主要評價指標均超過相應標準，因此可以得出結論，201號項目基本上具有財務可行性，但是有一定風險，企業需綜合考量各方面因素，在項目的流動性和盈利性之間做出權衡，如果條件允許，可實施投資。

二、互斥項目投資決策

互斥項目是指相互關聯、互相排斥的項目，即一組項目中的各個方案彼此可以相互替代，採用其中某一項目意味著放棄其他項目。因此，互斥項目具有排他性。

互斥項目投資決策是指在每一個入選方案已具備財務可行性的前提下，利用具體決策方法比較各方案的優劣，利用評價指標從各個備選方案中最終選出一個最優方案的過程。

對於互斥項目，要根據項目計算期和原始投資額的不同情況，選用不同的方法進行決策。

(一) 項目計算期相同的互斥項目投資決策

計算期相同說明項目的各項評價指標在時間維度上是具有可比性的，原始投資則

影響項目在資金規模上的可比性。

1. 原始投資相同

如果項目的原始投資額相同，那麼採用淨現值法、獲利指數法和內含報酬率法會得到相同的結論。

【例 5-17】某固定資產投資項目需要原始投資 300 萬元，有 A、B、C、D 四個相互排斥的備選方案可以選擇，各方案的淨現值及獲利指數如表 5-13 所示。

表 5-13　　　　　　　　　　淨現值及獲利指數表

評價指標	A	B	C	D
淨現值(萬元)	295	116	225	193
獲利指數	1.983	1.387	1.75	1.643

要求：對互斥項目做出投資決策。

分析：四個方案的淨現值均大於 0，獲利指數大於 1，都具有財務可行性。將四個項目按淨現值大小排列的結果是：A≥C≥D≥B；按獲利指數大小排列的結果是：A≥C≥D≥B。

兩個評價指標得出的結論一致，項目 A 為最優方案。

2. 原始投資不同

如果項目的原始投資額規模不同，各種評價指標之間就可能得出相互矛盾的結論。在沒有資金限量的情況下，本著使企業獲得最大利益的原則，應選用淨現值最高的項目。在實際應用中可採用以下兩種具體的方法：

（1）逐一計算並比較淨現值。分別計算每個項目的淨現值，然後進行比較，做出決策。

【例 5-18】A、B 是計算期相同的兩個互斥項目。A 項目原始投資現值為 450 萬元，淨現值 90 萬元；B 項目原始投資現值為 200 萬元，淨現值 50 萬元。

要求：計算兩個方案的獲利指數並將其與淨現值指標相比較，做出投資決策。

分析：本例中的獲利指數不能直接根據定義式得出，但可推導計算。

由於淨現值＝營運期各年現金淨流量的現值合計÷原始投資的現值合計

　　　　＝（原始投資的現值合計+淨現值）÷原始投資的現值合計

項目 A 的獲利指數＝（450+90）÷450＝1.2

項目 B 的獲利指數＝（200+50）÷200＝1.25

A 項目的淨現值 90 萬元，高於 B 項目的淨現值 50 萬元，在淨現值法下，A 項目勝出；但是 A 項目的獲利指數為 1.2，低於 B 項目的獲利指數 1.25，在獲利指數法下 B 項目勝出。這種相互矛盾的結論是由於原始投資規模不同造成的。A 項目的資本規模比較大，投資效益較好，創造的財富更多；而 B 項目由於投資規模較小，創造的財富也較少，但是投資效率更高。除非企業有足夠的機會對項目進行反覆投資（現實生活中很難做到），否則應該按淨現值法進行決策。

綜上所述，企業應選擇淨現值更大的 A 方案。

（2）差量分析法。由於項目計算期相同，可以採用差量分析法，只對兩個方案各期的現金流量差額（Δ現金淨流量）進行分析，計算淨現值的差量（Δ淨現值），並選擇「Δ淨現值」大於0的項目。顯然，對於只有兩個備選方案的互斥項目，這種方法更加簡便。

【例5-19】沿用例5-4的資料，對甲公司編號為301的固定資產更新改造項目進行決策，假設資本成本率為10%。

分析：新舊設備的可使用年限都是5年，可採用差量分析法，各年Δ現金淨流量見表5-14。

表5-14　　　新舊設備各年現金流量的差量（新設備－舊設備）　　　單位：萬元

年限	第0年	第1年	第2年	第3年	第4年	第5年
Δ現金流量表	－75	21.5	21.5	21.5	21.5	26.5

$$\Delta 淨現值 = 21.5 \times (P/A, 10\%, 4) + 26.5 \times (P/F, 10\%, 5) - 75$$
$$= 21.5 \times 3.169,9 + 26.5 \times 0.620,9 - 75$$
$$= 84.606,7 - 75$$
$$= 9.606,7（萬元）$$

Δ淨現值大於0，說明固定資產更新后，將使淨現值增加9.606,7萬元，故應進行更新。

當然，也可以分別計算新舊固定資產的淨現值再進行比較，結論是相同的，但差量分析法可以少計算一次淨現值，減少工作量。

(二) 項目計算期不同的互斥項目投資決策

在現實的經濟生活中，備選方案的項目計算期並不總是相同的，從而使互斥項目的投資決策變得更加複雜。

1. 直接使用淨現值法得出錯誤結論

如果項目的計算期不同，它們的淨現值等指標就不具有可比性，不能直接進行比較。比如固定資產的更新改造，多數情況下，新設備的使用年限要長於舊設備，此時的固定資產更新決策就演變成計算期不同的互斥項目的選擇問題。下面的例題能夠解釋為什麼直接比較壽命不同的淨現值會得出錯誤的結論。

【例5-20】假設甲公司301號項目新設備的使用壽命為10年（而不是5年），每年的銷售收入為81萬元，其他條件沿用例5-4的資料，資本成本為10%。試對該固定資產更新改造項目進行決策。

分析：先分別確定新舊方案的現金流量，然後再計算各自的淨現值。

①新舊設備的初始現金流量：新設備的原始投資額為105萬元，舊設備的初始投資額為30萬元的變價淨收入。

②計算新舊設備的年折舊額，然後測算各年營業現金流量。

新設備年折舊額＝（105－5）÷10＝10（萬元）

舊設備年折舊額＝30÷5＝6（萬元）

無論是新設備還是舊設備，各年的收入、成本均穩定不變，因此各年營業現金流量相同，見表5-15。

新舊設備的終結現金流量：新設備終結現金淨流量為設備淨殘值5萬元，舊設備終結現金流量為0。

③兩個方案各年全部現金流量見表5-16。

表5-15　　　　　　　　　　各年營業現金流量　　　　　　　　　單位：萬元

項目	新設備	舊設備
銷售收入（1）	81	51
付現成本（2）	55	35
折舊（3）	10	6
稅前利潤（4）=（1）-（2）-（3）	16	10
所得稅25%（5）	4	2.5
稅后利潤（6）	12	7.5
營業現金淨流量（7）=（1）-（2）-（5）=（3）+（6）	22	13.5

表5-16　　　　　　　　　　新舊設備的現金流量　　　　　　　　　單位：萬元

項目	新設備			舊設備	
	第0年	第1-9年	第10年	第0年	第1-5年
原始投資	-105			-30	
營業現金淨流量		22	22		13.5
終結現金流量			5		
現金淨流量	-105	22	27	-30	13.5

④分別計算新舊設備的淨現值並進行比較。

新設備的淨現值 = 22×（P/A，10%，9）+27×（P/F，10%，10）-105

　　　　　　　 = 22×5.759+27×0.385,5-105

　　　　　　　 = 137.106,5-105

　　　　　　　 = 32.106,5（萬元）

舊設備的淨現值 = 13.5×（P/A，10%，5）-30

　　　　　　　 = 13.5×3.790,8-30

　　　　　　　 = 51.175,8-30

　　　　　　　 = 21.175,8（萬元）

顯然，新設備的淨現值更大，因此很容易得出應更新設備的結論，但其實這個結論是錯誤的。這是因為，新設備的淨現值雖然較大，但是它是在10年的期間內創造的，而舊設備的淨現值雖然較小，卻只需用5年的時間。使用壽命的不同，使直接比較新舊設備的淨現值難以做出正確的決策。

2. 用最小公倍壽命法或年均淨現值法做出正確選擇

要判斷不同項目的優劣，所使用的評價指標應在方案之間具有可比性。如果採用適當方法將淨現值進行一定處理，使其在相同的期間內進行比較，就可以解決項目計

算期不同的互斥項目的投資決策問題了。可以採用的方法有最小公倍壽命法和年均淨現值法。

(1) 最小公倍壽命法。最小公倍壽命法又稱項目複製法，是將兩個方案使用壽命的最小公倍數作為比較期間，並假定兩個方案在這個比較區間內進行多次重複投資，將各自多次投資的淨現值進行比較的分析方法。

【例5-21】沿用【例5-20】的資料，用最小公倍壽命法做出決策。

分析：例5-20中，新舊設備的最小公倍數是10年。在這個共同期間內，新設備壽命較長，只能完成一個週期，並實現淨現值32.106,5萬元。而舊設備則可以完成兩個週期：第一個週期中，舊設備折算到第1年年初的淨現值為21.175,8萬元；在第6年年初，假設可以按照現在的變現價值30萬元重新購置一臺同樣的舊設備進行第二次投資，並獲得與第一個週期相同的淨現值，只是第二個週期的淨現值是相對於第6年年初而言的，還需將其折算到第1年年初，如圖5-7所示。

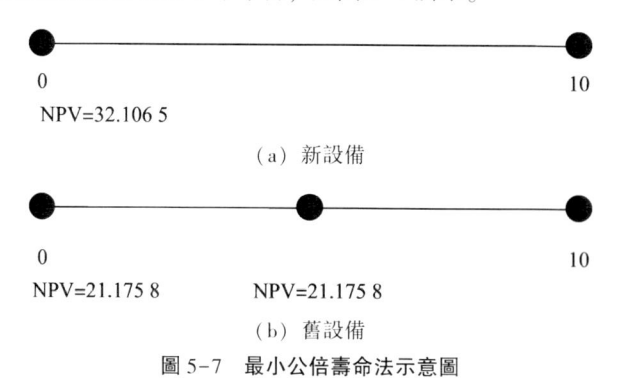

圖5-7 最小公倍壽命法示意圖

因此，使用新設備和舊設備的淨現值分別為：

新設備的淨現值 = 32.106,5 萬元

舊設備的淨現值 = 21.175,8 + 21.175,8 × (P/F, 10%, 5)

　　　　　　　 = 21.175,8 + 21.175,8 × 0.620,9

　　　　　　　 = 34.323,9（萬元）

可見，繼續使用舊設備的淨現值比使用新設備的淨現值高出了2.217,4 (34.323,9-32.106,5) 萬元，所以應該繼續使用舊設備。

最小公倍壽命法的優點是易於理解，缺點是計算比較麻煩。當不同方案之間的壽命期相差很大時，按最小公倍數所確定的計算期就可能很長。假定有三個互斥項目的壽命期分別為6年、11年和15年，那麼它們的最小公倍數就是330年，顯然考慮這麼長時間內的重複計算既複雜又無必要。這時，可以使用年均淨現值法。

(2) 年均淨現值法。年均淨現值法是把投資項目在壽命期內總的淨現值轉化為每年的平均淨現值並進行比較分析的方法。其計算公式為：

$$年均淨現值（ANPV）= \frac{淨現值}{年金現值系數} \tag{5-14}$$

計算年均淨現值，其實就是把本已折算到0期的淨現值再化整為零轉化為年金，

如圖 5-8 所示。

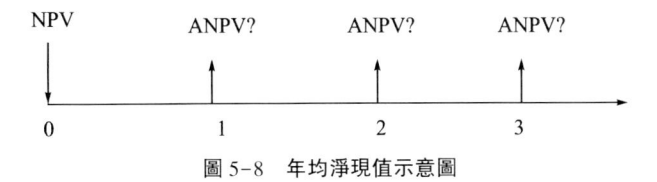

```
    NPV         ANPV?       ANPV?       ANPV?
     │            ↑           ↑           ↑
     ↓            │           │           │
─────┼────────────┼───────────┼───────────┼─────→
     0            1           2           3
```

圖 5-8　年均淨現值示意圖

當共同的比較期間無限延長時，每一個項目都可以在壽命期滿後進行再投資，循環往復直至無窮，於是壽命不同的方案之間的比較就變成了永續年金之間的比較，即年均淨現值最大的方案為最佳方案。

【例 5-22】沿用例 5-20 的資料，採用年均淨現值法做出決策。

新設備的年均淨現值（ANPV）= 32,106.5 ÷（P/A，10%，10）
　　　　　　　　　　　　　　= 32,106.5 ÷ 6,144.6
　　　　　　　　　　　　　　= 5,225.2（萬元/年）

舊設備的年均淨現值（ANPV）= $\dfrac{21,175.8}{(P/A,10\%,5)}$

　　　　　　　　　　　　　　= $\dfrac{21,175.8}{3,790.8}$

　　　　　　　　　　　　　　= 5,586.1（萬元/年）

從計算結果可知，舊設備的年均淨現值更高，應繼續使用舊設備。可見，用年均淨值法得出的結論與最小公倍壽命法一致。

由年均淨現值法的原理還可以推導出年均成本法。當兩個方案的未來收益相同，但準確數字不好估計時，可以比較年均成本，並選取年均成本最小的項目。年均成本法是把項目的總現金流出轉化為年平均現金流出值，其計算公式為：

$$\text{平均成本（AC）} = \dfrac{\text{項目總成本的現值}}{\text{年金現值係數}}$$

三、組合或排隊項目投資決策

如果一組項目既不相互獨立，又不相互排斥，而是可以實現互相組合或排隊，則這些項目被稱為組合或排隊項目。在對組合或排隊項目進行決策時，除了要求首先評價所有方案的財務可行性，淘汰不具有財務可行性的方案外，之後還需要反覆衡量和比較不同組合條件下有關評價指標的大小，從而做出最終決策。

組合排隊項目投資決策的主要依據，就是能否在充分利用資金的前提下，獲得盡可能多的淨現值總量，採用的具體方法取決於資金總量及各項目之間的組合是否受限制。

（一）資金總量不受限制，且各個投資項目可任意組合排隊

在這種情況下，只要淨現值非負的項目，都是可以接受的。按每一項目的淨現值大小排隊，可以確定優先考慮的項目順序。

【例5-23】A、B、C、D、E五個投資項目為非互斥方案，有關原始投資額、淨現值和獲利指數數據見表5-17。

表5-17　　　　　　　　　　　　　項目投資資料

投資項目	原始投資(萬元)	淨現值(萬元)	獲利指數(萬元)
A	240	134	1.558
B	300	159	1.53
C	600	222	1.37
D	250	42	1.168
E	200	36	1.18

要求：在投資總額不受限制的條件下，進行多方案組合的決策。

分析：由於投資總額不受限制，各項目又是可以任意組合的非互斥方案，因此只要淨現值不是負數就可以接受。顯而易見，五個項目都符合條件，所需的投資總額是各項目原始投資的合計數。

投資總額＝240+300+600+250+200＝1,590（萬元）

雖然五個項目都能夠接受，但它們對企業的貢獻是不一樣的，因此還需按淨現值大小排隊，以便確定優先考慮的順序，見表5-18。

根據排隊的結果，最優順序為：C、B、A、D、E。

表5-18　　　　　　　　投資項目淨現值排序　　　　　　　　單位：萬元

投資項目	原始投資	淨現值
C	600	222
B	300	159
A	240	134
D	250	42
E	200	36

(二)　存在資本限額

資本限額是指企業可用於投資的資金總量的上限。在前面各例中，投資所需的資金總量是沒有限制的，也就是說，只要項目本身可行，企業就可以進行投資，不需要考慮資本限額的問題。但是事實上，很多公司都會受到資本限額的約束，特別是那些以內部融資為經營策略或外部融資受到限制的企業，即使有很多獲利項目可供投資，但企業無法籌集到足夠的資金，因而不能投資於所有可接受的項目。

當存在資本限額時，對組合排隊項目進行投資決策就不能簡單地按單一項目的淨現值大小排序篩選，而是需從整體出發，選擇淨現值合計數最大的投資組合，使企業獲得最大利益。可以採用的方法有兩種：淨現值法和加權平均獲利指數法。

1. 淨現值法

採用淨現值法對組合排隊項目投資進行決策，不僅要計算每個單一項目的淨現值，而且要比較各個可能組合的淨現值，只有淨現值合計數最大的投資組合才是最優組合，

具體步驟如下：

第一步，列出每個項目的原始投資額並計算淨現值，排除淨現值小於 0 的項目。

第二步，如果第一步篩選留下的項目可以任意組合排隊，並且資本限額能夠滿足所有可接受的項目，則決策過程完成，否則進入下一步。

第三步，對所有留下來的項目在資本限額內進行各種可能的組合，然后計算出每種可能組合的淨現值合計數。

第四步，接受淨現值合計數最大的投資組合。

2. 加權平均獲利指數法

對組合排隊項目投資進行決策不能僅以單一項目的獲利指數為依據，而是要比較各個可能組合的加權平均獲利指數，並選擇加權平均獲利指數最大的投資組合。由於各項目是在資本限額之內進行各種可能的組合，這就意味著不同組合的初始投資總額（即資本限額）總是相同的，因此，採用加權平均獲利指數法可以得到與淨現值法一致的結論，其步驟如下：

第一步，列出每個項目的原始投資額並計算獲利指數，排除獲利指數小於 1 的項目。

第二步，如果第一步篩選留下的項目可以任意組合排隊，並且資本限額能夠滿足所有可接受的項目，則決策過程完成，否則進入下一步。

第三步，對所有留下的項目在資本限額內進行各種可能的組合，然后計算出每種可能組合的加權平均獲利指數。

第四步，接受加權平均獲利指數最大的投資組合。

【例 5-24】沿用例 5-23 的資料，但是假設投資總額的資金總量限定為 800 萬元，其他條件相同，各項目按淨現值和獲利指數的排序結果見表 5-19。

表 5-19　　　　　　　　投資項目淨現值和獲利指數排序

投資項目	原始投資(萬元)	淨現值(萬元)	獲利指數
A	240	134（3）	1.558（1）
B	300	159（2）	1.530（2）
C	600	222（1）	1.370（3）
D	250	42（4）	1.168（4）
E	200	36（5）	1.180（5）

要求：分別採用淨現值法和加權平均獲利指數法選擇最優投資組合。

分析：本例屬於資本限額為 800 萬元條件下的多項目組合決策。如果只考慮個別項目淨現值的大小，應首選淨現值排序第一的 C，然后在資本限額內就只能是 E 與之組合，CE 組的淨現值合計為 258 萬元；若按獲利指數的大小選取，則應首先鎖定獲利指數最高的 A、B，然后在資本限額內由 E 與之組合，ABE 組合的淨現值合計為 329 萬元。其實這兩種選擇都是錯誤的，上述兩個組合都沒有 ABD 組合的淨現值（335 萬元）大。可見，要找到最優投資組合，只考慮個別項目的淨現值或獲利指數是行不通的，而是需從整體出發，比較各組合淨現值合計數或加權平均獲利指數。

（1）淨現值法。五個項目的淨現值均大於0，並且可以任意組合，如果全部接受所需的資金為1,590萬元，顯然超出了800萬元的資本限額。因此需在資本限額內對五個項目進行各種可能的組合，並分別計算出淨現值合計數，然後選出最優組合。

由窮舉法可知，五個項目所有可能的投資組合共有31種，其中經過篩選符合資本限額條件的有16個，分別是：A，AB，AD，AE，ABD，ABE，ADE，B，BD，BE，BDE，C，CE，D，DE，E。

很明顯，上列投資組合中，ABD組合優於A、B、D、AB、AD、BD等組合，ABE組合優於E、AE、BE等組合，ADE、BDE組合優於DE組合，CE組合則優於C。經過此輪篩選，符合條件的組合只留下5個：ABD、ABE、ADE、BDE、CE。下面列表（見表5-20）計算出這五個備選組合的淨現值合計並排序。

表5-20　　　　　　　　　　　投資組合淨現值合計計算表　　　　　　　　　　　單位：萬元

投資項目	原始投資	淨現值合計	優先級排序
ABD	240+300+250=790	134+159+42=335	（1）
ABE	240+300+200=740	134+159+36=329	（2）
ADE	240+250+200=690	134+42+36=212	（5）
BDE	300+250+200=750	159+42+36=237	（4）
CE	600+200=800	222+36=258	（3）

從表5-20可以看出，ABD是最優的投資組合，其淨現值合計為335萬元，項目C雖然是淨現值最高的單一項目，但卻並不屬於最優組合。

（2）加權平均獲利指數法。在計算加權平均獲利指數時需注意的是，有時候一個投資組合所需的原始投資總額並不是剛好等於資本限額。如本例中，只有CE組合所需資金正好等於800萬元的資本限額，而ABD組合需要的資金是790萬元，比限定的標準低10萬元；ABE、ADE、BDE組合也都各自有一部分資金沒有用完。在這種情況下，一般假設這些剩餘的資金可投資於有價證券，獲利指數為1。

根據前面的篩選結果可知，符合條件的組合為ABD、ABE、ADE、BDE、CE。各組合的加權平均獲利指數計算如下：

ABD組合的加權平均獲利指數 $= \frac{240}{800} \times 1.558 + \frac{300}{800} \times 1.53 + \frac{250}{800} \times 1.168 + \frac{10}{800} \times 1.00 = 1.419$

ABE組合的加權平均獲利指數 $= \frac{240}{800} \times 1.558 + \frac{300}{800} \times 1.53 + \frac{200}{800} \times 1.18 + \frac{60}{800} \times 1.00 = 1.411$

ADE組合的加權平均獲利指數 $= \frac{240}{800} \times 1.558 + \frac{250}{800} \times 1.168 + \frac{200}{800} \times 1.18 + \frac{110}{800} \times 1.00 = 1.265$

BDE組合的加權平均獲利指數 $= \frac{300}{800} \times 1.53 + \frac{250}{800} \times 1.168 + \frac{200}{800} \times 1.18 + \frac{50}{800} \times 1.00$

= 1.296

CE 組合的加權平均獲利指數 = $\frac{600}{800} \times 1.37 + \frac{200}{800} \times 1.18 = 1.323$

將計算結果排序並列入表5-21。

表5-21　　　　　　　　投資組合加權平均獲利指數排序

投資組合	原始投資(萬元)	加權平均獲利指數	優先級排序
ABD	790	1.419	(1)
ABE	740	1.411	(2)
ADE	690	1.265	(5)
BDE	750	1.296	(4)
CE	800	1.323	(3)

可見，用加權平均獲利指數法得出的結論與淨現值法完全一致，即ABD是最優的投資組合，其淨現值合計數為335萬元。

(三) 各個投資項目不能任意組合排隊

在某些情況下，各項目在進行組合或排隊時會受到一定制約，導致項目之間不能實現任意組合，如存在先決方案、互補方案或不完全互斥方案等。這時就需要先把存在矛盾的組合剔除掉，然後再利用淨現值法或加權平均獲利指數法進行選擇。

【例5-25】沿用【例5-23】的資料，假設五個項目中，B與C互斥，D與E互斥，資本限額仍為800萬元，其他數據不變。

要求：選擇最優投資組合。

分析：根據【例5-24】的分析結果，允許任意組合下的備選方案為五種：ABD、ABE、ADE、BDE、CE。現在由於B與C互斥、D與E互斥，其中的ADE、BDE兩個組合就被篩選掉了，只剩下ABD、ABE、CE三個備選組合。顯然，ABD仍是最優組合。

本章小結

項目投資是一種以特定項目為對象直接與新建項目或更新改造項目有關的長期投資行為。它與其他形式的投資相比，具有投資金額大、投資週期長、變現能力差和投資風險高等特點。工業企業投資項目主要包括新建項目和更新改造項目兩類。項目投資資金的投入方式通常有集中性一次投入和分次投入。企業項目投資決策的指標通常有貼現和非貼現現金流量指標。貼現指標是指考慮貨幣時間價值的指標，主要包括淨現值、內含報酬率、淨現值率和現值指數等。非貼現指標是指不考慮貨幣時間價值的指標，主要包括投資回收期和平均報酬率。計算這些指標的基礎是現金流量，它主要由初始現金流量、營業現金流量和終結點現金流量三部分內容構成。項目投資決策指標通常運用於完整工業項目投資決策、固定資產更新決策、資本限量決策、投資開發時機決策和項目週期不等決策等決策中。

思考題

1. 什麼是項目投資？有何特點？
2. 簡述項目投資總額、原始總投資、建設投資的含義以及這三者之間的數量關係。
3. 簡述投資項目現金流量的構成。
4. 項目投資決策的指標有哪些？如何計算？其各自的優缺點是什麼？
5. 項目投資決策指標在實際工作中如何應用？

自測題

一、單項選擇題

1. 與投資項目建設期長短、現金流量的大小都無關的指標是（　　）。
   A. 投資收益率　　B. 內部收益率　　C. 淨現值率　　D. 投資回收期

2. 互斥方案比較決策中，原始投資額不同，項目計算期也不相同的多方案比較決策，適合採用的評價方法是（　　）。
   A. 淨現值法　　　　　　　　B. 淨現值率法
   C. 差額投資內部收益率法　　D. 年等額淨回收額法

3. 如果一個投資項目的投資額為5,000萬元，建設期為1年，投產後1至5年的每年淨現金流量為800萬元，第6至10年的每年淨現金流量為900萬元，則該項目包括建設期的靜態投資回收期為（　　）年。
   A. 6.11　　B. 7　　C. 8.11　　D. 7.11

4. 某投資項目於建設期初一次投入原始投資400萬元，建設期為0，獲利指數為1.35。則該項目淨現值為（　　）萬元。
   A. 540　　B. 140　　C. 100　　D. 200

5. 某公司正在考慮處理一臺閒置設備。該設備原購入價100,000元，稅法規定的殘值率為5%，已提折舊90,000元；目前可以按5,000元的價格賣出。若該公司適用的所得稅稅率為25%，則處置該設備產生的現金流量為（　　）。
   A. 5,000元　　B. 3,750元　　C. 6,250元　　D. 10,000元

6. 某投資項目建設期1年，經營期5年，經營期初墊付流動資金150萬元，固定資產投資1,000萬元，預計殘值率10%，年營業收入2,000萬元，經營成本1,500萬元，所得稅稅率25%，採用直線法計提折舊，預計報廢收入與殘值相等。則該項目經營期第5年現金淨流量為（　　）。
   A. 240萬元　　B. 420萬元　　C. 520萬元　　D. 670萬元

7. 某公司在對一個項目進行研發時，2006年已投資1,000萬元用於研製，結果研製失敗；2007年再次投資500萬元，但仍沒成功，隨后擱置。現經過論證，認為如果再繼續投資2,000萬元，應當有成功的把握，則研製成功后至少取得收入（　　）才能進行第三次投資。

A. 3,500萬元　　B. 2,000萬元　　C. 2,500萬元　　D. 1,500萬元

8. 某項目經營期為10年，預計投產第一年初流動資產需用額為50萬元，預計投產第一年流動負債為15萬元，投產第二年初流動資產需用額為80萬元，預計第二年流動負債為30萬元，預計以後各年的流動資產需用額均為80萬元，流動負債均為30萬元，則該項目終結點一次回收的流動資金為（　　）。

　　A. 35萬元　　　B. 15萬元　　　C. 95萬元　　　D. 50萬元

9. 在下列評價指標中，屬於靜態反指標的是（　　）

　　A. 內部收益率　B. 淨現值　　C. 靜態投資回收期　D. 投資收益率

10. 企業為使項目完全達到設計生產能力、開展正常經營而投入的全部現實資金是（　　）。

　　A. 建設投資　　B. 原始投資　　C. 項目總投資　　D. 現金流量

11. 對一投資項目分別計算投資收益率與淨現值，發現投資收益率小於行業基準投資收益率但淨現值大於0，可以斷定（　　）。

　　A. 該方案不具備財務可行性　　　B. 該方案基本具備財務可行性
　　C. 需要進一步計算淨現值率再作判斷　D. 以上說法都不正確

二、多項選擇題

1. 對於項目投資，下列表述正確的有（　　）。

　　A. 資金成本越高，淨現值越高
　　B. 資金成本等於內部收益率時，淨現值為零
　　C. 資金成本高於內部收益率時，淨現值為負數
　　D. 資金成本越低，淨現值越高

2. 對內部收益率有影響的有（　　）。

　　A. 資金成本　　　　　　　　B. 投資項目有效年限
　　C. 原始投資額　　　　　　　D. 投資項目的現金流量

3. 某企業擬按15%的期望投資報酬率進行一項固定資產投資決策，所計算的淨現值指標為100萬元，貨幣時間價值為8%。假定不考慮通貨膨脹因素，下列表述中不正確的有（　　）。

　　A. 該項目的現值指數小於1　　B. 該項目的內部收益率小於8%
　　C. 該項目的風險報酬率為7%　　D. 該企業不應進行此項投資

4. 關於項目投資，下列說法錯誤的有（　　）。

　　A. 經營成本中包括折舊但不包括利息費用
　　B. 估算經營稅金及附加時需要考慮增加的增值稅
　　C. 維持營運投資指礦山等行業為維持正常經營需要在營運期投入的流動資產投資
　　D. 調整所得稅等於稅前利潤與適用的所得稅稅率的乘積

5. 在計算現金流量時，為了防止多算或少算有關內容，需要注意的問題有（　　）。

  A. 必須考慮現金流量的增量　　　　B. 充分關注機會成本
  C. 要考慮沉沒成本因素　　　　　　D. 盡量利用現有的會計利潤數據
 6. 獨立方案存在的前提條件是（　　）。
  A. 投資資金來源沒有限制
  B. 投資方案所需的人力、物力均能得到滿足
  C. 投資資金存在優先使用的排列
  D. 每一方案是否可行，僅取決於本方案的經濟效益，與其他方案無關
 7. 對於投資決策指標優缺點的表述中正確的有（　　）。
  A. 靜態投資回收期缺點是沒有考慮資金時間價值因素和回收期以後的現金流量
  B. 內部收益率的優點是既可動態反應投資項目的實際收益水平又不受基準收益率的影響
  C. 淨現值率的缺點是無法直接反應投資項目的實際收益率
  D. 投資收益率的缺點是無法直接利用淨金流量信息
 8. 關於投資決策中淨現值法的表述中正確的有（　　）。
  A. 體現了流動性與收益性的統一
  B. 可用於多個互斥方案的比較
  C. 不能從動態的角度直接反應投資項目的實際收益水平
  D. 考慮了資金時間價值，但沒有考慮投資的風險性
 9. 項目總投資包括的內容有（　　）。
  A. 建設投資　　B. 流動資金投資　　C. 經營成本　　D. 資本化利息
 10. 一投資項目的獲利指數為1.5，下列表述正確的有（　　）。
  A. 項目淨現值大於0
  B. 淨現值率等於0.5
  C. 內含報酬率大於計算獲利指數時設定的折現率
  D. 項目投資回收期小於設定的基準回收期

三、判斷題

 1. 在獨立方案中，如果一個項目的內部收益率大於基準折現率，投資收益率低於基準投資收益率，則可以斷定該項目基本具有財務可行性。（　　）
 2. 在固定資產售舊購新決策中，舊設備的變現價值是繼續使用舊設備的機會成本。（　　）
 3. 在不考慮時間價值的前提下，可以得出投資回收期越短則投資的獲利能力越強的結論。（　　）
 4. 在項目投資決策時，經營期計入財務費用的利息費用不屬於現金流出量的內容，但在計算固定資產原值時，必須考慮建設期資本化利息。（　　）
 5. 同一項固定資產，如果採用加速折舊法計提折舊，則計算出來的淨現值比採用直線折舊法計算出來的淨現值要小。（　　）

四、計算題

1. 甲企業打算購入一個新設備，以替換目前使用的舊設備。新設備的投資額為 25,000 元，不需安裝，可使用五年，使用新設備每年的營業收入 9,000 元，營業成本 3,500 元。

舊設備尚可使用 5 年，目前折余價值為 14,000 元，如立刻變賣可取得 12,000 元變價淨收入。

繼續使用舊設備每年的營業收入 6,000 元，營業成本 4,000 元。5 年後新設備淨殘值比舊設備淨殘值多 1,000 元。新舊設備均採用直線法計提折舊，甲企業適用的所得稅稅率為 25%，行業基準折現率為 8%。

要求：

(1) 計算更新設備比繼續使用舊設備增加的投資額；
(2) 計算因舊設備提前報廢發生淨損失而抵減的所得稅額；
(3) 計算經營期因更新設備每年增加的折舊；
(4) 計算項目計算期起點的所得稅後差量淨現金流量 ΔNCF_0；
(5) 計算經營期第 1~5 年的所得稅後差量淨現金流量 $\Delta NCF_1 - \Delta NCF_5$；
(6) 計算差額投資內部收益率 ΔIRR，判斷是否應該更新設備。

2. 某投資項目需固定資產投資 600 萬元，開辦費投資 80 萬元。固定資產和開辦費投資於建設起點一次投入，建設期 1 年，發生建設期資本化利息 100 萬元。該項目營運期 10 年，到期淨殘值 50 萬元。預計投產後每年增加營業收入 350 萬元，每年增加經營成本 200 萬元。開辦費在投產當年一次性攤銷完畢。所得稅稅率為 30%，直線法計提折舊，行業基準折現率為 10%，基準投資收益率 9%。

要求：

(1) 計算該項目各個時間點的所得稅後淨現金流量；
(2) 分別計算該項目所得稅後的淨現值、淨現值率、獲利指數、內部收益率；
(3) 分別計算該項目的所得稅後不包括建設期的投資回收期、包括建設期的投資回收期、投資收益率；
(4) 根據 2、3 問的結果判斷該項目的財務可行性。

3. 某公司準備投資一個項目，為此投資項目計劃按 40% 的資產負債率融資，固定資產原始投資額為 1,000 萬元，當年投資當年完工投產。負債資金通過發行公司債券籌集，期限為 5 年，利息分期按年支付，本金到期償還，發行價格為 100 元/張，面值為 95 元/張，票面年利率為 6%；權益資金通過發行普通股籌集。該項投資預計有 5 年的使用年限，該方案投產後預計銷售單價 50 元，單位變動成本 35 元，每年經營性固定付現成本 120 萬元，年銷售量為 50 萬件。預計使用期滿有殘值為 10 萬元，採用直線法提折舊。該公司適用的所得稅稅率為 33%，該公司股票的 β 係數為 1.4，股票市場的平均收益率為 9.5%，無風險收益率為 6%。（折現率小數點保留到 1%）

要求：

(1) 計算債券年利息。

(2) 計算每年的息稅前利潤。
(3) 計算每年的息稅後利潤和淨利潤。
(4) 計算該項目每年的淨現金流量。
(5) 計算該公司普通股的資金成本、債券的資金成本和加權平均資金成本（按帳面價值權數計算）。
(6) 計算該項目的淨現值（以加權平均資金成本作為折現率）。

第六章　營運資金管理

學習目的

(1) 瞭解營運資金的概念，理解營運資金政策；
(2) 掌握最佳現金持有量的確定方法，瞭解現金日常管理的內容；
(3) 掌握應收帳款信用政策決策方法，理解應收帳款日常管理的內容；
(4) 掌握確定經濟訂貨量的基本模型及其相關拓展，瞭解存貨日常管理的內容。

關鍵術語

最佳現金餘額　信用政策　經濟訂貨量

導入案例

時代電腦公司是1980年成立的，它主要生產小型及微型處理電腦，其市場目標主要定位於小規模公司和個人。該公司生產的產品質量優良，價格合理，在市場上頗受歡迎，銷路很好，因此該公司也迅速發展壯大起來，由起初只有幾十萬資金的公司發展為擁有上億元資金的公司。但是到了20世紀90年代末期，該公司有些問題開始呈現出來：該公司過去為擴大銷售，占領市場，一直採用比較寬鬆的信用政策，客戶拖欠的款項數額越來越大，時間越來越長，嚴重影響了資金的週轉循環，公司不得不依靠長期負債及短期負債籌集資金。最近，主要貸款人開始不同意進一步擴大債務，所以公司經理非常憂慮。假如現在該公司請你做財務顧問，協助他們改善財務問題。

財務人員將有關資料整理如下：

(1) 公司的銷售條件為「2/10，N/90」，約半數的顧客享受折扣，但有許多未享受折扣的顧客延期付款，平均收帳期約為60天。2001年的壞帳損失為500萬元，信貸部門的成本（分析及收帳費用）為50萬元。

(2) 如果改變信用條件為「2/10，N/30」，那麼很可能引起下列變化：

①銷售額由原來的1億元降為9,000萬元；②壞帳損失減少為90萬元；③信貸部門成本減少至40萬元；④享受折扣的顧客由50%增加到70%（假定未享受折扣的顧客也能在信用期內付款）；⑤由於銷售規模下降，公司存貨資金占用將減少1,000萬元；⑥公司銷售的變動成本率為60%；⑦資金成本率為10%。

作為財務顧問你該如何進行決策？

第一節　營運資金管理概述

一、流動資產的概念及其分類

(一) 流動資產的概念

流動資產（Current Assets）是指企業可以在一年或者超過一年的一個營業週期內變現或者運用的資產，是企業資產中必不可少的組成部分。流動資產在週轉過渡中，從貨幣形態開始，依次改變其形態，最後又回到貨幣形態（貨幣資金→儲備資金、固定資金→生產資金→成品資金→貨幣資金），各種形態的資金與生產流通緊密結合，週轉速度快，變現能力強。加強對流動資產業務的審計，有利於確定流動資產業務的合法性、合規性，有利於檢查流動資產業務帳務處理的正確性，揭露其存在的弊端，提高流動資產的使用效益。

(二) 流動資產的分類

與非流動資產相比，流動資產具有週轉速度快、變現能力強、財務風險小等特點。流動資產按占用的時間長短分為永久性流動資產和波動性流動資產。

1. 永久性流動資產，是指滿足企業一定時期生產經營最低需要的那部分流動資產。如企業保留的最低庫存、生產過程中的在產品等。這部分資產與固定資產相比，有兩個方面相似：一是儘管是流動資產，但投資的金額是長期性，且相對穩定；二是對一個處於成長過程的企業來說，流動資產水平與固定資產一樣會隨時間而增長。但流動資產不會像固定資產一直停留在原地，其具體形態在不斷地變化與轉換。

2. 波動性流動資產，是指隨生產的週期性或季節性需求而變化的流動資產，所以也稱臨時性流動資產。例如，產品銷售高峰期比年內其他時期要求對應收帳款和存貨做更多的投資。

二、流動負債的概念及其分類

(一) 流動負債的概念

短期負債也叫流動負債，是指將在 1 年（含 1 年）或者超過 1 年的一個營業週期內償還的債務，包括短期借款、應付票據、應付帳款、預收帳款、應付工資、應付福利費、應付股利、應交稅金、其他暫收應付款項、預提費用和一年內到期的長期借款等。

(二) 流動負債的分類

1. 按照清償手段分類

按照清償手段不同，流動負債可以分為：貨幣性流動負債和非貨幣性流動負債。

(1) 貨幣性流動負債，是指需要以貨幣資金清償的流動負債。一般包括：短期借款、應付票據、應交稅費以及非貨幣性職工薪酬以外的應付職工薪酬等。

（2）非貨幣性流動負債，是指不需要以貨幣資金清償的流動負債。一般包括：預收帳款以及其他應付款中不需要以貨幣資金清償的債務。[2]

2. 按照清償金額是否確定分類

按照清償的金額是否確定，可以分為以下三類：

（1）金額確定的流動負債，是指債權人、償還日期和需要償付的金額確定的流動負債。如：短期借款、應付票據、預收帳款以及已取得結算憑證的應付帳款等。

（2）金額視經營情況而定的流動負債，是指債權人、償還日期等確定，但其負債金額需要根據企業實際經營過程中的銷售額或營業額的實際情況確定。如：應付股利、應交稅費等。

（3）金額視或有事項是否成立而定的流動負債，是指債權人和償還日期不確定、償還金額需要根據情況估計的流動負債。如未決訴訟中的或有負債、擔保事項產生的或有負債等。

3. 按照形成的方式不同，流動負債可以分為以下三類：

（1）籌資活動形成的流動負債，是指企業向金融機構借入資金形成的流動負債。如：短期借款及應付利息等。

（2）經營活動形成的流動負債，是指企業在日常生產經營活動中形成的流動負債。如：應付帳款、應付票據、預收帳款、應交稅費、應付職工薪酬等。

（3）收益分配活動形成的流動負債，是指企業在對淨利潤進行分配過程中形成的流動負債。如：應付股利等。

三、營運資金的概念

營運資本又稱淨營運資本，是指流動資產減去流動負債後的差額。

營運資本是計量財務風險的指標，主要用來衡量企業流動資產與流動負債的對應關係。如果流動資產大於流動負債，則營運資本為正數，說明流動資產除了運用全部流動負債作資金來源外，還運用了部分長期資金，財務風險較低；如果流動資產小於流動負債，則營運資本為負數，說明流動負債除了部分用到流動資產上外，還被用到了長期資產上，出現所謂的「短債長投」，財務風險較高；如果流動資產等於流動負債，則營運資本為0，說明流動負債剛好全部用到流動資產上，形成一一對應關係，財務風險適中。

四、營運資金政策

流動資產運用何種籌資來源，取決於營運資本政策，即流動資產與流動負債的匹配關係。當營運資本減少時，公司資產的收益性上升，但流動性下降；反之，當營運資本增加時，公司資產的收益性下降，但流動性上升。因此，制定營運資本政策，需要在公司資產的流動性和收益性之間進行權衡。

研究營運資本政策，重點應考慮流動資產與流動負債之間的匹配關係。就如何安排臨時性流動資產和永久性流動資產的資金來源而言，一般可以分為配合型、激進型和穩健型策略三種。

(一) 配合型籌資策略

配合型籌資策略的特點是：對於臨時性流動資產，運用臨時性負債籌集資金滿足其資金需要；對於永久性流動資產和固定資產（統稱為永久性資產，下同），運用長期負債、自發性負債和權益資本籌集資金滿足其資金需要，如圖6-1所示。

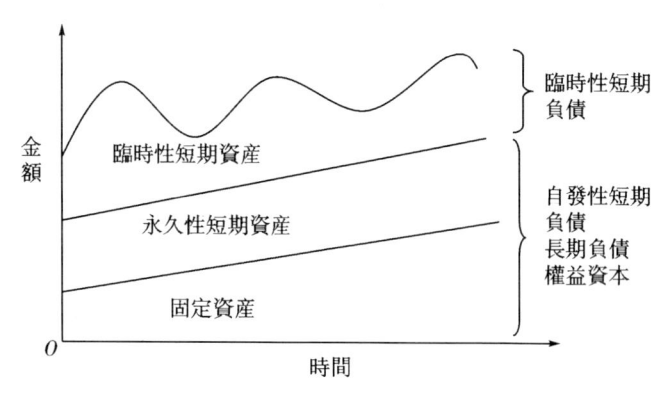

圖6-1 配合型籌資策略

配合型籌資策略要求企業臨時負債籌資計劃嚴密，實現現金流動與預期安排相一致。在季節性低谷時，企業應當除了自發性負債外沒有其他流動負債；只有在臨時性流動資產的需求高峰期，企業才舉借各種臨時性債務。

這種籌資策略的基本思想是將資產與負債的期間相配合，以降低企業不能償還到期債務的風險和盡可能降低債務的資本成本。但是，事實上由於資產使用壽命的不確定性，往往達不到資產與負債的完全配合。因此，這是一種理想的、對企業有著較高資金使用要求的營運資本政策。

(二) 激進型籌資策略

激進型籌資策略的特點是：臨時性負債不但融通臨時性流動資產的資金需要，還解決部分永久性流動資產的資金需要，如圖6-2所示。

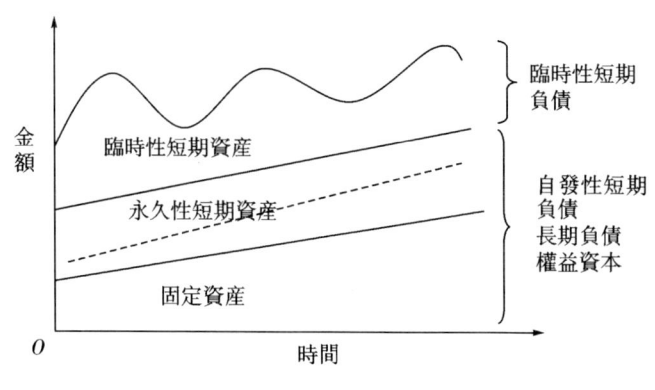

圖6-2 激進型籌資策略

由圖 6-2 可知，一方面，激進型籌資策略下臨時性負債在企業全部資金來源中所占比重大於配合型籌資策略。由於臨時性負債（如短期銀行借款）的資本成本一般低於長期負債和權益資本的資本成本，而激進型籌資策略下臨時性負債所占比重較大，所以這種策略下企業的資本成本較低。但是另一方面，為了滿足永久性資產的長期資金需要，企業必須要在臨時性負債到期後重新舉債或申請債務展期，這樣企業便會更為經常地舉債和還債，從而加大籌資困難和風險；還可能面臨由於短期負債利率的變動而增加企業資本成本的風險。所以，激進型籌資策略是一種收益性和風險性均較高的營運資本政策。

(三) 穩健型籌資策略

穩健型籌資策略的特點是：臨時性負債是融通部分臨時性流動資產的資金需要。另一部分臨時性流動資產和永久性資產，則由長期負債、自發性負債和權益資本作為資金來源，如圖 6-3 所示。

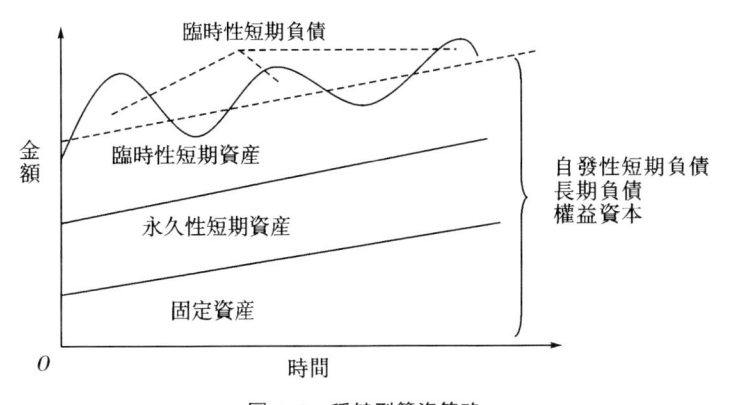

圖 6-3 穩健型籌資策略

由圖 6-3 可知，一方面，與配合型籌資策略相比，穩健型籌資策略下臨時性負債占企業全部資金來源的比例較小。這種策略下由於臨時性負債所占比重較小，所以企業無法償還到期債務的風險較低，同時蒙受短期利率變動損失的風險也較低。另一方面，卻會因長期債務資本成本高於臨時性負債的資本成本，以及經營淡季時仍需負擔長期負債利息，從而降低企業的收益。所以，穩健型籌資策略是一種風險和收益均較低的營運資本政策。

第二節　現金管理

一、現金管理的目標與內容

現金是指以貨幣形態存在的資金，包括庫存現金、各種銀行存款和其他貨幣資金。現金是流動性最強而盈利性最弱的資產。

(一) 持有現金的動機

　1. 支付性動機

　　支付性動機也稱交易性動機，是指為滿足企業日常交易需要而持有現金，如用於支付職工工資、購買原材料、繳納稅款、支付股利、償還到期債務等。企業在日常經營活動中，每天發生的現金流入量與現金流出量在數量和時間上通常都存在一定差異，因此，企業必須持有一定數量的現金才能滿足企業日常交易活動的正常進行。一般來說，滿足交易活動持有現金的數量主要取決於企業的生產經營規模，生產經營規模越大的企業，交易活動所需要的現金越多。

　2. 預防性動機

　　預防性動機是指為應付意外事件發生而持有現金，如為了應付自然災害、生產事故、意外發生的財務困難等。企業的現金流量受市場情況和企業自身的經營狀況影響較大，一般很難被準確地預測，因此，企業必須在正常的現金持有量基礎上，追加一定數量的現金以防不測。預防性現金的多少取決於以下三個因素：①企業對現金流量預測的準確程度；②企業承擔風險的意願程度；③企業在發生不測事件時的臨時籌資能力。一般來說，企業現金流量的可預測性越高，承擔風險的意願和臨時籌資能力越強，所需要的預防性現金持有量越少。

　3. 投機性動機

　　投機性動機是指為投機獲利而持有現金，如在證券市場價格劇烈波動時，進行證券投機所需要的現金；為了能隨時購買到偶然出現的廉價原材料或資產而準備的現金等。投機性現金的持有量主要取決於企業對待投機的態度以及市場上投機機會的多少。

(二) 現金的持有成本

　　現金的持有成本是指企業為了持有一定數量的現金而發生的費用以及現金發生短缺時所付出的代價。現金的成本主要由以下四個部分構成。

　1. 機會成本

　　機會成本是指企業因持有現金而喪失的再投資收益。企業持有現金就會喪失其他方面的投資收益，如不能進行有價證券投資，由此所喪失的投資收益就是現金的機會成本。它與現金的持有量成正比，持有量越大，機會成本越高。通常可以用有價證券的收益率來衡量現金的機會成本。

　2. 管理成本

　　管理成本是指企業因持有一定數量的現金而發生的管理費用，如現金保管人員的工資、保管現金發生的必要的安全措施費用等。現金的管理成本具有固定性，在一定的現金余額範圍內與現金的持有量關係不大。

　3. 轉換成本

　　轉換成本是企業用現金購入有價證券以及轉讓有價證券換取現金時付出的交易費用，即現金同有價證券之間相互轉換的成本，如委託買賣佣金、委託手續費、證券過戶費、實物交割手續費等。在現金需要量既定的前提下，現金持有量越少，證券變現的次數越多，相應的轉換成本就越大；反之，就越小。

4. 短缺成本

短缺成本是指因現金持有量不足而又無法及時通過有價證券變現加以補充而給企業造成的損失，包括直接損失與間接損失。現金的短缺成本與現金持有量呈反方向變動關係。

(三) 現金管理的目標

現金是一種非盈利性資產，現金持有量過多，會降低企業的收益；但現金持有量過低，又可能出現現金短缺，不能滿足企業生產經營需要。因此，現金管理的目標是在降低風險與增加收益之間尋求一個平衡點，在保證生產經營活動所需現金的同時，盡可能節約現金，減少現金的持有量，並將閒置現金用於投資以獲取一定的投資收益。

(四) 現金管理的內容

現金管理主要內容包括：
(1) 編製現金預算表；
(2) 確定最佳現金餘額；
(3) 現金的日常管理。

二、現金預算

現金預算是企業財務預算的一個重要組成部分，是現金管理的一個重要方法。現金預算應在對企業現金流量進行合理預測的基礎上編製，其主要目的是利用現金預算規劃現金收支活動，充分合理地利用現金，提高現金的利用效率。

現金預算可按年、月、旬或按日編製。現金預算的編製方法主要有現金收支法和調整淨收益法兩種。這裡主要介紹現金收支法。

採用現金收支法編製現金預算的步驟是：

第一步，預測企業的現金流入量。根據銷售預算和自身的生產經營情況等因素，測算預測期的現金流入量。現金流入量主要包括經營活動的現金流入量和其他現金流入量。

第二步，預測企業的現金流出量。根據生產經營的目標，預測為實現既定的經營目標所需要購入的資產、支付的費用等所要發生的現金流出量。現金流出量包括經營活動的現金流出量和其他現金流出量。

第三步，確定現金餘缺。根據預測的現金流入量與現金流出量，計算出現金淨流量，然後在考慮期初現金餘額和本期最佳現金餘額後，計算出本期的現金餘缺。

【例 6-1】使用現金收支法編製樂和公司的現金收支預算表。編製該公司現金收支預算表如表 6-1 所示。

表 6-1　　　　　　收支預算法下樂和公司的現金收支預算　　　　　　單位：萬元

序號	現金收支項目	上月實際數	本月預算數
1	現金收入		
2	營業現金收入		
3	現銷和當月應收帳款的回收		700

表6-1(續)

序號	現金收支項目	上月實際數	本月預算數
4	以前月份應收帳款的回收		400
5	營業現金收入合計		1,100
6	其他現金收入		
7	固定資產變價收入		35
8	利息收入		5
9	租金收入		50
10	股利收入		10
11	其他現金收入合計		100
12	現金收入合計（12=5+11）		1,200
13	現金支出		
14	營業現金支出		
15	材料採購支出		400
16	當月支付的採購材料支出		300
17	本月付款的以前月份採購材料支出		100
18	工資支出		100
19	管理費用支出		50
20	營業費用支出		40
21	財務費用支出		10
22	營業現金支出合計		600
23	其他現金支出		
24	廠房、設備投資支出		150
25	稅款支出		50
26	歸還債務		60
27	股利支出		60
28	證券投資		80
29	其他現金支出合計		400
30	現金支出合計（30=22+29）		1,000
31	淨現金流量		
32	現金收入減現金支出（32=12-30）		200
33	現金餘缺		
34	期初現金餘額		200
35	淨現金流量		200
36	期末現金餘額（36=34+35）		400
37	最佳現金餘額		170
38	現金多余或短缺（38=36-37）		230

現金余缺是指計劃期現金期末余額與最佳現金余額（又稱理想現金余額）相比后的差額。如果期末現金余額大於最佳現金余額，說明現金有多余，應設法進行投資或償還債務；如果期末現金余額小於最佳現金余額，則說明現金短缺，應進行籌資予以補充。期末現金余缺的計算公式為：

$$現金余缺 = 期末現金余額 - 最佳現金余額$$
$$= 期初現金余額 + (現金收入 - 現金支出) - 最佳現金余額$$
$$= 期初現金余額 + 淨現金流量 - 最佳現金余額 \quad (6-1)$$

從表 6-1 中可以看到，根據該公司的最佳現金余額，樂和公司的現金出現多余，可以考慮適當的投資計劃以增加收益。

三、最佳現金余額的確定

為了實現現金管理的目標，需要根據企業對現金的需求情況，確定最佳現金余額。確定最佳現金余額的方法很多，但常用方法有以下四種。

（一）現金週轉期模式

現金週轉期模式是從現金週轉的角度出發，根據現金的週轉速度來確定最佳現金余額。利用這一模式確定最佳現金余額，分以下三個步驟：

第一步，計算現金週轉期。現金週轉期是指企業從購買材料支付現金到銷售商品收回現金的時間。其計算公式為：

$$現金週轉期 = 平均存貨期 + 平均收款期 - 平均付款期 \quad (6-2)$$

第二步，計算現金週轉率。現金週轉率是指一年中現金的週轉次數，其計算公式為：

$$現金週轉率 = 360 / 現金週轉期$$

第三步，計算最佳現金余額。其計算公式為：

$$最佳現金余額 = 年現金需求額 / 現金週轉率$$

【例6-2】天辰公司的原材料購買和產品銷售均採用信用的方式。經測算其應付帳款的平均付款天數為 35 天，應收帳款的平均收款天數為 70 天，平均存貨期天數為 85 天，每年現金需要量預計為 360 萬元，則

現金週轉期 = 85 + 70 - 35 = 120（天）

現金週轉率 = 360 / 120 = 3（次）

最佳現金余額 = 360 / 3 = 120（萬元）

（二）成本分析模式

成本分析模式是根據現金有關成本，分析其總成本最低時現金余額的一種方法。運用成本分析模式確定現金最佳余額，只考慮因持有一定量的現金而產生的機會成本及短缺成本，而不予考慮管理費用和轉換成本。

$$機會成本 = 平均現金持有量 \times 有價證券利率（或報酬率） \quad (6-3)$$

短缺成本與現金持有量呈反方向變動關係。現金的持有成本同現金持有量之間的關係如圖 6-4 所示。

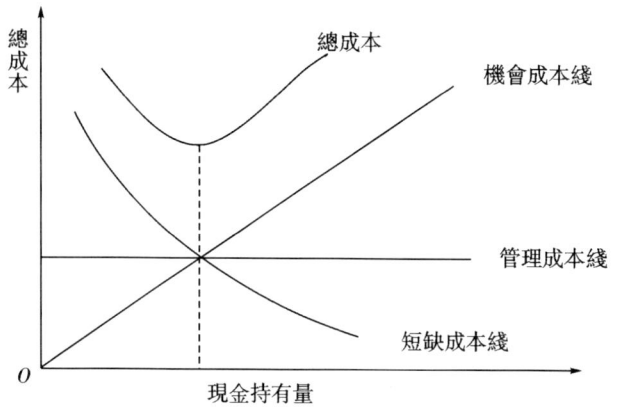

圖 6-4　成本分析模式示意圖

從圖 6-4 可以看出，由於各項成本同現金持有量的變動關係不同，使得總成本曲線呈拋物線形，拋物線的最低點，即為成本最低點，該點所對應的現金持有量便是最佳現金持有量，此時總成本最低。

運用成本分析模式確定最佳現金持有量的步驟是：①根據不同現金持有量測算並確定有關成本數值；②按照不同現金持有量及其有關成本資料編製最佳現金持有量測算表；③在測算表中找出總成本最低時的現金持有量，即最佳現金持有量。在這種模式下，最佳現金持有量，就是持有現金而產生的機會成本與短缺成本之和最小時的現金持有量。

【例 6-3】潤和公司現有 A、B、C、D 四種現金持有方案，有關成本資料如表 6-2 所示。

表 6-2　　　　　　　　　　現金持有量備選方案表

方案	A	B	C	D
現金持有量（元）	200,000	400,000	600,000	800,000
機會成本率（%）	10	10	10	10
短缺成本（元）	48,000	25,000	10,000	8,000

根據表 6-2，可運用成本分析模式編製該企業最佳現金持有量測算表，如表 6-3 所示。

表 6-3　　　　　　　　　　最佳現金持有量測算表

方案	A	B	C	D
機會成本（元）	20,000	40,000	60,000	80,000
短缺成本（元）	48,000	25,000	10,000	8,000
總成本（元）	68,000	65,000	70,000	88,000

通過分析比較表 6-3 中各方案的總成本可知，B 方案的相關總成本最低，因此企業平均持有 400,000 元的現金時，各方面的總代價最低，400,000 元為現金最佳持有量。

(三) 存貨模式

存貨模式，是將存貨經濟訂貨批量模型原理用於明確目標現金持有量，其著眼點也是現金相關成本之和最低。

運用存貨模式確定最佳現金持有量時，是以下列假設為前提的：①企業所需要的現金可通過證券變現取得，且證券變現的不確定性很小；②企業預算期內現金需要總量可以預測；③現金的支出過程比較穩定、波動較小，而且每當現金餘額降至零時，均通過部分證券變現得以補足；④證券的利率或報酬率以及每次固定性交易費用可以獲悉。

利用存貨模式計算現金最佳持有量時，對短缺成本不予考慮，只對機會成本和轉換成本予以考慮。機會成本和轉換成本隨著現金持有量的變動而呈現出相反的變動趨向，因而能夠使現金管理的機會成本與轉換成本之和保持最低的現金持有量，即為最佳現金持有量。

設 T 為一個週期內現金總需求量，F 為每次轉換有價證券的成本，Q 為最佳現金持有量（每次證券變現的數量），K 為有價證券利息率（機會成本），TC 為現金管理相關總成本，則

$$現金管理相關總成本 = 持有機會成本 + 轉換成本$$

即：

$$TC = (Q/2) \times K + (T/Q) \times F$$

現金管理相關總成本與持有機會成本、轉換成本的關係如圖 6-5 所示。

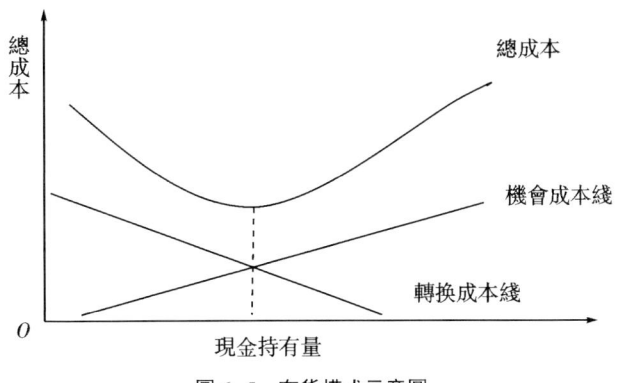

圖 6-5　存貨模式示意圖

從圖 6-5 可以看出，現金管理的相關總成本與現金持有量呈凹形曲線關係。持有現金的機會成本與證券變現的轉換成本相等時，現金管理的相關總成本最低，此時的現金持有量為最佳現金持有量，即：

$$Q = \sqrt{2TF/K} \qquad (6-4)$$

將上式代入總成本計算公式得

$$TC = \sqrt{2TFK} \qquad (6-5)$$

【例 6-4】天業公司現金收支狀況比較穩定，預計全年需要現金 3,600,000 元，現金與有價證券的轉換成本每次為 400 元，有價證券的年利率為 5%，則該企業的最佳現金持有量為：

$Q = \sqrt{2 \times 3,600,000 \times 400 \div 5\%} = 240,000$（元）

$TC = \sqrt{2 \times 3,600,000 \times 400 \times 5\%} = 12,000$（元）

其中，

持有現金成本 =（240,000/2）× 5% = 6,000（元）

有價證券轉換次數 = 3,600,000/240,000 = 15（次）

轉換成本 =（3,600,000/240,000）× 400 = 6,000（元）

（四）隨機模式

隨機模式是在現金需求量難以預知的情況下進行現金持有量控制的方法。對企業來說，現金需求量往往波動大且難以預知，但企業可以根據歷史經驗和現實需要，測算出一個現金持有量的控制範圍，即制定出現金持有量的上限和下限，將現金量控制在上、下限之內。當現金量達到控制上限時，用現金購入有價證券，使現金持有量下降；當現金量降低到控制下限時，則拋售有價證券換回現金，使現金持有量回升。若現金量在控制的上、下限之內，便不必進行現金與有價證券的轉換，保持它們各自的現金存量。這種對現金持有量的控制，稱之為隨機模式，如圖 6-6 所示。

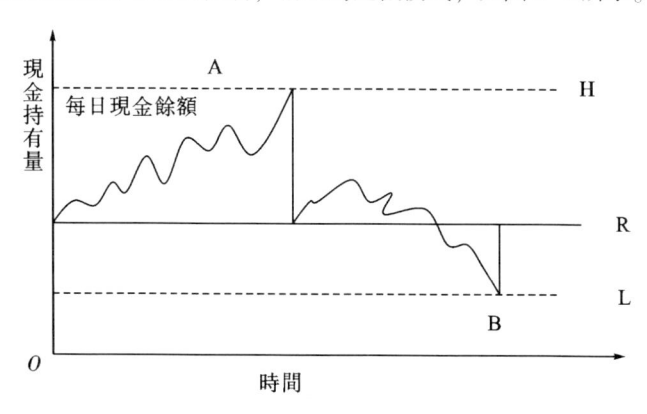

圖 6-6　隨機模式示意圖

圖 6-6 中，虛線 H 為現金存量的上限，虛線 L 為現金存量的下限，實線 R 為最優現金迴歸線。從圖中可以看出，企業的現金存量（表現為現金每日余額）是隨機波動的，當其達到 A 點時，即達到了現金控制量的上限，企業應當應用現金購買有價證券，使現金持有量回落到現金目標控制線（R 線）的水平；當現金存量降低至 B 點時，即達到了現金控制的下限，企業則應轉讓有價證券換回現金，使其存量回升至現金返回線水平。現金存量在上下限之間的波動屬於控制範圍內的變化，是合理的，不予理會。

以上關係中上限 H、目標控制線 R 可按下列公式計算：

$$R = \sqrt[3]{\frac{3b\delta^2}{4i}} + L \qquad (6-6)$$

$$H = 3R - 2L \qquad (6-7)$$

式中，b 為每次有價證券的轉換成本；i 為有價證券的日利息率；δ 為預期每日現金餘額變化的標準差（可根據歷史資料測算）。式中下限 L 的確定，則要受到企業每日的最低現金需要、管理人員的風險承受傾向等因素的影響。

【例 6-5】假定樂和公司有價證券的年利率為 10%，每次有價證券的轉換成本為 40元，公司的現金最低持有量為 4,000 元，根據歷史資料分析出現餘額波動的標準差為 600 元，假設公司現有現金 20,000 元。現金目標控制線 R、現金控制上限 H 的計算如下：

$$R = \sqrt[3]{\frac{3b\delta^2}{4i}} + L = \sqrt[3]{\frac{3 \times 40 \times 600^2}{4 \times 10\% \div 360}} + 4,000 = 7,388$$

$H = 3R - 2L = 3 \times 7,388 - 2 \times 4,000 = 14,164$（元）

這樣，當公司的現金餘額達到 14,164 元時，即應以 7,776 元（即 14,164-6,388元）投資於有價證券，使現金持有量回落到 7,388 元；當公司的現金餘額降至 4,000元時，則應轉讓 3,388 元的有價證券，使現金持有量回升為 7,388 元。

四、現金的日常管理

現金日常管理的目的在於提高現金使用效率。現金日常管理的主要內容有以下五個方面：

（1）力爭現金流量同步。如果企業能盡量使它的現金流入與現金流出發生的時間趨於一致，就可以使其所持有的交易性現金餘額降到最低水平。這就是所謂現金流量同步。

（2）使用現金浮游量。從企業開出支票，收票人收到支票並存入銀行，至銀行將款項劃出企業帳戶，中間需要一段時間。現金在這段時間的占用稱為現金浮游量。在這段時間裡，儘管企業已開出了支票，卻仍可動用在活期存款帳戶上的這筆資金。不過，在使用現金浮游量時，一定要控制好使用的時間，否則會發生銀行存款的透支。

（3）加速收款。這主要指縮短應收帳款的時間。發生應收款會增加企業資金的占用；但它又是必要的，因為它可以擴大銷售規模，增加銷售收入。問題在於如何既利用應收款吸引顧客，又縮短收款時間。這要在兩者之間找到適當的平衡點，並需實施妥善的收帳策略。

（4）推遲應付款的支付。推遲應付款的支付是指企業在不影響自己信譽的前提下，盡可能地推遲應付款的支付期，充分運用供貨方所提供的信用優惠。如遇企業急需現金，甚至可以放棄供貨方的折扣優惠，在信用期的最後一天支付款項。當然，這要權衡折扣優惠與急需現金之間的利弊得失而定。

（5）利用信用卡透支。企業存款暫時不足，但又必須開支的，可以採用信用卡透

支的方式，以解決由於支付延期而造成的企業信譽損失。特別是目前各家銀行發放的信用卡都有免息期，免息期最短有25天，最長有56天，企業可以充分利用這一優惠措施。採用信用卡支付，可以靈活調度現金與節省現金的開支。使用得當，最長可以享受56天的免息期。

第三節　應收款項管理

一、應收帳款的功能與成本

(一) 應收帳款的功能

應收帳款是指企業因對外賒銷產品、材料、提供勞務等而應向購貨或接受勞務的單位收取的款項。應收帳款的主要功能有以下兩種：

(1) 促進銷售。在激烈的市場競爭中，採用賒銷方式，為客戶提供商業信用，可以擴大產品銷售，提高產品的市場佔有率。對客戶企業而言，享受企業提供的商業信用實際上等於得到一筆無息貸款，這對其具有極大的吸引力。

(2) 減少存貨。一般來講，企業的應收帳款所發生的相關費用與存貨的倉儲、保管費用相比相對較少。企業通過賒銷的方式，將產品銷售出去，把存貨轉化為應收帳款，可以減少存貨占用，加速存貨週轉。

(二) 應收帳款的成本

企業持有應收帳款需付出相應的代價，這種代價即為應收帳款的成本。其內容包括以下幾個方面。

1. 機會成本

應收帳款的機會成本是指因資金投放在應收帳款上而喪失的其他收入，如投資於有價證券便會有利息收入。其計算公式為：

應收帳款機會成本＝應收帳款占用資金×資本成本（或最低投資報酬率）　(6-8)

應收帳款占用資金＝應收帳款平均餘額×變動成本率　(6-9)

應收帳款平均餘額＝日銷售額×平均收帳期　(6-10)

在計算過程中，資本成本一般可按有價證券利息率計算；平均收帳期是各種產品的收帳期以各種產品銷售比重為權數計算的加權平均數。

在上述分析中，假設企業有剩餘生產能力，此時信用銷售所需的投入只是隨產銷量增加而增加的變動成本，固定成本總額不變。如果企業現有生產能力已經飽和，此時信用銷售所需的投入就是全部成本，應收帳款占用資金就等於應收帳款平均餘額。

2. 管理成本

應收帳款的管理成本是指企業對應收帳款進行日常管理而發生的開支。應收帳款的管理成本主要包括：對客戶的資信調查費用；應收帳款帳簿記錄費用；催收拖欠帳款發生的費用等。

3. 壞帳成本

壞帳成本是指因應收帳款無法收回而產生的壞帳損失。壞帳成本與應收帳款數量成正比。壞帳成本在數量上等於賒銷收入與壞帳損失率的乘積。

二、應收帳款管理的目標與內容

提供信用銷售的結果，一方面可以擴大銷售，另一方面又形成了應收帳款，並產生了應收帳款成本，從而增加了企業的經營風險。因此，應收帳款管理的目標，就是要實現上述信用銷售的功能與成本之間的平衡。這種平衡是通過制定並有效執行適當的信用政策來實現的。因此，應收帳款管理的內容應當包括：①制定適當的信用政策；②嚴格執行信用政策；③應收帳款的控制。

三、信用政策

信用政策又稱應收帳款政策，是指企業為對應收帳款進行規劃與控制而確立的基本原則與行為規範，是企業財務政策的一個重要組成部分。企業要管好、用好應收帳款，必須事先制定科學合理的信用政策。信用政策包括信用標準、信用條件和收帳政策三部分內容。

（一）信用標準

信用標準是客戶獲得企業商業信用所應具備的最低條件，通常以預期的壞帳損失率表示。信用標準的設置，直接影響到對客戶信用申請的審批，與銷售部門的工作密切相關，它能幫助企業的銷售部門定義企業的信用銷售對象，在很大程度上決定了企業客戶群的規模。信用標準的寬嚴也在很大程度上決定了應收帳款的規模和相關成本。

如果企業信用標準過高，將使許多客戶因信用品質達不到設定的標準而被拒之門外，其結果儘管有利於降低違約風險及收帳費用，但也會影響企業市場競爭能力的提高和銷售收入的擴大。相反，如果企業採取較低的信用標準，雖然有利於企業擴大銷售，提高市場競爭力和佔有率，但同時也會導致壞帳損失風險加大和收帳費用增加。

【例6-6】天地公司原來的信用標準是只對預計壞帳5%以下的客戶提供商業信用。其銷售產品的邊際貢獻率為20%，同期有價證券的利息率為年利率10%。公司擬修改原來的信用標準，為了擴大銷售，決定降低信用標準，有關資料如表6-4所示。

表6-4　　　　　　　　　　兩種不同的信用標準下的有關資料

項目	原方案	新方案
信用標準（預計壞帳損失率）（%）	5	6.5
銷售收入（元）	100,000	150,000
應收帳款的平均收帳期（天）	45	75
應收帳款的管理成本（元）	1,000	1,200

根據表6-4，計算兩種信用標準對利潤的影響，結果如表6-5所示。

表 6-5　　　　　兩種不同的信用標準下的利潤計算　　　　　單位：元

項目	原方案	新方案	差異
邊際貢獻	100,000×20%＝20,000	150,000×20%＝30,000	10,000
應收帳款的機會成本	100,000×45%×80%×10%/360＝1,000	150,000×75%×80%×10%/360＝2,500	1,500
應收帳款的管理成本	1,000	1,200	200
壞帳成本	100,000×5%＝5,000	150,000×6.5%＝9,750	4,750
應收帳款成本總額	7,000	13,450	6,450
淨收益	13,000	16,550	3,550

（二）信用條件

信用條件是指企業要求客戶支付賒銷款項的條件，包括信用期限、折扣期限和現金折扣。信用條件的基本表現方式如「2/10，n/40」，即 40 天為信用期限，10 天為折扣期限，2%為現金折扣率。

1. 信用期限

信用期限是指企業允許客戶從購貨到支付貨款的時間間隔。企業產品銷售量與信用期限之間存在著一定的依存關係。通常，延長信用期限，可以在一定程度上擴大銷售量，從而增加毛利。但不適當地延長信用期限，會給企業帶來不良後果：一是使平均收帳期延長，佔用在應收帳款上的資金相應增加，引起機會成本增加；二是引起壞帳損失和收帳費用的增加。因此，企業是否給客戶延長信用期限，應視延長信用期限增加的邊際收入是否大於增加的邊際成本而定。

【例 6-7】大海公司現採用 30 天付款的信用政策，公司財務主管擬將信用期限放寬到 60 天，仍按發票金額付款，不給予折扣，假設資本成本率為 15%，有關數據如表 6-6 所示。

表 6-6　　　　　兩種不同信用政策下的基礎數據

項目 \ 信用期	信用期 30 天	信用期 60 天
銷售量（萬件）	200	240
銷售額（萬元）：單價 50 元/件	10,000	12,000
銷售成本		
變動成本（40 元/件）	8,000	9,600
固定成本（萬元）	1,000	1,000
發生的收帳費用（萬元）	70	95
發生的壞帳損失（萬元）	105	190

（1）收益增加

增加的收益＝增加的銷售量×單位邊際貢獻
　　　　　＝（240−200）×（50−40）＝400（萬元）

（2）應收帳款機會成本增加

30 天信用期限應收帳款的機會成本 $=\dfrac{10,000}{360}\times 30\times\dfrac{40}{50}\times 15\%=100$（萬元）

60 天信用期限應收帳款的機會成本 $=\dfrac{12,000}{360}\times 60\times\dfrac{40}{50}\times 15\%=240$（萬元）

應收帳款機會成本增加 = 140（萬元）

（3）收款費用和壞帳損失增加

收款費用增加 = 95 − 70 = 25（萬元）

壞帳損失增加 = 190 − 105 = 85（萬元）

（4）改變信用期限損益

收益增加 − 成本費用增加 = 400 − （140+25+85）= 150（萬元）

由於收益的增加大於成本的增加，故應採用 60 天信用期。

2. 折扣期限和折扣率

許多企業為了加速資金週轉，及時收回貨款，減少壞帳損失，往往在延長信用期限的同時，給予一定的現金折扣，即在規定的時間內提前償付貨款的客戶可按銷售收入的一定比率享受折扣。現金折扣實際上是產品售價的降低，但也會促使客戶提前付款，從而降低本企業應收帳款佔用資金，減少相應的成本費用。

【例6-8】沿用上例，假定該公司在放寬信用期限的同時，為了吸引顧客盡早付款，提出了（1/30，n/60）的現金折扣條件，估計會有一半的顧客（按 60 天信用期限所能實現的銷售量計算）將享受現金折扣優惠。

（1）收益增加

增加的收益 = 增加的銷售量 × 單位邊際貢獻

  = （240−200）×（50−40）= 400（萬元）

（2）應收帳款機會成本增加

30 天信用期限應收帳款的機會成本 $=\dfrac{10,000}{360}\times 30\times\dfrac{40}{50}\times 15\%=100$（萬元）

提供現金折扣的應收帳款的平均收款期 = 30×50%+60×50% = 45（天）

提供現金折扣的應收帳款的機會成本 $=\dfrac{12,000}{360}\times 45\times\dfrac{40}{50}\times 15\%=180$（萬元）

應收帳款機會成本增加 = 180 − 100 = 80（萬元）

（3）收款費用和壞帳損失增加

收款費用增加 = 95 − 70 = 25（萬元）

壞帳損失增加 = 190 − 105 = 85（萬元）

（4）估計現金折扣成本變化

現金折扣成本增加 = 新的銷售水平 × 新的現金折扣率 × 享受新現金折扣的顧客比例 − 舊的銷售水平 × 舊的現金折扣率 × 享受舊現金折扣的顧客比例

  = 12,000×1%×50% − 10,000×0×0 = 60（萬元）

（5）改變現金折扣后的損益

收益增加-成本費用增加＝400-（80+25+85+60）＝150（萬元）

由於收益的增加大於成本增加，故採用 60 天信用期限。

（三）收帳政策

收帳政策是指企業信用被違反時，拖欠甚至拒付帳款時所採用的收帳策略與措施。正常情況下，客戶應該按照信用條件中規定期限及時還款，履行其購貨時的承諾義務。但實際中由於種種原因，有的客戶在期滿后仍不能付清欠款。因此，企業將採取相應收款方式收回帳款。收款方式主要有兩種：一是自行收帳，二是委託追帳公司追收。委託追帳公司追收即委託專業收帳公司追討。企業涉外業務追帳的追收，一般可以委託境外專業公司追討。而國內業務一般是企業自行收帳不成功時，才委託專業收帳。目前，應收帳款主要靠自行收帳。

一般而言，企業加強收帳管理，及早收回貨款，可以減少壞帳損失，減少應收帳款上的資金占用，但會增加收帳費用。因此，制定收帳政策就是要在增加收帳費用與減少壞帳損失、減少應收帳款機會成本之間進行權衡，若前者小於后者，則說明制定的收帳政策是可取的。

四、應收帳款的日常控制

（一）應收帳款的事前控制

事前控制是應收帳款控制的首要環節，其目的是將未來可能發生的信用風險控制在事前，以防患於未然。事前控制主要通過對客戶信用調查、資信分析和信用評估三個方面進行。

1. 信用調查

對客戶的信用情況進行調查，包括客戶的付款歷史、產品的生產狀況、公司的經營狀況、財務實力的估算數據、公司主要所有者及管理者的背景等。

信用調查的方法大體上分為兩類：一類是直接調查，是指調查人員直接與被調查單位接觸，通過當面採訪、詢問、觀看、記錄等方式獲取信用資料的一種方法；另一類是間接調查，它是以被調查單位以及其他單位保存的有關原始記錄為基礎，通過加工整理獲得被調查單位信用資料的一種方法。這些資料主要來源於以下幾個方面：①客戶的財務報表；②信用評估機構；③銀行；④其他，如財稅部門、工商管理部門、企業的上級主管部門、證券交易部門等。

2. 資信分析

對客戶的資信分析是在信用調查的基礎上，通過「5C」分析法進行。所謂「5C」，是指評估客戶信用品質的五個主要方面，包括：

品質（character），是指客戶履行其償債義務的態度。這是決定是否給與客戶信用的首要因素，也是「5C」中最為主要的因素。

能力（capacity），是指客戶償付能力。其高低取決於資產特別是流動資產的數量、質量（變現能力）及其與流動負債的比率關係。

資本（capital），是指顧客的權益資本或自有資本狀況，代表顧客的財務實力，反應顧客對其債務的保證能力。

抵押品（collateral），是指客戶為取得信用而提供的擔保資產。

條件（conditions），是指客戶所處的社會經濟條件，即社會經濟環境發生變化時，其經營狀況和償債能力可能會受到的影響。

3. 信用評分法

在信用調查和資信分析的基礎上，運用信用評分法對顧客進行信用評估。信用評分法是對一系列財務比率和信用情況指標進行評分，然後進行加權平均，得出顧客綜合的信用分數，並以此進行信用評估的一種方法。進行信用評分的基本公式為：

$$Y=\beta_1 X_1+\beta_2 X_2+\beta_n X_n$$

式中，Y 為企業的信用評分；β_i 代表事先擬定的對第 i 種財務比率和信用品質進行加權的系數；X_i 代表第 i 種財務比率和信用品質的評分。

企業可以根據自身所處的行業環境、經營情況等因素確定不同財務比率和信用品質的重要財務程度，選擇需要納入公式的財務比率和信用品質。然後根據歷史經驗和未來發展預計對各財務比率和信用品質賦予相應的權數。將客戶企業的具體資料代入公式后，最終計算得出客戶企業的信用評分。

【例 6-9】根據黃河公司對其顧客 XY 公司的調查，得到 XY 公司信用情況評分，如表 6-7 所示。

表 6-7　　　　　　　　　　XY 公司信用情況評分表

項目	財務比率和信用品質(1)	分數(X)0~100(2)	預計權數(3)	加權平均數(4)=(2)×(3)
流動比率	1.5	90	0.15	13.5
資產負債率	40	90	0.10	9
資產報酬率	25	95	0.20	19
信用評估等級	AA	90	0.10	9
信用記錄	良好	70	0.25	17.5
未來發展預計	良好	70	0.15	10.5
其他因素	好	80	0.05	4
合計	—	—	1.00	82.5

在表 6-7 中，第（1）欄資料根據搜集得到的客戶企業情況分析確定；第（2）欄根據第（1）欄的資料確定；第（3）欄根據財務比率和信用品質的重要程度確定。

在採用信用評分法進行信用評估時，分數在 80 以上者，說明企業信用狀況良好；分數在 60~80 分者，說明信用狀況一般；分數在 60 分以下者，說明信用狀況較差。

【例 6-10】ABC 公司 2008 年 6 月 30 日，對企業應收帳款進行追蹤分析，把所有應收帳款帳戶進行帳齡分析，有關資料及分析情況如表 6-8 所示。

表 6-8　　　　　　　　　　　　ABC 公司帳齡分析表

應收帳款		帳戶數（個）	百分率（%）	金額（千元）	百分率（%）
信用期內		100	43.29	500	50
超信用期	1 個月內	50	21.65	200	20
	2 個月內	20	8.66	60	6
	3 個月內	10	4.33	40	4
	6 個月內	15	6.49	70	7
	12 個月內	12	5.19	50	5
	18 個月內	8	3.46	20	2
	24 個月內	16	6.93	60	6
	合計	131	56.71	500	50
總計余額		231	100	1,000	100

表 6-8 分析表明，ABC 公司提高帳齡分析可以看到公司所有應收帳款，有多少尚在信用期：帳戶數 231 個中，在信用期內的帳戶數有 100 個，占 43.29%；從金額 100 萬元中，在信用期內的金額為 50 萬元，占 50%。有多少欠款超過了信用期：超信用期帳戶數 131 個，占 56.71%；超信用期金額 50 萬元，占 50%。這可以為企業進一步對應收帳款管理採取相應措施。

(二) 應收帳款的事中控制

1. 應收帳款追蹤分析法

為了如期、足額地收回銷售貨款，賒銷企業有必要在收帳之前，對該項應收帳款的運行過程進行追蹤分析。分析的重點應放在賒銷商品的銷售與變現環節。客戶以欠帳方式購入商品後，迫於獲利與付款信譽的動力與壓力，必然期望迅速地實現銷售並收回帳款。如果客戶的期望能順利實現，又具有良好的信用品質，則企業一般能如期、足額地收回客戶欠款。

通過對應收帳款的追蹤分析，有利於賒銷企業準確根據其應收帳款發生呆、壞帳的可能性，研究和制定有效收帳政策，在與客戶交涉中做到心中有數，有理有據，從而提高收帳效率，降低壞帳損失。當然，賒銷企業不可能也沒有必要對全部的應收帳款實施跟蹤分析。在通常情況下，主要應以那些金額大或信用品質較差的客戶的欠款為考慮的重點。同時，也可對客戶的信用品質與償還能力進行延伸性調查與分析。

2. 應收帳款帳齡分析

應收帳款帳齡分析是指對應收帳款帳齡結構的分析。應收帳款帳齡結構是指企業在某一時點，將發生在外的各筆應收帳款按照開票日期進行歸類，並計算出各帳齡應收帳款的月占總計余額的比重。

(三) 應收帳款的事后控制

1. 制定合理的收帳策略

收帳策略的積極與否，直接影響到收帳數量、收帳期與壞帳比率。企業採取積極

的收帳策略，收帳費用增加，壞帳成本可能增加。收帳費用與壞帳成本之間存在著反比例變動的非線性關係。企業應當權衡不同收帳策略下的成本和收益後確定合理的收帳策略。

2. 確定合理的收帳程序與討債方法

催收帳款的一般程序是：信函通知；電話催收；派員面談；法律行動。當顧客拖欠帳款時，應當分析原因，確定合理的討債方法。一般而言，顧客拖欠帳款的原因有兩類：一是無力償付，即顧客經營管理不善出現財務困難，沒有資金支付到期債務。對這種情況要具體分析，如果顧客所出現的無力支付是暫時的，企業應幫助其渡過難關，以便收回更多的帳款；如果顧客所出現的物理支付是嚴重的財務危機，已達破產界限，則應及時向法院起訴，以期在破產清算時得到債權的部分賠償。二是故意拖欠，即顧客具有正常的支付能力，但為了自身利益，想放設法不付款。針對這種情況，則需要確定合理的討債方法。常見的討債方法有講理法、惻隱術法、疲勞戰法、激將法、軟硬術法等。

3. 建立有效的應收帳款管理制度

（1）建立壞帳準備金制度。按規定計提的壞帳準備金，是企業風險自擔的一種制度，也是應對應收帳款壞帳風險的方式。

（2）建立應收帳款績效考核制度，把應收帳款週轉率、應收帳款回籠率指標落實到部門和個人，其管理業績與獎懲掛勾。

以上三個階段可以簡單地概括為信用管理的「防、控、救」，即事前要防，事中要控，事後要救。其中，事前如何做好「防」是關鍵。

第四節　存貨管理

一、存貨的含義和作用

（一）存貨的含義

存貨，是指企業在日常活動中持有以備出售的產成品或商品、處在生產過程中的在產品、在生產過程或提供勞務過程中耗用的材料和物料等。在製造企業中，存貨一般包括各種原料、燃料、委託加工材料、包裝物和低值易耗品、在產品及自製半成品、產成品等；在商品流通企業中，存貨主要有商品、材料物資、低值易耗品、包裝物等。在企業中，各種存貨不僅品類繁多，而且所占用的資金數量也很大，一般可能達到企業資金總量的30%~40%。因此，企業占用於材料物資上的資金，其利用效果如何，對企業的財務狀況與經營成果將有很大的影響。這樣，加強存貨的計劃與控制，在存貨的功能與成本之間進行利弊權衡，運用科學的方法來確定並保持存貨的最優水平，以使這部分資金得到最經濟合理的使用，就成為企業經營管理必須研究的重要問題。

（二）存貨的作用

存貨對於企業至關重要。它不僅對生產運作很必要，而且有助於滿足顧客需求。

一般來說，存貨有以下作用：

（1）節約訂貨費用和採購成本。企業在每次訂貨的過程中，都會發生一定的訂貨費用，如資料信息的收集整理費用、電話通信費用、採購人員的差旅費等。在企業的年需求總量既定的前提下，大批量訂貨可以減少年訂貨次數，節約訂貨費用。同時，大批量訂貨可以獲得一定的數量折扣，降低採購成本。

（2）避免不確定因素影響，維持生產經營過程的順利進行。在企業的生產過程中，存在大量的不確定因素，對整個生產過程產生嚴重的影響，可能導致生產過程暫停或中斷，使企業面臨無法及時交貨的困境。此時，一定量的存貨儲備是十分必要的。例如，當供應延遲或中斷（罷工、惡劣的天氣和企業破產等都是引起供應中斷的不確定性事件）時，原材料和零配件等存貨緩衝儲備的存在可確保生產的順利進行。此外，考慮到生產過程會產生大量的不合格品，公司為了滿足顧客的需求，會決定按照超出需要量的生產量組織生產。同樣，為保證顧客供應和生產供應的連續性（即使是在某臺機器出故障，生產量下降的情況下），也需要一定的存貨緩衝儲備。

（3）平滑生產需求。經歷季節性需求模式的企業總是在淡季累積庫存，滿足特定季節的過高需求，這種庫存稱為季節性庫存。加工新鮮水果蔬菜的公司和生產季節性商品的企業都會涉及季節性庫存。

（4）避免價格上漲等不利因素的影響。當公司預測到實際物價要上漲時，為避免增加成本，就會以超過平時正常水平的數量進行採購，儲存多餘商品的能力也允許公司利用更大訂單獲取價格折扣。

二、存貨成本的基本概念

（一）採購成本

採購成本又稱購置成本、進貨成本，是指存貨本身的價值，即存貨採購的單價與採購數量的乘積。一般情況下，採購成本與存貨進貨總量和存貨的進價成本相關。

在存貨的年需求量既定的情況下，進價通常保持一定；但是，有時在單次進貨量較大時，供應商會在進價時給予一定的數量折扣。

設年採購成本為 TC_r，年需求總量為 D，可以得到如下公式：

（1）當不存在數量折扣時，設單位產品採購成本為 p，則年採購成本為：

$$TC_r = pD \quad (6-11)$$

通過這個公式可以看出，當不存在數量折扣時，年採購成本與年需求量正相關，當年需求量既定時，無論企業如何安排訂貨次數或每次訂購量，存貨的採購成本都是相對穩定的，對訂貨決策沒有影響。在這種情況下進行訂購決策時，存貨的採購成本都不需要考慮，屬於決策無關成本。

（2）當存在數量折扣時，設折扣率為 u（%），則單位產品採購成本為 $p(1-u)$，此時，年採購成本為：

$$TC_r = p(1-u)D \quad (6-12)$$

可見，當存在數量折扣時，採購成本不僅與年需求量有關，還與數量折扣的折扣

率有關，在這種情況下，必須把採購成本納入決策之中，充分考慮不同折扣率對訂貨總成本的影響。

（二）訂貨成本

訂貨成本又稱訂貨費用，是指企業為組織每次訂貨而支出的費用，如與材料採購有關的辦公費、差旅費、電話通訊費、運輸費、檢驗費、入庫搬運費等。這些費用支出根據與訂貨次數的關係可以分為變動性訂貨成本和固定性訂貨成本。

變動性訂貨成本與訂貨的次數有關，如差旅費、電話通訊費等費用支出，這些支出與訂貨次數成正比例變動，屬於決策的相關成本。

固定性訂貨成本與訂貨次數的多少無關，如專設採購機構的基本開支等，屬於決策的無關成本。

在訂貨批量決策中，一般無須考慮固定性訂貨成本，因此訂貨成本通常指的是變動性訂貨成本，即訂貨成本隨訂貨次數的變化而變化，與每次訂貨數量無關。設每次訂貨的訂貨成本為 S，年需求量 D 既定，每次訂貨數量為 Q，則年訂貨次數為：

$$N = \frac{D}{Q}$$

年訂貨成本為：

$$TC_a = \frac{D}{Q}S = NS \qquad (6-13)$$

（三）儲存成本

存貨的儲存成本是指企業為持有存貨而發生的費用，主要包括存貨資金的佔用費或機會成本、倉儲費用、保險費用、存貨殘損、霉變損失等。儲存成本可以按照與儲存數量的關係分為固定性儲存成本和變動性儲存成本。

固定性儲存成本與存貨儲存數額的多少沒有直接的聯繫，如倉庫折舊費、倉庫職工的固定月工資等，這類成本屬於決策的無關成本。變動性儲存成本隨著存貨儲存數額的增減成正比例變動關係，如存貨資金的應計利息、存貨殘損和變質的損失、存貨的保險費用等，這類成本屬於決策的相關成本。

單位貨物和單位儲備資金的年儲存成本稱為儲存費率。前者以單位存貨儲存單位期間（通常為 1 年）所需的儲存費用表示，后者以平均儲備金額或單位存貨的購入成本的一定百分比表示。若以 TC_c 代表年儲存成本，H 代表單位存貨年儲存費，則年儲存成本可按下述兩種情況分別計算：

當每次（批）訂貨一次全額到達，在訂貨間隔期（即供應週期）內陸續均衡耗用時，年儲存成本應為：

$$TC_c = \frac{Q}{2}H \qquad (6-14)$$

當每次（批）訂貨在一定的到貨期間內分若干日（或若干個週期）均勻到達，且在訂貨間隔期內陸續均衡耗用時，年儲存成本應為：

$$TC_c = \frac{Q}{2}\left(1 - \frac{y}{x}\right)H \qquad (6-15)$$

式中，x 為到貨期間內每日到貨量（單位）；y 為供應週期內每日耗用量（單位）。

（四）缺貨成本

缺貨成本是因存貨不足而給企業造成的損失，包括由於材料供應中斷造成的停工損失、成品供應中斷導致延誤發貨的信譽損失及喪失銷售機會的損失等。如果生產企業能夠以替代材料解決庫存材料供應中斷之急，缺貨成本便表現為替代材料緊急採購的額外開支。缺貨成本能否作為決策的相關成本，應視企業是否允許出現存貨短缺的不同情況而定。若允許缺貨，則缺貨成本便與存貨數量反向相關，即屬於決策相關成本。反之，若企業不允許發生缺貨情形，此時的缺貨成本假設為零，也就無須加以考慮。

缺貨成本的多少與存貨儲備量的大小有關：當訂購數量、保險儲備量較大時，缺貨的次數和數量就較少，缺貨成本就較低；反之，缺貨次數和數量就較多，缺貨成本就較高。不過，當訂購數量、保險儲備量較大時，儲存成本也較高；而當訂購數量、保險儲備量較小時，儲存成本也較低。

單位存貨短缺一年的成本稱為缺貨費率，單位存貨短缺一個供應週期的成本稱為單位缺貨成本。當發生缺貨將造成極大的經濟損失時，通常不允許缺貨。

若以 TC_s 代表年缺貨成本，$\bar{Q}_s$ 代表年平均缺貨量，K_s 代表缺貨費率，N_s 代表年缺貨次數，Q_s 代表每次缺貨量，K_u 代表單位缺貨成本，則年缺貨成本可按下式計算：

$$TC_s = \bar{Q}_s K_s$$

或

$$TC_s = N_s Q_s K_u \qquad (6-16)$$

綜上所述，年存貨總成本（TC）可用下式表示，即

$$TC = TC_t + TC_a + TC_c + TC_s \qquad (6-17)$$

亦即

年存貨總成本＝年採購成本＋年訂貨成本＋年儲存成本＋年缺貨成本

該式將在后面的模型中反覆使用，具體進入模型的變量視條件而定。

三、存貨管理的一般模型

由上面的介紹我們知道，企業中存貨的總成本由存貨的採購成本、訂貨成本、儲存成本和缺貨成本構成，存貨的訂貨次數和每批訂貨的數量影響每種成本的變化。在實際應用中，我們要通過存貨管理的經濟訂貨批量模型（Economic Order Quantity，EOQ）確定訂貨批量。所謂經濟訂貨批量，是指在保證生產經營需要的前提下，能使企業在存貨上所花費的相關總成本最低的每次訂貨量。在不同條件下，經濟訂貨量控制所考慮的相關成本的構成不同。下面首先介紹一般經濟訂貨批量模型，即基本經濟訂貨批量模型。

（一）基本假設

基本的經濟訂貨批量模型是存貨管理中最簡單的一個，用來辨識持有庫存的年儲存成本與訂貨成本之和最小的訂貨批量。在這個模型中，涉及以下幾個假定：

(1) 只涉及一種產品；
(2) 年需求量既定；
(3) 每批訂貨一次收到；
(4) 不考慮允許缺貨的情況；
(5) 沒有數量折扣。

在這個模型中，因為不存在數量折扣，在年需求一定的條件下，年採購成本是既定的，與訂貨批次的多少無關；同時由於不允許缺貨，所以缺貨成本也是決策無關成本。因此，最后進入模型的只有訂貨成本與儲存成本。即年存貨相關總成本＝年訂貨成本＋年儲存成本

(二) 基本經濟訂貨批量模型

當訂貨批量變化時，一種成本上升同時另一種成本下降。當訂貨批量比較小時，平均庫存就會比較低，儲存成本也相應較低。但是，小批量必然導致經常性的訂貨，又會迫使年訂貨成本上升。相反，大量訂貨使訂貨次數下降，訂貨成本縮減，但會導致較高的平均庫存水平，從而使儲存成本上升（如圖6-8所示）。因此，基本經濟訂貨批量模型必須在持有存貨的儲存成本與訂貨成本之間取得平衡，訂貨批次既不能特別少次大量，又不能特別多次少量。

設 Q 代表每批訂貨量；H 代表單位儲存成本；D 代表年需求總量；S 代表每次訂貨的成本。則

$$TC = 年儲存成本 + 年訂貨成本 = \frac{Q}{2}H + \frac{D}{Q}S$$

其中，年儲存成本 $= \frac{Q}{2}H$，是一個關於 Q 的線性函數，與訂貨批量 Q 的變化成正比，如圖6-7中（a）所示；另一方面，年訂貨成本 $= \frac{D}{Q}S$，年訂貨次數 D/Q 隨 Q 上升而下降，則年訂貨成本與訂貨批量反向相關。如圖6-7中（b）所示。則年總成本如圖6-8中的虛線所示，最低點 A 即為最優訂貨批量點。

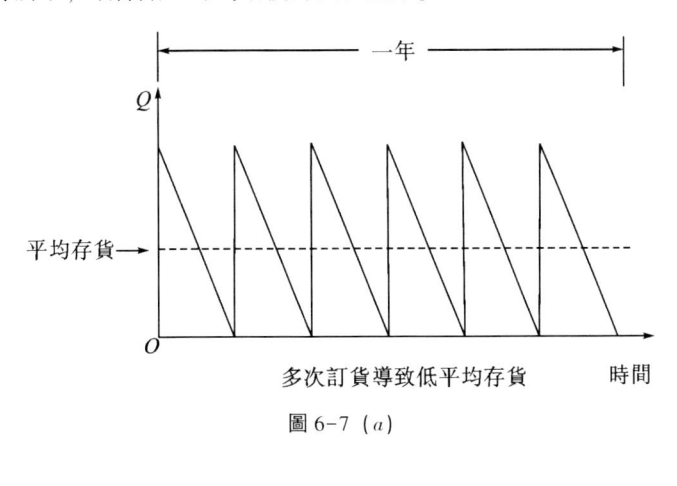

圖6-7（a）

图 6-7 (b)

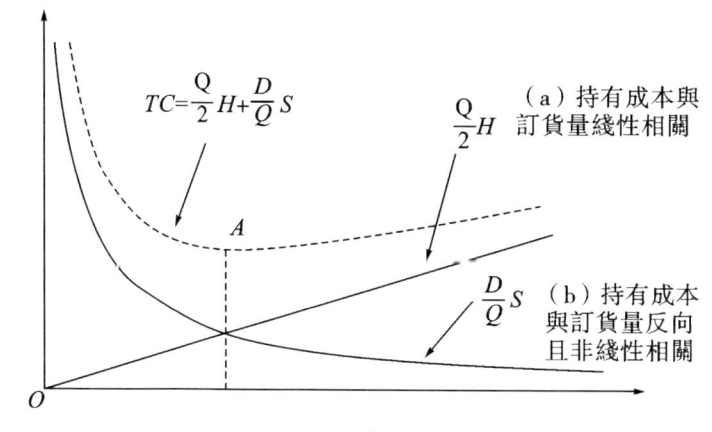

平均库存水平与年订货次数反向相关：一个升高则另一个降低

图 6-8 最优订货批量点的确定

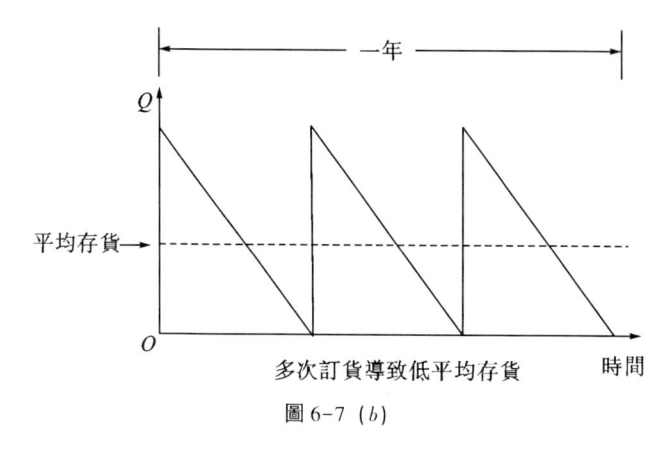

运用微积分，将 $TC = \frac{Q}{2}H + \frac{D}{Q}S$ 对 Q 求导，并设导数为 0，则有

$$\frac{dTC}{dQ} = \frac{H}{2} - \frac{DS}{Q^2} = 0$$

即可得到最优订货批量 Q_0 的算术表达式如下：

$$Q_0 = \sqrt{\frac{2DS}{H}} \qquad (6\text{-}18)$$

$$\text{年订货批次} = \frac{D}{Q} = \frac{D}{\sqrt{\frac{2DS}{H}}} = \sqrt{\frac{DH}{2S}} \qquad (6\text{-}19)$$

因此，当给定年需求总量、每批订货成本和每单位年储存成本时，就能算出最优（经济）订货批量。

【例6-11】红星公司全年需用某材料 880 千克，单位采购成本为 5 元，每次订货成

本為 28 元，年儲存成本為每年每千克 90 元。試求該公司的經濟訂貨批量，年最低相關總成本及年訂貨批次。

解：依題有 $D = 880$ 千克，$S = 28$ 元，$H = 90$ 元，則根據公式有最優訂貨批量

$$Q_0 = \sqrt{\frac{2DS}{H}} = \sqrt{\frac{2 \times 880 \times 28}{90}} \approx 23.40$$

全年訂貨批次為：

$$\frac{D}{Q} = \sqrt{\frac{DH}{2S}} = \sqrt{\frac{880 \times 90}{2 \times 28}} = 38$$

全年的最低相關總成本為：

$$TC = \frac{Q}{2}H + \frac{D}{Q}S = \sqrt{2DSH} = \sqrt{2 \times 880 \times 28 \times 90} = 2,106 \text{（元）}$$

四、經濟訂貨批量模型的擴展

(一) 邊進貨邊耗用模型

在實際生產過程中，每次訂購的貨物不一定是一次全部到達，有可能分批陸續到達；同時企業內生產經營也不是等到貨物全部運抵倉庫后才開始耗用，而是邊補充、邊耗用。在這種情況下，可以將一個訂貨週期（本次訂貨開始收到點到下次訂貨開始收到點間的這段時間）分為兩個階段：第一階段為庫存形成週期，是指從訂貨開始收到點到貨物全部運抵倉庫這段時間，此時間段內，存貨的進庫速度通常大於出庫速度（耗用速度），當貨物全部運抵倉庫時，有最高的庫存量；而第二階段就是貨物全部運抵到下次訂貨開始收到點，此時，有關存貨將只出不進，其經常儲備不斷下降，在存貨經常儲備下降到零時，下一批訂貨又將開始分批陸續到達，如此循環往復（如圖 6-9 所示）。在邊進貨邊耗用的情況下，存貨的庫存週期、庫存期間消耗量和存貨實際庫存量等多種因素及其變化會影響存貨經濟訂貨批量的確定，因此管理者要綜合考慮各方面因素，正確制定邊進庫、邊耗用條件下的存貨決策，科學計算邊進庫、邊耗用條件下的經濟訂貨量。

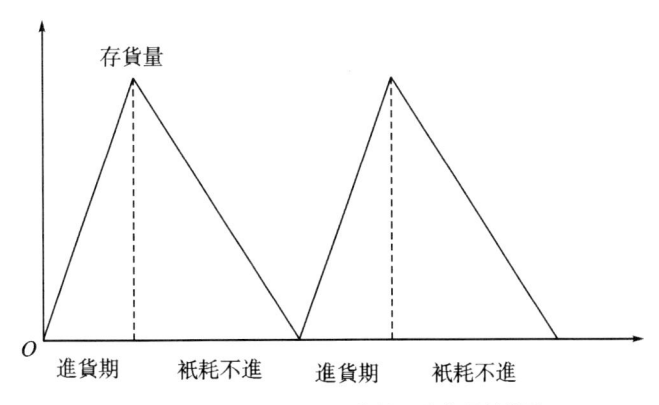

圖 6-9 邊進庫、邊耗用條件下庫存量的變化

在邊進貨、邊耗用的模型中，決策相關成本包括訂貨成本和儲存成本。其中，儲存成本又與存貨的每日進庫量和每日消耗量相關。

設以 x 代表存貨每日進庫量，y 代表每日消耗量，每次訂貨成本為 S，單位儲存成本為 H，則有

$$庫存形成週期\ T=\frac{Q}{x}$$

$$入庫期間總消耗量 = Ty = \frac{Q}{x}y$$

$$每日增加淨庫存量 = x-y$$

$$最高庫存量 = Q - \frac{Q}{x}y$$

$$= \frac{Q}{x}(x-y)$$

$$平均庫存量 = \frac{1}{2}\left(Q-\frac{Q}{x}y\right)$$

$$= \frac{Q}{2x}(x-y)$$

$$訂貨成本 = \frac{D}{Q}S$$

$$儲存成本 = 平均庫存量 \times 單位儲存成本 = \frac{Q}{2x}(x-y) \times H$$

$$存貨相關總成本 = \frac{DS}{Q} + \frac{Q}{2x}(x-y) \times H$$

即

$$TC = TC_a + TC_c$$

$$= \frac{DS}{Q} + \frac{Q}{2x}(x-y) \times H$$

以 Q 為自變量，對 TC 求導，並令其為零，應有

$$\frac{dTC}{dQ} = \frac{-DS}{Q^2} + \frac{x-y}{2x}H = 0$$

$$Q^2 = \frac{2DS}{H} \times \frac{x}{x-y}$$

$$Q = \sqrt{\frac{2DS}{\frac{x-y}{x} \times H}}$$

同時可以得到

$$全年訂貨次數 = \frac{D}{Q} = \sqrt{\frac{x-y}{x} \times \frac{DH}{2S}} \tag{6-20}$$

$$\text{年最低相關總成本} = \frac{DS}{Q} + \frac{Q}{2x}(x-y) \times H = \sqrt{2\left(\frac{x-y}{x}\right)DSH} \quad (6-21)$$

【例6-12】假設某企業生產某產品，全年需用 A 零件 10,000 件，每次訂購成本為 100 元，每個 A 零件年儲存成本為 1.2 元。該零件在供應週期內每日進庫量為 200 件，每日耗用量為 80 件。為使存貨相關成本達最低值，該企業應如何確定 A 零件的經濟訂貨量？

解：將本例有關數據代入上述公式，則

$$Q = \sqrt{\frac{2 \times 10,000 \times 100}{\frac{200-80}{200} \times 1.2}} \approx 1,667$$

計算結果表明，某企業在現有邊進貨、邊消耗的條件下，A 零件的經濟訂貨量應為 1,667 個，此時該種零件的相關總成本達最低值。

$$\text{全年訂貨次數} = \frac{D}{Q} = \frac{10,000}{1,667} \approx 6$$

$$\begin{aligned}\text{年最低相關總成本} &= \frac{DS}{Q} + \frac{Q}{2x}(x-y) \times H \\ &= \frac{10,000 \times 100}{1,667} + \frac{1,667}{2 \times 200} \times (200-80) \times 1.2 \\ &= 1,200 \text{（元）}\end{aligned}$$

(二) 數量折扣模型

所謂數量折扣，是指當企業每批（次）購買某種貨物的數量達到或超過一定限度時，供應商在價格上給予的優惠。對供應商而言，給予一定的數量折扣可以鼓勵買方大量購貨，從而擴大自己的銷售量，增強自己在市場上的聲譽和地位；對購貨方而言，實行數量折扣制度，可以獲取商品降價的收益，但也存在著增加儲存費用、佔壓資金、多付利息等不利因素的影響。此時，企業管理者應該全面權衡接受數量折扣的利弊、得失，為保障企業的經濟利益制定正確的存貨數量折扣決策。

當存在數量折扣時，貨物的採購成本隨折扣的增加而減少，此時的存貨經濟批量模型就不只包括訂貨成本和儲存成本，還應該包括採購成本。即

$$TC = \text{採購成本} + \text{訂貨成本} + \text{儲存成本}$$
$$= PD + \left(\frac{D}{Q}\right)S + \left(\frac{Q}{2}\right)H$$

式中，P 為折扣后的貨物單價；D 為年需求總量；S 為每次訂貨的成本；H 為單位儲存成本；Q 為每批訂貨量。

在數量折扣模型下，隨著每次訂貨批量的增加，企業獲取更低的價格折扣，同時也降低年總採購成本，但平均庫存水平的上升會造成存貨儲存成本的上升。對數量折扣決策一般採用成本比較法，即對不接受數量折扣、僅按經濟訂貨量購貨的存貨總成本與接受數量折扣條件下的存貨總成本進行比較，從中選取成本較低者為決策行動方案的一種經濟分析方法。

另外，關於該模型，一般有兩種情形。一種是儲存成本為常數（如每單位 2 元）；另一種則是儲存成本用購買價格的百分比表示（如單位價格的 20%）。當儲存成本為常數時，將會有一個單一的經濟訂貨批量，對所有成本曲線都相同。但儲存成本用單位成本百分比表示時，每條曲線都有不同的經濟訂貨批量，因為儲存成本是價格的百分比，價格越低意味著儲存成本越低，經濟訂貨批量越大。下面分別介紹這兩種情況的分析方法。

1. 儲存成本為常數的情況

在儲存成本為常數的情形下，最優訂貨批量確定過程如下：

（1）計算不接受數量折扣的經濟訂貨批量 Qa。

（2）對照數量折扣的區間和折扣率，看 Qa 屬於哪個範圍；

A. 如果 Qa 在最低折扣率的區間內，即為最優訂貨批量。

B. 如果 Qa 在其他區間內，不僅要計算 Qa 所對應的年最低相關總成本，還需計算折扣率更低的區間的年最低相關總成本（此時，因為這些區間要求的最低訂貨數量均大於 Qa，因此在計算總成本時只需用該區間的最低訂貨數量即可）。比較這些總成本，其中最低總成本對應的數量即是最優訂貨批量。

【例6-13】一家企業的裝配車間需要 A 型零件，年需求量約 900 件。訂貨成本為 15 元/次，儲存成本為每件每年 6 元。供應商給出的最新價目表顯示，當每次訂貨數量較大時，可以獲得不等的數量價格折扣，其折扣區間如表 6-9 所示。

表 6-9　　　　　　　　　　A 型零件的數量折扣區間

範圍（件）	價格（元/件）
1~49	20
50~79	18
80~99	17
100 以上	16

請確定最優訂貨批量與年相關總成本。

解：首先，計算不考慮折扣下的經濟訂貨批量：

$$EOQ = \sqrt{\frac{2DS}{H}} = \sqrt{\frac{2 \times 900 \times 15}{6}} \approx 67$$

由於 67 件落在 50~79 件的範圍區間內，應以 18 元的價格購買。一年購買 900 件的總成本以每批 67 件計算，得

$$TC_{67} = 採購成本 + 訂貨成本 + 儲存成本 = PD + \left(\frac{D}{Q}\right)S + \left(\frac{Q}{2}\right)H$$

$$= 18 \times 900 + \left(\frac{900}{67}\right) \times 15 + \left(\frac{67}{2}\right) \times 6$$

$$\approx 16,602 \text{（元）}$$

由於存在更低的成本範圍，應該再檢查一下是否還有比每單位 18 元、每批量 67 件成本更低的訂貨方式存在。

為了以 17 元每件的成本購買，至少需要每批 80 件，其相關總成本為：

$$TC_{80} = 17 \times 900 + \left(\frac{900}{80}\right) \times 15 + \left(\frac{80}{2}\right) \times 6 \approx 15,709 \text{（元）}$$

為了以 16 元每件的成本購買，至少需要每批 100 件，其相關總成本為：

$$TC_{100} = 16 \times 900 + \left(\frac{900}{100}\right) \times 15 + \left(\frac{100}{2}\right) \times 6 = 14,835 \text{（元）}$$

比較 TC_{67}，TC_{80}，TC_{100}，可以看出 TC_{100} 最低，即最優訂貨批量為每批 100 件，年最低相關總成本為 14,835 元。

2. 儲存成本以價格百分比形式表達的情況

當儲存成本以價格百分比形式表達時，用以下步驟確定最優訂貨批量：

（1）從最低的單位價格範圍開始，為各價格範圍計算其經濟訂貨批量，直到經濟訂貨批量可行（即該批量正好落入與其價格相對應的數量範圍之內）為止。

（2）如果最低單位價格的經濟訂貨批量可行，計算它的最低相關總成本，並將其與更低價格範圍的最低訂貨批量的相關總成本相比較，較低者為最優訂貨批量。

（3）如果每個價格範圍計算出的經濟訂貨批量都不可行，就在所有較低價格的價格間斷點上計算總成本，並比較得出最大可行經濟訂貨批量，與最低總成本對應的數量即為最優訂貨批量。

【例 6-14】某電氣公司每年需用 4,000 個撥動開關。開關定價如表 6-10 所示。公司每準備與接受一次訂貨大約花費 30 元，每年的單位儲存成本為買價的 40%。請確定最優訂貨批量與年相關總成本。

表 6-10　　　　　　　　　　　撥動開關的折扣範圍

範圍（個）	單位價格（元）	單位儲存成本（H）（元）
1~499	0.90	0.40×0.90 = 0.36
500~999	0.85	0.40×0.85 = 0.34
1,000 以上	0.80	0.40×0.80 = 0.32

解：從最低價格開始，在價格範圍尋找經濟訂貨批量，直到確定出可行的經濟訂貨批量為止。

（1）範圍 1,000 個以上。

$$EOQ_{0.80} = \sqrt{\frac{2DS}{H}} = \sqrt{\frac{2 \times 4,000 \times 30}{0.32}} = 866$$

由於 866 個開關的訂貨批量成本為 0.85 元而非 0.80 元，866 不是 0.80 元/個開關的可行解。

（2）然後再試 500 與 999 個範圍內的情形。

$$EOQ_{0.85} = \sqrt{\frac{2DS}{H}} = \sqrt{\frac{2 \times 4,000 \times 30}{0.34}} = 840$$

這是一個可行解，它落在 500 與 999 個之間，為 0.85 元/個開關。

現在，計算批量為 840 個開關時的總成本，並與獲得的 0.80 元所需的最小數量總

成本做比較。

$$TC = 採購成本+訂貨成本+儲存成本$$

$$= PD+\left(\frac{D}{Q}\right)S+\left(\frac{Q}{2}\right)H$$

$$TC_{840} = 0.85 \times 4,000 + \frac{4,000}{840} \times 30 + \frac{840}{2} \times 0.34 = 3,686 \text{ 元}$$

$$TC_{1,000} = 0.80 \times 4,000 + \frac{4,000}{1,000} \times 30 + \frac{1,000}{2} \times 0.32 = 3,480 \text{ 元}$$

於是，最小成本的訂貨批量為1,000個開關，其年相關總成本為3,480元。

五、再訂貨點及儲存期控制

經濟訂貨批量模型解決了每次訂購多少貨的問題，但還沒有回答何時訂貨，以及在何時必須進貨的問題。在存貨管理和控制過程中，通常會遇到發出訂單與接收到貨物不在一個時點的情況，一半情況是發出訂單后的若干天後，才會陸續到貨。因此必須對再訂貨點進行確認。另外，對於某些易腐壞、易過期的商品而言，最長可以儲存多久、何時打折或清貨才能保證企業的預期利潤或者成本，是儲存期控制所要解決的問題。下面分別對這兩個存貨管理的重要組成部分進行分析。

（一）一般再訂貨點模型的確定

在存貨管理和控制過程中，通常會遇到發出訂單與接收到貨物不在一個時點的情況。從發出訂單到接收到貨物中間這段時間稱為提前期。再訂貨點（reorder point，ROP）則是指發出新訂單的時點通常是根據訂貨提前期倒推計算得出的。

訂貨點模型是根據庫存數量和提前期來確定再訂貨點（ROP）的一個函數模型：一旦庫存數量降低至某一事先確定的數量，就會發生再訂貨。這個數量一般包括生產提前期以及額外可能的期望需求（即當需求不確定時可能要留有的保險儲備）。注意，為確定何時為再訂貨點，需要採用永續盤存制。

再訂貨的庫存數量取決於以下4個因素：

（1）平均日消耗量（通常是基於預測的需求率）；
（2）生產提前期；
（3）需求範圍與生產提前期的變化量；
（4）管理者可以接受的缺貨風險程度。

（二）需求確定下的再訂貨點

如果需求與生產提前期都是常數，再訂貨點就很簡單：

$$ROP = d \times LT \tag{6-22}$$

式中，d為平均日耗用量（通常是基於預測的需求率）；LT為生產提前期天數或周數。

例如，某車間C存貨平均日耗用量為50件，每次訂貨4天后才收到貨物，此時C存貨的再訂貨點為：

$VROP = 50 \times 4 = 200$（件）

因此，當 C 存貨還有 200 件時開始再訂貨（如圖 6-10 所示）。

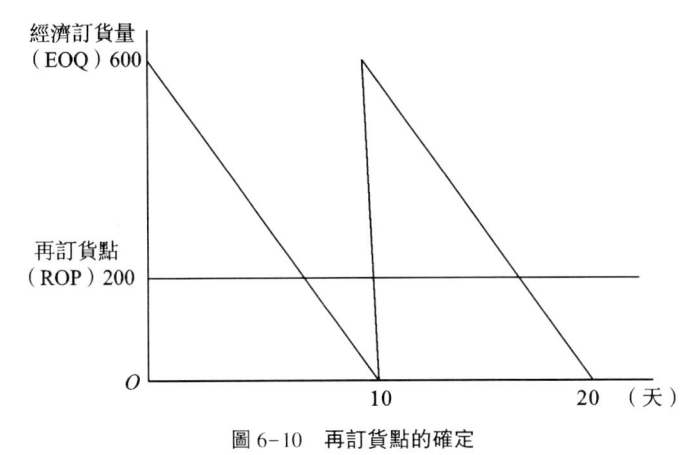

圖 6-10　再訂貨點的確定

（三）需求不確定情況下的再訂貨點

一旦需求或生產提前期發生變化，實際需求就有可能超過期望需求。因此，為減少生產提前期內用光庫存的風險，企業一般會建立保險儲備。保險儲備的實施是在企業存貨管理中增加一個安全庫存量。此時，再訂貨點就為：

$$ROP = 生產提前期內的期望需求 + 安全庫存量$$
$$= （平均日耗用量 \times 提前期） + 安全庫存量 \tag{6-23}$$

例如，如果生產提前期內的期望需求為 200 單位，想要的庫存安全量為 60 單位，再訂貨點就是 260 單位。

（四）儲存期控制

對於某些容易腐爛的物品（新鮮蔬菜、水果、海鮮）以及有效期短的物品（報紙、雜誌、專用儀器的備件等），在考慮訂貨批量和再訂貨點的同時，還必須考慮物品的儲存期限。這些物品如果超期仍然未售出或未使用將會損害企業的利益。例如，一天沒賣出的烤麵包往往會降價出售，剩餘的海鮮可能會被扔掉，過期雜誌則會廉價出售給舊書店。同時，處置剩餘商品還會發生費用。這時，就需要對這些易過期的貨物進行儲存期控制。

儲存期控制是根據本量利的平衡關係式來分析的，即

$$利潤 = 毛利 - 固定儲存費 - 銷售稅金及附加 - 每日變動儲存費 \times 儲存天數 \tag{6-24}$$

從式中可以看出，由於變動儲存費隨著存貨儲存期的延長而不斷增加，造成了儲存成本的增加，使利潤不斷減少，利潤與費用之間此增彼減的關係實際上是利潤與變動儲存費之間的此增彼減的關係。當毛利扣除固定儲存費和銷售稅金及附加後的差額，被變動儲存費抵消到恰好等於企業目標利潤時表明存貨已經到了保利期，當它完全被變動儲存費抵消時，便意味著存貨已經到了保本期。無疑，存貨如果能夠在保利期內售出，可獲得的利潤便會超出目標值，反之，將難以實現既定的利潤目標。倘若存貨

不能在保本期內售出，企業便會蒙受損失。

【例6-15】某海鮮批發市場進購某種鮮魚1,000條，假設每條魚的重量相等，平均進價為10元，售價13.5元，經銷該批鮮魚的一次性固定儲存費用為200元，若貨款均來自銀行貸款，年利率8.8%，該批存貨的月保管費用率為86.3%，價內的銷售稅金及附加為80元。

要求：
(1) 計算該批存貨的保本儲存期。
(2) 若該企業要求獲得2%的投資利潤率，計算保利期。
(3) 若該批存貨實際儲存了9天，問：能否實現2%的目標投資利潤率？差額多少？
(4) 若該批存貨虧損了160元，求實際儲存天數。

解：現根據上述資料計算如下：
(1) 每日變動儲存費＝購進批量×購進單價×日變動儲存費率
$$= 1,000 \times 10 \times (8.8\%/360 + 86.35\%/30)$$
$$= 10,000 \times (0.024\% + 2.877\%) = 290 （元）$$

保本儲存天數＝(毛利－固定儲存費－銷售稅金及附加)/每日變動儲存費
$$= [(13.5 - 10) \times 1,000 - 200 - 80]/290$$
$$= 3,220/290 = 11.1 （天）$$

(2) 目標利潤＝投資額×投資利潤率
$$= 1,000 \times 10 \times 2\% = 200 （元）$$

保利儲存天數＝(毛利－固定儲存費－銷售稅金及附加－目標利潤)/每日變動儲存費
$$= [(13.5 - 10) \times 1,000 - 200 - 80 - 200]/290$$
$$= 3,020/290 = 10.4 （天）$$

(3) 批進批出經銷該商品實際獲利額
＝每日變動儲存費×(保本儲存天數－實際儲存天數)
＝290×(11－9)＝580（元）

Δ利潤＝實際利潤－目標利潤＝580－200＝380（元）

Δ利潤率＝實際利潤率－目標利潤率
$$= 580/(1,000 \times 10) - 2\%$$
$$= 5.8\% - 2\% = 3.8\% （能夠超額完成）$$

(4) 實際儲存天數＝保本儲存天數－該批存貨獲利額/每日變動儲存費
$$= 11 - (-160)/290 = 11.6(元)$$
或
$$= [(13.5 - 10) \times 1,000 - 200 - 80 - (-160)]/290$$
$$= 3,380/290 = 11.6 （天）$$

通過對存貨儲存期的分析與控制，可以及時瞭解企業的存貨信息，比如有多少存貨已過保本期或保利期、金額多大、比重多高。經營決策部門收到這些信息後，有利於針對不同情況採取相應的措施。一般而言，凡是已經過了保本期的商品大多屬於擠壓呆滯的存貨，企業應當積極推銷，壓縮庫存，將損失降至最低限度。對超過保利期

但未過保本期的存貨，應當首先檢查銷售狀況，查明原因，分析是人為所致還是市場行情已經逆轉，有無過期積壓存貨的可能，若有，需盡早採取措施。至於那些尚未過保利期的存貨，企業應密切監控，以防發生過期損失。財務部門還應當通過調整資金供應政策，促使經營部門調整產品結構和投資方向，推動企業存貨結構的優化，壓縮存貨儲存器，提高存貨的投資效率。

六、ABC 存貨管理

對某些大中型企業，如果其存貨品種繁多，數量、價格上差別比較大時，其存貨可以考慮 ABC 分類管理法進行管理。ABC 分類管理法認為，企業中的某些存貨儘管存貨不多，數量也很少，但每件存貨的金額相當巨大，管理稍有不善，會給企業造成極大的損失。相反，有的存貨雖然品種繁多，數量巨大，但其總金額在存貨總占用資金中的比重較低，對於這類存貨即使管理當中出現一些問題也不至於對企業產生較大的影響。因此，從經濟角度和人力物力財力的有限性角度看，企業應該對不同的存貨給予不同程度的關注。ABC 分類管理的目的在於使企業分清主次，突出重點，以提高存貨資金管理的效果。

ABC 分類管理法的具體操作通常分為以下步驟：首先按一定的標準將企業的存貨分類。分類的標準主要有金額標準（主要是年平均耗用總額）和數量標準。其中金額標準是最基本的，品種數量標準僅作為參考。例如，先將企業各種存貨按其單位成本、數量、年平均耗用總額（其中，年平均耗用總額＝全年平均耗用量×單位成本），然後按照一定金額標準把它們分成 A、B、C 三類。其中 A 類存貨單位價值大、數量少，這類存貨一般只占用年耗用總數量的 10%，其中價值占年耗用金額的 70%；B 類存貨金額一般，品種數量相對較多；C 類存貨品種數量繁多，但是價值金額很小，金額比重只占年耗用金額的 10%，但占年耗用總數量的 70%。如一個擁有上萬種商品的百貨公司，精品服飾、皮具、高檔金飾、手錶、家用電器、大型家具、健身器材等商品的品種數量並不很多，價值卻相當大，大眾化的服裝、鞋帽箱包、床上用品、文具用品等商品品種數量比較多，但價值相對 A 類商品要小得多。至於各種小百貨，如日用百貨、化妝品等品種數量非常多，但所占的金額很小。

ABC 各類存貨的分類劃定以後就可以針對不同存貨實行分品種重點管理、分類別一般控制和按總額靈活掌握的存貨管理方法。由於 A 類存貨占用企業絕大多數的資金，只要能控制好 A 類存貨，基本上不會出現較大問題，因此必須對 A 類存貨實行分品種重點管理，即對每一種存貨都列出詳細的數量、單價情況，嚴格按照事先計算確定的數量和時間進行訂貨，使日常存量達到最優水平，同時對每件存貨的訂購、收入、發出、結余情況都詳細登記。由於 B 類存貨的數量遠遠多於 A 類存貨，企業通常沒有能力對每一具體品種進行控制，因此可以通過劃分類別的方式管理，即將 B 類存貨中相似的存貨歸類，以這些類別來控制存貨收發數量和金額。儘管 C 類存貨品種數量繁多，但其所占金額很小，對此，企業只要把握一個總金額就可以了。

【例 6-16】某車間某年計劃耗用零件 15 種，其具體的單位成本、年耗用量和耗用總成本如表 6-11 所示，現擬採用 ABC 分類管理法對該車間的零件存貨進行管理，分

類標準為耗用總成本：耗用總成本大於 40,000 元的列入 A 類重點管理；耗用總成本大於 20,000 元、小於 40,000 元的為 B 類存貨一般管理；耗用總成本小於 20,000 元的歸入 C 類綜合管理。

表 6-11　　　　　　　　　某車間零件計劃耗用情況表

零件編號	單位成本（元）	年均耗用量（件）	比例（％）	耗用總成本（元）	比例（％）	類別
1001	18.00	2,200	1.98	39,600	5.92	B
1002	42	2,530	2.28	106,260	15.88	A
1003	2.00	7,600	6.83	15,200	2.27	C
1004	5.00	5,420	4.87	2,710	4.05	B
1005	1.60	9,900	8.90	15,840	2.37	C
1006	0.50	16,500	14.84	8,250	1.23	C
1007	71.00	1,500	1.35	106,500	15.92	A
1008	7.00	4,800	4.32	33,600	5.02	B
1009	2.20	4,000	3.60	8,800	1.32	C
1010	19.00	2,550	2.29	48,450	7.24	A
1011	5.00	4,000	3.60	20,000	2.99	B
1012	0.80	12,300	11.06	9,840	1.47	C
1013	0.15	30,800	27.70	4,620	0.69	C
1014	15.60	4,200	3.78	65,520	9.79	A
1015	55.00	2,900	2.61	159,500	23.84	A
合計		111,200	100.00	669,080	100.00	

根據表 6-11 提供的資料，按實物數量和占用金額分別計算各類存貨在總量中所占的比重，如表 6-12 所示。

表 6-12　　　　　　　各類存貨在總量中所占的比重

零件類別	耗用數量		耗用成本	
	單位數（件）	比例（％）	耗用總成本（元）	比例（％）
A	13,680	12.30	486,230	72.67
B	16,420	14.77	120,300	17.98
C	81,100	72.93	62,550	9.35
合計	111,200	100.00	669,080	100.00

從表 6-12 的分析中可以看出，A 類存貨雖然數量只占總量的 12.30％，其價值卻占了存貨總價值的 72.67％；而 C 類存貨正好相反，數量雖然占了總量的 72.93％，價值卻只有 9.35％；B 類存貨介於 A 類存貨和 C 類存貨之間。對於這種情況，該車間應該對 A 類存貨實行分品種重點管理，至於 B 類和 C 類存貨，則按具體情況採取適當的分類別控制和總額控制。

第五節　流動負債管理

一、短期借款

短期借款通常指銀行短期借款，又稱為銀行流動資金借款，是企業為解決短期資金需求而向銀行申請借入的款項，是籌集短期資金的重要方式。

(一) 短期借款的種類

企業短期借款按照是否需要擔保可分為以下三類：

1. 信用借款

信用借款又稱為無擔保借款，是指以借款人的信譽為依據而獲得的款項，取得這種借款無需以財產作為抵押。信用借款又可分為兩類：信用額度借款和循環協議借款。信用額度借款是商業銀行與企業之間商定的在未來一段時間內銀行能向企業提供無擔保貸款的最高額度。循環協議借款是一種特殊的信用額度借款，企業與銀行之間也要商定貸款的最高額度，在最高限額內，企業可以借款、還款、再借款、再還款，可以不停週轉使用。

2. 擔保借款

擔保借款是指有一定的保證人擔保或者以一定的財產作為抵押或質押而取得的借款。擔保借款可分為三類：保證借款、抵押借款或質押借款。保證借款是指以第三人承諾在借款人不能償還借款時，按照約定承擔一般保證責任或連帶責任而取得的借款。抵押借款是指以借款人或第三人的財產作為抵押物而取得的借款。質押借款是指以借款人或第三人的動產或權利作為質押物而取得的借款。

3. 票據貼現

票據貼現是指企業以持有的未到期的商業票據向銀行貼付一定的利息而取得借款的一種借貸行為。

(二) 短期借款的決策

在做短期借款決策時，主要考慮兩方面因素：短期借款成本和貸款銀行服務。

1. 短期借款成本

銀行借款的成本通常用借款利率來表示。短期借款的利率會因借款企業的類型、借款金額及時間的不同而不同。另外，銀行貸款利率有單利、複利、貼現利率、附加利率等種類，企業應根據不同情況做出選擇。

(1) 單利計息　單利計息是將貸款金額以貸款期限與利率計算出利息的方法。多數銀行採用此種方式計息，企業可通過比較單利來比較不同銀行的短期借款成本。在單利情況下，短期借款成本取決於設定利率和銀行收取利息的方法。若在到期日，利息與本金一併支付，則設定利率與實際利率相同。

(2) 複利計息　複利計息是除了對貸款金額計息外還要對利息計息的方法。按照

複利計息，借款人實際負擔的利率（即有效利率），要高於名義利率，如在貸款到期以前付息次數越多，有效利率高出名義利率的部分就越大。

（3）貼現利率計息　貼現利率是在銀行發放貸款時，先扣除貸款的貼現利息，而以貸款面值與貼現利息的差額貸給企業。在貼現利率貸款的方式下，借款人的借款成本也會高於名義利率，且高出的程度遠遠大於複利貸款方式。其計算公式為：

$$貼現貸款的有效利率 = \frac{利息}{貸款面額 - 利息} \qquad (6-25)$$

【例6-17】A企業以貼現方式借入一年期貸款30,000元，名義利率是15%，此時A企業實際得到的資金為25,500元，利息為4,500元。因此，貸款的有效利率為：

$$貼現貸款的有效利率 = \frac{利息}{貸款面額 - 利息}$$
$$= \frac{4,500}{30,000 - 4,500}$$
$$= 17.65\%$$

（4）附加利率計息　附加利率計息是指即使分期償還貸款，銀行亦按貸款總額和名義利率來計算收取利率。在此方式下，企業可以利用的借款逐期減少，但利息並不減少，因此，負擔的利息費用較高。其計算公式為：

$$有效利率 = \frac{利息}{借款人收到的貸款金額/2} \qquad (6-26)$$

【例6-18】A公司以分期付款方式借入一年期貸款30,000元，名義利率是15%，付款方式為12個月等額償還。因此全年平均擁有的借款額為15,000元（30,000/2）。按照4,500元的利息，實際成本為：

$$有效利率 = \frac{利息}{借款人收到的貸款金額/2}$$
$$= \frac{4,500}{30,000/2}$$
$$= 30\%$$

2. 貸款銀行服務

企業在選擇貸款銀行時，通常要考慮如下因素。

（1）銀行對待風險的政策。不同的銀行對待風險的政策是不同的，有的保守，只願承擔較小的風險，而有的銀行則敢於承擔較大的風險。通常情況下，業務範圍大、分支結構多的銀行能夠很好地分散風險，有承擔較大貸款風險的能力；相反，一些小銀行分散風險的能力差，能夠接受的風險要小得多。

（2）銀行提供的服務。有的銀行有良好的服務，能夠積極地幫助企業分析財務問題，為企業提出建議，甚至某些銀行設有向客戶提供諮詢的專門機構。

（3）銀行的忠誠度。有些銀行在企業遇到困難時能夠幫助企業渡過難關；而有些銀行在企業遇到困難時一味要求企業清償債務。

（4）貸款的專業化程度。有些銀行有專門的部門負責不同類型的、針對行業特徵

的專業化貸款，企業與這些擁有豐富經驗的銀行合作，會受益更多。

（5）銀行的穩定性。穩定的銀行可以保證企業的借款不致中途發生變故，穩定性好的銀行一般資本雄厚，存款水平波動小、定期存款比重大。

(三) 短期借款的優缺點

1. 短期借款的優點

①銀行資金充足，能隨時為企業提供較多的短期貸款。②借款彈性好。在借款期間，如果企業情況發生變化，可與銀行進行協商，修改借款的數量和條件，如可在資金需求增加時借款，在資金需求減少時還款。

2. 短期借款的缺點

①資金成本較高，借款成本要高於商業信用和短期融資券。②限制條件較多。借款合同中的限制條款，如要求企業把流動比率控制在一定的範圍，可能構成對企業的限制。

二、商業信用

(一) 商業信用的形式

所謂商業信用是指在商品購銷活動中由於延期付款或延期交貨所形成的買賣雙方的借貸關係，它是由商品交易形成的企業之間的一種信用關係。

1. 賒購商品

這是一種最典型、最常見的商業信用形式，賣方可利用這種方式促銷，而買方則可以滿足短期的資金需要。當雙方發生商品買賣交易時，賣方不需要立即支付現金，而是可以延遲到一定時期以后付款。

2. 預收貨款

預收貨款是賣方先向買方收取部分或全部貨款，但要延遲到一定時期後交貨的信用形式，這相當於向買方借入資金后再用貨物抵償。購買方為取得供不應求的商品常常採用這種形式。此外，對於生產週期長，售價高的產品，為了緩解資金占用過多的壓力也常採用這種形式。

(二) 商業信用的條件

商業信用的條件是指銷貨方對付款時間和現金折扣所做的具體規定。例如「2/10，1/20，n/30」，信用條件主要有以下三種形式。

1. 預付貨款

預付貨款是指買方在賣方發出貨物之前支付貨款，一般用於以下兩種情形：賣方知道買方信用欠佳；銷售週期長，售價高的產品，在此條件下，銷貨方可得到暫時的資金來源，而購貨方則要預先墊付現金。

2. 延期付款，但不提供現金折扣

在這種條件下，賣方允許買方在發生交易后的一定時期內按發票金額付款。例如，「net40」是指在40天內按發票金額付款。該條件下的信用期間一般為30～60天，但有

些季節性的生產企業可能為顧客提供更長的信用期，在此情況下，購貨企業可因延期付款而取得資金來源。

3. 延期付款，早付有現金折扣

在此條件下，買方若提前付款就會得到賣方提供的現金折扣，如果買方不享受現金折扣，則應在一定時期內償付款項，如「2/10，n/30」就是這種信用條件。如果銷售單位提供現金折扣，但購買方未能享受，則喪失現金折扣的成本提高，可用以下公式計算：

$$資金成本 = \frac{CD}{1-CD} \times \frac{360}{N} \qquad (6\text{-}27)$$

式中，CD 表示現金折扣的百分比；N 表示失去現金折扣後延期付款的時間（天）。

【例6-19】某企業按「2/10，n/30」的條件購入價值20,000元的原材料。現計算不同情況下，該企業所承受的商業信用成本。

①如果企業在10天內付款，便享受了10天的免費信用期間，並獲得2%的現金折扣，免費信用額為：

20,000−20,000×2% = 19,600（元）

②如果企業在10天後、30天內付款，則將承受因放棄現金折扣的機會成本：

$$資金成本 = \frac{CD}{1-CD} \times \frac{360}{N} = \frac{2\%}{1-2\%} \times \frac{360}{30-10} = 36.73\%$$

由此可見，企業放棄現金折扣的機會成本是比較高的。如果企業不能因放棄現金折扣而獲得高於這一成本的收益，那麼放棄折扣是不理想的選擇。

③如果企業當前的流動性確實很緊張，應進一步考慮是否放棄現金折扣。如果企業面臨兩家以上具有不同信用條件的供應商，則應比較放棄現金折扣的機會成本，選擇信用成本最小的供應商。

【例6-20】續【例6-19】，某企業除了上述「2/10，n/30」的信用條件外，還面臨另一家供應商提供的「1/20，n/40」信用條件，試確定該企業應當選擇的供應商。

①如果企業在20天內付款，便享受到了20天的免費信用期間，並獲得1%的現金折扣，免費信用額為：

20,000−20,000×1% = 19,800（元）

②如果在20天後，40天內付款，將承受的機會成本如下：

$$資金成本 = \frac{CD}{1-CD} \times \frac{360}{N} = \frac{1\%}{1-1\%} \times \frac{360}{40-20} = 18.18\%$$

這一成本遠遠低於「2/10，n/30」信用條件下的機會成本，因此該企業應選擇信用條件為「1/20，n/40」的供應商。

(三) 商業信用的控制

1. 信息系統的監督

對商業信用進行有效管理需要一個健全、完整的信息系統，以應付帳款為例，當企業收到帳單時，企業應確認該經濟活動是否已發生、企業是否已收到貨物等情況。

確認后，應將帳單與企業的訂貨單進行核對，核對無誤后轉入支付程序。這時，需要考慮支付的時間，即考慮是否在現金折扣期內付款、是否按期付款或是否拖延付款時間等問題。這就要求信息系統做出及時、有效的反應，以便管理者做出決策。

2. 應付帳款余額的控制

當管理者做出支付決策后，對日常政策執行的監督就顯得非常重要。通常應考慮應付帳款週轉率和應付帳款余額百分比。

（1）應付帳款週轉率。考察應付帳款週轉率是對企業商業信用進行控制的傳統做法。應付帳款週轉率的公式可表示為：

$$應付帳款週轉率 = \frac{採購成本}{同期應付帳款平均余額}$$

【例6-21】某企業2010年採購成本為100,000元，年度應付帳款平均余額為50,000元，則該企業的應付帳款週轉率為：

$$應付帳款週轉率 = \frac{採購成本}{同期應付帳款平均余額} = \frac{100,000}{50,000} = 2$$

在經濟生活中，企業的財務人員僅在年底進行應付帳款分析是不夠的，而需要掌握更短期間內應付帳款的情況變化。這樣才能做出是否享受現金折扣或延期付款等恰當的決策。

（2）應付帳款余額百分比。應付帳款余額百分比是指採購當月發生的應付帳款在當月月末及隨后的每一個月末尚未支付的數額占採購當月的採購成本的比例。通過這種方法，可以考察企業對應付帳款的管理情況，可以清楚地瞭解企業支付款項的程度及速度。

【例6-22】某企業2010年度上半年採購成本和應付帳款余額見表6-13。

表6-13　　　　　　　　2010年度上半年採購成本和應付帳款余額表　　　　　　單位：萬元

月份	採購成本	應付帳款余額					
		1月	2月	3月	4月	5月	6月
1月	150	100	30				
2月	200		160	10			
3月	100			40	10		
4月	110				50	10	
5月	230					90	90
6月	30						15
合計	820	100	190	50	60	100	105

依據表6-13計算應付帳款余額百分比：以1月為例，該企業發生的採購成本為150萬元，當月有100萬元沒有支付，到了2月份仍有30萬元未支付，3月份將款項支付完畢。則1月份的應付帳款占當月採購成本的66.7%（即100/150），2月份的應付帳款占1月份採購成本的20%（即30/150），以此類推，該企業的應付帳款余額百分比見表6-14。

表 6-14　　　　　2010 年度上半年採購成本和應付款項余額百分比

月份	採購成本	應付帳款余額					
		1月	2月	3月	4月	5月	6月
1月	150	66.7%	20%				
2月	200		80%	5%			
3月	100			40%	10%		
4月	110				45.5%	9%	
5月	230					39.1%	39.1%
6月	30						50%

計算出應付帳款余額百分比，能夠直觀地反應出該企業應付帳款的週轉情況。由表 6-14 可以看出，該企業的應付帳款在 2 個月內基本能夠支付完畢，但其支付比率並不穩定。因此，財務人員需要認真考察每筆款項的具體情況，避免較大的波動給企業帶來的不良影響。

3. 道德控制

企業應當權衡放棄現金折扣的成本與因延期償還所帶來的機會投資收益，以做出有利於企業的最優選擇。但在實際中，還應注意到許多隱形的成本和潛在的收益。若企業總是違反合同，拖延付款時間，那麼，企業的信用評級將會受到損害，供貨商會對企業做出不利評價，破壞企業的商業道德形象。而這屬於企業的無形資產，無法精確地計算、衡量。因此，應對商業道德予以足夠的重視。

(四) 商業信用的優缺點

1. 商業信用的優點

①使用方便。因為商業信用通常與商品買賣同時進行，這是一種自發性籌資，不必進行正式的融資安排，隨時可以取得。②限制少。商業信用的使用比較靈活且具有彈性。在大多數短期其他類型的短期融資方式中，尤其是利用銀行借款進行籌資，往往會有嚴格的限制條件，甚至要求擔保。雖然商業信用也有限制，但其限制條件遠沒有其他形式的短期籌資多。③成本較低。如果沒有現金折扣，或企業不願放棄現金折扣，則採用商業信用籌資，其籌資成本較低或者沒有實際成本。

2. 商業信用的缺點

①商業信用的信用期一般比較短。通常，信用期限較短，不利於企業統籌運用資本，並且如果拖欠還款還會造成企業信用等級下降等不利影響。②在存在現金折扣的情況下，如果企業選擇放棄現金折扣，則要付出較高的成本。③如果企業缺乏信譽，容易造成企業間相互拖欠，影響資金運轉。

本章小結

本章主要介紹的是營運資金管理方面的問題，具體分為營運資金管理政策、流動資金的管理以及流動負債的管理問題。

營運資金又稱為營運資本、循環資本，是指企業在生產經營活動中占用在流動資產上的資金。企業應持有適量的營運資金，較高的營運資本持有量會降低企業的收益，而較低的營運資本會加大企業的風險。

流動負債主要介紹了短期借款、商業信用、短期融資券的含義及其優缺點。企業採用短期負債方式籌集的資金，通常使用期限在 1 年以內或超過 1 年的一個營業週期以內。流動負債相對於長期負債籌資方式而言，籌資速度快且有彈性，付出的資金成本較低，但籌資風險大。

營運資金管理主要包括對現金、應收帳款和存貨的管理。現金管理包括最佳現金持有量的確定和現金的日常管理。應收帳款的管理主要是制定包括信用標準、信用條件和收帳政策三方面內容的信用政策及應收帳款的日常管理。存貨包括確定經濟訂貨量和存貨的日常管理。

思考題

1. 企業現金管理的目標和持有現金的動機是什麼？
2. 如何確定最佳現金持有量？
3. 如何進行現金的日常管理？
4. 應收帳款的功能和成本有哪些？
5. 如何進行信用政策決策？
6. 如何確定經濟訂貨量？
7. 存貨的日產管理的內容有哪些？

自測題

一、單選題

1. 某企業規定的信用條件是「3/10，1/20，n/30」，一客戶從該企業購入原價為 10,000 元的原材料，並於第 18 天付款，則該客戶實際支付的貨款為（　　）。
   A. 7,700 元　　　B. 9,900 元　　　C. 1,000 元　　　D. 9,000 元
2. 下列訂貨成本中屬於變動性成本的是（　　）。
   A. 採購人員計時工資　　　　B. 採購部門管理費用
   C. 訂貨業務費　　　　　　　D. 預付定金的機會成本
3. 衡量信用標準的是（　　）。
   A. 預計的壞帳損失率　　　　B. 未來收益率
   C. 未來損失率　　　　　　　D. 帳款收現率
4. 為了應付各種現金支付需要，企業確定的現金餘額一般應（　　）。
   A. 大於各項動機所需現金之和
   B. 等於各項動機所需現金之和
   C. 適當小於各項動機所需現金之和

D. 根據具體情況，不用考慮各動機所需現金之和

5. 企業現金管理目的應當是（　　）。
   A. 盡量減少每一分錢的開支
   B. 使每一項開支都納入事前的計劃，使其受到嚴格控制
   C. 在資金的流動性與盈利能力之間做出抉擇以獲得最大長期利潤
   D. 追求最大的現實獲利能力

6. 通過（　　）週轉所實現的價值是企業最重要、最穩定的收益來源。
   A. 固定資產　　　B. 總資產　　　C. 金融資產　　　D. 流動資產

7. 最佳現金持有量的確定，實際上是指如何安排（　　）間的最佳分割比例，以及二者保持怎樣的轉換關係才能最大限度地實現現金管理的目標。
   A. 資金需求與供給　　　　　　B. 現金資產與有價證券
   C. 訂貨成本與儲存成本　　　　D. 持有成本與轉換成本

8. 某企業購進甲存貨 1,000 件，日均銷量為 10 件，購進批量為 800 件，日增長費用為 1,300 元，預計獲利為 5 萬元時其保本期應為（　　）天。
   A. 140　　　　B. 79　　　　C. 89　　　　D. 88

9. 某企業上年度現金的平均餘額為 800,000 元，經分析發現有不合理占用 200,000 元；預計本年度銷售收入將上漲 10%，則該企業本年度的最佳現金餘額應為（　　）。
   A. 600,000 元　　B. 660,000 元　　C. 680,000 元　　D. 800,000 元

10. 在對存貨採用 ABC 法進行控制時應重點控制的是（　　）。
    A. 價格昂貴的存貨　　　　B. 數量大的存貨
    C. 占用資金多的存貨　　　D. 品種多的存貨

二、多選題

1. 營運資金多，意味著（　　）。
   A. 企業資產的流動性高　　　B. 流動資產的週轉速度快
   C. 企業資本成本相對較高　　D. 企業銷售收入多

2. 缺貨成本指由於不能及時滿足生產經營需要而給企業帶來的損失，它包括（　　）。
   A. 商譽損失　　　　　　　　B. 延期交貨的罰金
   C. 採取臨時措施而發生的超額費用　　D. 停工待料損失

3. 如果企業出現臨時性現金短缺，主要通過（　　）來籌集加以彌補。
   A. 歸還短期借款　　　　B. 出售短期證券
   C. 籌集短期負債　　　　D. 增加長期負債
   E. 變賣長期有價證券

4. 利用存貨模式計算最佳現金持有量時，一般考慮的相關成本有（　　）。
   A. 現金短缺成本　　　　B. 委託佣金
   C. 固定性交易費用　　　D. 現金管理成本
   E. 機會成本

5. 如果企業信用標準過高，將會（　　）。
   A. 擴大銷售　　　　　　　　B. 增加壞帳損失
   C. 降低違約風險　　　　　　D. 降低企業競爭能力
   E. 降低收帳費用
6. 企業在對信用標準、信用條件等變動方案進行優劣選擇時，應著重考慮的因素為（　　）。
   A. 淨收益孰高　　　　　　　B. 壞帳損失率大小
   C. 管理費用大小　　　　　　D. 市場競爭對手情況
7. 現金交易動機是指企業持有現金以滿足企業（　　）。
   A. 購買生產經營所需原材料的需要
   B. 支付生產經營中應付工資的需要
   C. 進行正常短期投資所需
   D. 防止主要客戶不能及時付款而影響企業的正常收支的需要
8. 在確定經濟採購批量時，下列（　　）表述是正確的。
   A. 經濟批量是指一定時期儲存成本和訂貨成本總和最低的採購批量
   B. 隨著採購量變動，儲存成本和訂貨成本呈反向變動
   C. 儲存成本的高低與採購量的多少成正比
   D. 訂貨成本的高低與採購量的多少成反比
   E. 年儲存成本與年訂貨成本相等時的採購批量
9. 企業如果採用較積極的收款政策，可能會（　　）。
   A. 增加應收帳款投資　　　　B. 減少壞帳損失
   C. 減少應收帳款投資　　　　D. 增加壞帳損失
   E. 增加收帳費用

三、判斷題

1. 一般而言，資產流動性越高，獲利能力越強。（　　）
2. 存貨管理的經濟批量，即達到訂貨成本最低時的訂貨批量。（　　）
3. 存貨週轉率越高，則肯定存貨控制越佳。（　　）
4. 缺貨成本，即缺少的存貨的採購成本。（　　）
5. 有時企業雖有盈利但現金拮据，有時雖虧損現金卻余裕。（　　）
6. 應收帳款未來是否發生壞帳損失對企業並非最為重要，更為關鍵的是實際收現的帳項能否滿足同期必要的現金支出要求。（　　）
7. 當企業的應收帳款已經作為壞帳處理後，並非意味著企業放棄了對該項應收帳款的索取權。（　　）
8. 在一定時期進貨總量既定的條件下，無論企業採購次數如何變動，存貨的進價成本與採購稅金總計數通常是保持相對穩定的，屬於決策的無關成本。（　　）
9. 信用條件是指企業接受客戶信用訂單時所提出的付款要求。（　　）
10. 營運週期短，正常的流動比率越低，營運週期長，流動比率越高。（　　）

四、計算分析題

1. 某企業原信用標準為只對預計壞帳損失率在10%以下的顧客賒銷，其銷售利潤率為20%，同期有價證券利息率為15%，現有兩種改變信用標準的方案如下表所示。

	方案 A	方案 B
預計壞帳損失率（信用標準）	5%	15%
信用標準變化對銷售收入的影響	-10,000元	+15,000元
平均付款期限（增減賒銷額的）	60天	75天
對應收帳的管理成本的影響	-100元	+150元
增減賒銷額的預計壞帳損失率	7.5%	12.5%

試計算兩方案的影響結果，並選擇方案。

2. 某廠每年需某零件6,480件，日平均需用量18件，該零件自製每天產量48件，每次生產準備成本300元，每件儲存成本0.5元，每件生產成本50元；若外購，單價60元，一次訂貨成本50元，請問選擇自製還是外購為宜？

3. 某企業購進甲存貨2,000件，進價1,000元，增值稅率17%，該款項來自銀行借款，年利率15%，企業月保管費用額為9,510元，存貨一次性費用18萬元，該存貨日均銷量15件，售價為1,230元。銷售稅金及附加為13萬元。（1）計算該批存貨的保本期；（2）該企業能否實現3%的投資利潤率？（3）在日均銷量無法提高時，如何組織最佳進貨批量，才能取得最大投資效益？（4）當該批存貨日增長費用再上升10%時，（其他條件不變）其保本期需增加多少天？

4. 東方公司A材料年需要量為6,000噸，每噸平價為50元，銷售企業規定：客戶每批購買量不足1,000噸，按平價計算；每批購買量1,000噸以上，3,000噸以下的，價格優惠5%；每批購買量3,000噸以上，價格優惠8%。已知每批進貨費用為100元，單位材料平均儲存成本3元，計算最佳經濟批量。

5. 某公司現在採用30天按發票金額付款的信用政策，擬將信用期放寬至60天，仍按發票金額付款即不給折扣，該公司投資的最低報酬率為15%。其他有關資料如下表所示。

項目 \ 信用期	30 天	60 天
銷售量（件）	100,000	120,000
銷售額單價（5元）	500,000	600,000
銷售成本		
變動成本（4元）	400,000	480,000
固定成本	50,000	50,000
毛利	50,000	70,000
可能發生的收帳費用	3,000	4,000
可能發生的壞帳損失	5,000	9,000

要求：試分析是否延長信用期。

第七章　收益分配管理

學習目的

(1) 掌握收益分配的基本原則及確定收益分配政策時應考慮的因素；
(2) 瞭解股利支付形式，理解股利支付程序；
(3) 掌握各種股利政策的基本原理、優缺點和適用範圍；
(4) 瞭解股票股利、股票分割和股票回購的含義及其區別。

關鍵術語

利潤分配　股利政策　股票股利　股票分割

導入案例

貴州茅臺酒股份有限公司（600519）2014年度利潤分配方案在2015年5月20日召開的公司2014年度股東大會上獲得表決通過。經貴州省證券管理辦公室審核批准後，公司於2015年5月21日就分紅事宜進行了公告，公告聲明如下：以2014年年末總股本114,119.80萬股為基數，對公司全體股東每股派送紅股0.1股、每股派發現金紅利4.374元（含稅），共分配利潤5,109,299,052.00元。合格境外機構投資者（QFII）股東每股派發現金紅利3,926.60元，通過滬港通投資本公司A股股份的香港市場投資者每股派發現金紅利3,926.6元。股權登記日為2015年7月16日，除權（除息）日為2015年7月17日，現金紅利發放日為2015年7月17日。

資料來源：2015年5月21日的《上海證券報》，內容作者有所刪減。

第一節　利潤分配概述

利潤是企業生存和發展的基礎，追求利潤是企業生產經營的根本動力。搞好利潤管理，具有十分重要的意義：①利潤是衡量企業生產經營水平的一項綜合性指標；②利潤是企業實現財務管理目標的基礎；③利潤是企業再生產的主要資金來源。

分配活動是財務活動的重要一環，利潤分配是很重要的工作，它不僅影響企業的籌資和投資決策，而且涉及國家、企業、投資者、職工等各方面的利益關係，關係到企業長遠利益與近前利益、整體利益與局部利益等關係的處理和協調，必須慎重對

待之。

一、利潤的構成

進行利潤分配的前提是企業實現利潤，合理的分配利潤需要正確地計算利潤總額。利潤是企業在一定會計期間的經營成果，利潤的多少一定程度上決定了利潤分配者的利益和企業的發展能力。

利潤包括收入減去費用后的淨額、直接計入當期利潤的利得和損失等。其中，收入減去費用后的淨額反應企業日常活動的業績，直接計入當期利潤的利得和損失反應企業非日常活動的業績。利潤的構成可以用公式表示如下：

利潤總額＝營業利潤＋營業外收支淨額

淨利潤＝利潤總額－所得稅費用

（一）利潤總額的構成

營業利潤是企業在一定時期從事生產經營活動所取得的利潤，它集中反應了企業生產經營的成果。

營業利潤＝營業收入－營業成本－營業稅金及附加－銷售費用－管理費用－財務費用－資產減值損失＋公允價值變動收益（減損失）＋投資收益（減損失）。營業外收支淨額是指與企業生產經營活動沒有直接聯繫的營業外收入與營業外支出的差額。

（二）稅前利潤調整

對企業計徵所得稅不是以利潤總額為基礎，而是以應稅所得為基礎。因此，要計算出稅前利潤就需要對利潤總額進行調整，對利潤總額的調整包括永久性差異調整、暫時性差異調整和彌補虧損調整三個方面。永久性差異是指某一會計期間由於會計準則和稅法在計算收益、費用和損失的口徑不同，所產生的稅前會計利潤和應稅所得之間的差異。這種差異在本期產生，不會在以后各期轉回。暫時性差異是指資產與負債的帳面價值與計稅基礎之間的差異。這種差異發生在某一會計期間，但在以后某一期或若干期內能夠轉回。為了減輕虧損企業的所得稅負擔，企業發生的年度虧損，可以在以后五年內用所得稅前利潤進行彌補；延續五年未彌補的虧損，可用稅后利潤進行彌補。

（三）所得稅計徵和稅后利潤的形成

企業利潤總額經過上述三項調整后，便可確定當期的應稅所得額，所得稅額為應稅所得與適用所得稅率的乘積。企業利潤總額減去所得稅額就是企業淨利潤，它是利潤分配的基礎。

二、利潤分配的原則

（一）依法分配原則

稅后淨利潤是利潤分配的基礎，淨利潤是企業的權益，企業有權自主分配。國家相關法律法規對利潤分配的基本原則、一般順序和重大比例做出了明確的規定，目的

是保證企業利潤分配的有序進行，維護企業和所有者、債權人和職工的合法權益，促使企業增加累積、提高風險防範能力。企業在利潤分配中必須依照公司法，企業利潤分配在內部屬於重大事件，必須嚴格按照企業章程的規定進行分配。

(二) 兼顧各方利益原則

利潤分配是利用價值形式對社會產品的分配，直接關係到有關各方的切身利益。因此，要堅持全局觀念，兼顧各方利益。國家為行使其自身職能，必須有充足的資金保證，這就要求企業以繳納稅款的方式，無償上繳一部分利潤，這是每個企業應盡的義務；投資者作為資本投入者、企業所有者，依法享有收益分配權，企業的淨利潤歸投資者所有，是企業的基本制度，也是企業所有者投資於企業的根本動力所在；企業的利潤離不開全體職工的辛勤工作，職工作為利潤的直接創造者，除了獲得工資及獎金等勞動報酬外，還要以適當方式參與淨利潤的分配。利潤分配涉及投資者、經營者和職工等多方面的利益，企業必須兼顧，並盡可能保持穩定的利潤分配。在企業具有穩定的利潤增長時，應增加利潤分配的比例。

(三) 分配與累積並重原則

企業進行收益分配，應正確處理長遠與近期利益的辯證關係，將兩者有機結合起來。堅持分配與累積並重。企業除按規定提取法定盈餘公積金以外，可適當留存一部分利潤作為累積。這部分留存收益雖暫時未予分配，但仍歸企業所有者所有。而且，這部分累積不僅為企業擴大再生產籌措了資金，同時也增強了企業抗風險的能力，提高了企業經營的安全係數和穩定性，這也有利於增加所有者的回報。通過處理收益分配和累積的關係，留存一部分利潤以供企業未來分配之需，還可以達到以豐補歉，平抑收益分配數額波動幅度，穩定投資報酬率的效果。同時由於發展和優化資本的考慮，可以合理留用利潤，應以累積優先為原則，合理確定提取盈餘公積金、公益金和分配給投資者利潤的比例，使利潤分配真正成為促進企業發展的手段。

(四) 資本保全原則

資本保全是責任有限的現代企業制度的基礎性原則之一。企業在分配中不得侵蝕資本，利潤分配是對經營中資本新增額的分配，不是資本金的返還。因此，如果企業有虧損，先彌補虧損，再進行分配。

(五) 投資與收益對等原則

企業分配收益應當體現，「誰投資誰受益」、收益大小與投資比例相適應，即投資與收益對等的原則，這是正確處理投資者利益關係的關鍵。這就要求企業在向投資者分配收益時，應本著平等一致的原則，按照各方出資的比例來進行，以保護投資者的利益。

(六) 充分保護債權人利益原則

債權人的利益按照風險承擔的順序及合同契約的規定，企業必須在利潤分配前償清所有債權人到期債務，否則不得進行分配。如果有長期債務契約，企業的利潤分配

方案經債權人同意才可執行。

三、利潤分配的項目

利益機制是制約機制的核心，而利潤分配的合理與否是利益機制最終能否發揮作用的關鍵。利潤分配的項目——支付股利是一項稅后淨利潤的分配，但不是利潤分配的全部。按照《公司法》的規定，利潤分配的項目包括：

（一）法定公積金

法定公積金從淨利潤中提取形成，用於彌補公司虧損、擴大公司生產經營規模或者轉為增加公司資本。公司分配當年稅后利潤時應按照其淨利潤的10%提取法定公積金，當公積金累計額達到公司註冊資本的50%時，可不再繼續提取。任意公積金的提取與否及提取數量由股東會根據需要決定。

（二）股利

在提取完公積金後，公司開始支付股利。股利的分配以各股東持有的股份數額為依據，每一股東取得的股利與其持有的股份數成正比。股份有限公司原則上應從累計盈利中分配股利，無盈利不得分配股利。但若公司用公積金抵補虧損以後，為維護其股票信譽，經股東大會特別決議，也可用公積金支付股利。

四、利潤分配的順序

按照《公司法》的規定，公司應當按照如下順序分配利潤：

（1）計算可供分配的利潤。將本年淨利潤（或虧損）與年初未分配利潤（或虧損）合併，計算出可供分配的利潤。如果可供分配的利潤為負數（即虧損），則不能進行後續分配；如果可供分配利潤為正數（即本年累計盈利），則進行後續分配。

（2）計提法定公積金。按抵減年初累計虧損后的本年淨利潤計提法定公積金。提取公積金的基數，不一定是可供分配的利潤，也不一定是本年的稅后利潤。只有不存在年初累計虧損時，才能按本年稅后利潤計算應提取數。

（3）計提任意公積金。

（4）向股東分配利潤。

公司股東會或董事會不得違反上述規定順序來進行分配利潤，如果在抵補虧損和提取法定公積金之前對投資者分配利潤的，必須將違反規定發放的利潤退還公司。

五、股利支付形式

常見的股利支付形式有以下四種：

（一）現金股利

現金股利，又稱紅利，是指公司用現金支付的股利，它是股利支付最常見的方式。公司選擇發放現金股利除了要有足夠的留存收益外，還要有足夠的現金，而現金充足

與否往往會成為公司發放現金股利的主要制約因素。

(二) 股票股利

股票股利，是公司以增發股票的方式所支付的股利，中國實務中通常稱其為「送股」。對公司來說，發放股票股利並沒有現金流出公司，也不會導致公司的資產減少，而只是將公司的留存收益轉化為股本。但股票股利會增加流通在外的普通股數量，同時降低股票的每股價值。它不改變公司股東權益總額，但會改變股東的權益結構。

(三) 財產股利

財產股利，是以現金以外的其他資產支付的股利，主要是以公司所擁有的其他公司的有價證券，如債券、股票等，作為股利支付給股東。

(四) 負債股利

負債股利，是以負債方式支付的股利，通常以公司的應付票據支付給股東，有時也以發放公司債券的方式支付股利。

財產股利和負債股利實際上是現金股利的替代，但這兩種股利支付形式在中國公司實務中很少被使用。

六、股利支付程序

股份公司分配股利必須遵循法定的程序，先由董事會提出分配預案，然後提交股東大會決議，股東大會決議通過分配預案之後，向股東宣布發放股利的方案，並確定股權登記日、除息日和股利發放日等。

(一) 股利宣告日

股利宣告日是指公司董事會將股利支付情況予以公告的日期。公告中將宣布每股支付的股利、股權登記期限、除去股息的日期和股利支付日期。

股份公司董事會根據定期發放股利的週期舉行董事會會議，討論並提出股利分配方案，由股東大會討論通過后，正式宣告股利的發放方案，宣布方案的這一天被稱為宣告日。在當日，股份公司應登記有關股利負債（應付股利）。

(二) 股權登記日

上市公司在送股、派息或配股或召開股東大會的時候，需要定出某一天，界定哪些主體可以參加分紅、參與配股或具有投票權利，定出的這一天就是股權登記日。也就是說，在股權登記日這一天收盤時仍持有或買進該公司的股票的投資者是可以享有此次分紅或參與此次配股或參加此次股東大會的股東，這部分股東名冊由證券登記公司統計在案，屆時將所應送的紅股、現金紅利或者配股權劃到這部分股東的帳上。

(三) 除息日

除息日是指領取股利的權利與股票相分離的日期。在除息日前，股利權從屬於股票，持有股票者即享有領取當期股利的權利；除息日開始，股利權與股票相分離，新購入股票的股東不能分享當期股利。除息日對股票的價格有明顯的影響，在除息日之

前進行的股票交易，股票價格包括應得的股利收入，除息日後進行的股票交易，股票價格不包括股利收入，股票價格會有所下降，下降的幅度等於分派的股利。

(四) 股利發放日

股利發放日是指將股利正式支付給股東的日期。在這一天，公司應按公布的分紅方案通過各種手段將股利支付給股權登記日在冊的股東。

第二節 股利政策

一、影響股利政策的因素

公司股利的分配是在各種制約因素下進行的，影響公司股利政策的因素主要包括：

(一) 法律法規因素

企業的利潤分配必須依法進行，這是正確處理各方面利益關係的關鍵。為規範企業的收益分配行為，國家制定和頒布了若干法律法規，主要包括企業制度方面的法律法規、財務制度方面的法律法規，《證券法》《公司法》等，這些法律法規規定了企業收益分配的基本要求和一般程序，企業必須嚴格執行。在這些法律中，為了保護企業債權人和股東的利益，通常對企業的股利分配作如下限制。

1. 資本保全

資本保全要求公司股利的發放不能侵蝕資本，即公司不能因支付股利而引起資本減少。資本保全的目的，在於防止企業任意減少資本結構中的所有者權益的比例，以保護債權人的利益。

2. 資本累積

資本累積即規定公司股利只能從當期的利潤和過去累積的留存收益中去支付。也就是說，公司股利的支付，不能超過當期與過去的留存收益之和。如中國規定公司的年度稅後利潤必須計提10%的法定盈余公積金，和按一定比例計提的任意盈余公積金，只有當公司提取公積金累計數達到註冊資本的50%時可以不再計提。

3. 淨利潤

公司實現的淨利潤在彌補以前年度的虧損，提取法定盈余公積后，再加上年初未分配利潤和其他轉入數（公積金彌補的虧損等），形成的公司年度累計淨利潤必須為正數時才可發放股利，以前年度虧損必須足額彌補。

4. 償債能力

公司如果要發放股利，就必須保證有充分的償債能力。如果企業已經無力償還債務或因發放股利將極大地影響企業的償債能力，則不能分配現金股利。

(二) 公司因素

公司資金的靈活週轉，是公司生產經營得以正常進行的必要條件，公司在制定股利政策時應考慮如下因素：

1. 變現能力

公司資產的變現能力，即保有一定的現金和其他適當的流動資產，是維持正常商品經營的重要條件。較多地支付現金股利會減少公司的現金持有量，降低公司資產的流動性。因此，公司現金股利的支付能力，在很大程度上受其資產變現能力的限制。

2. 舉債能力

不同公司在資本市場上舉借債務的能力有一定的差別，具有較強舉債能力的公司因為能夠及時地籌措到所需的資金，可能採取較寬鬆的股利政策；而舉債能力弱的公司則不得不保留盈余，因而往往採取較緊的股利政策。

3. 盈利能力

公司的股利政策在很大程度上會受其盈利能力的限制。一般而言，盈利能力比較強的公司，通常採取較高的股利支付政策，而營利能力較弱或不夠穩定的公司，通常採取較低的股利支付政策。

4. 投資機會

公司的股利政策與其所面臨的新的投資機會密切相關。如果公司有良好的投資機會，必然需要大量的資本支持，因而往往會將大部分盈余用於投資，而少發放股利；如果公司暫時缺乏良好的投資機會，則傾向於先向股東支付股利，以防止保留大量現金造成資本浪費。正因為如此，許多成長中的公司，往往採取較低的股利支付率，而許多處於經營收縮期的公司，卻往往採取較高的股利支付率。

5. 資本成本

與發行新股和舉債籌資相比，採用留存收益作為內部籌資的方式，不需支付籌資費用，其資本成本較低。當公司籌措大量資本時，應選擇比較經濟的籌資渠道，以降低資本成本。在這種情況下，公司通常採取較低的股利支付政策，同時，以留存收益進行籌資，還會增加股東權益資本的比重，進而提高公司的借貸能力。

6. 公司所處的生命週期

公司應當採用最符合其當前所處生命週期階段的股利政策。一般來說，處於快速成長期的公司具有較多的投資機會，它們需要大量的現金流量來擴大公司規模，通常不會發放很多股利，而處於成熟期的公司，一般會發放較多的股利。

(三) 股東因素

股東在穩定收入、股權稀釋、稅負等方面的要求也會對公司的股利政策產生影響。

1. 穩定收入

公司股東的收益包括兩部分，即股利收入和資本利得。對於永久性持有股票的股東來說，往往要求較為穩定的股利收入，如果公司留存較多的收益，將首先遭到這部分股東的反對，而且，公司留存收益帶來的新收益或股票交易價格產生的資本利得具有很大的不確定性，因此，與其獲得不確定的未來收益，不如得到現實的確定的股利。

2. 避稅

儘管股票持有者獲得的股利收入和資本利得都需要繳納一定的所得稅，但在許多國家，股利收入的所得稅稅率（累進稅率）高於資本利得的所得稅稅率。因此，稅收

政策的不同，會導致不同的股東對股利的分配持有不同的態度。對高股利收入的股東來講，出於節稅的考慮（股利收入的所得稅高於股票交易的資本利得稅），往往反對公司發放較多的股利。在中國由於目前對股息收入只採用 20% 的比例稅率徵收個人所得稅，還沒有採用累進稅率，而且對股票交易所得暫時不徵個人所得稅的情況下，低股利分配政策，可以給股東帶來更多的資本利得收入，達到避稅目的。

3. 股權稀釋

公司舉借新債，除要付出一定的代價外，還會增加公司的財務風險。如果通過增募股本的方式籌集資本，現有股東的控制權就有可能被稀釋，當他們沒有足夠的現金認購新股時，為防止自己的控制權降低，寧可公司不分配股利而反對募集新股。另外，隨著新股的發行，流通在外的普通股的股數必將增加，最終將導致普通股的每股收益和每股市價的下跌，從而，對現有的股東產生不利的影響。

4. 規避風險

一部分投資者認為，股利的風險小於資本利得的風險，當期股利的分配解除了投資者心中的不確定性，因此，他們往往會要求公司分配較多的股利，從而減少其投資風險。

(四) 其他因素

1. 債務合同約束

公司的債務合同，特別是長期債務合同，為了保障債權人債權的安全性，往往有限制公司現金支付程度的條款，這使公司只得採取低股利政策。這種限制條款主要有：限制運用以前的留存收益進行未來股息的支付；當企業的營運資本低於一定的標準時不得向股東支付股利；當企業的利息保障倍數低於一定的標準時，不得向股東支付股利。

2. 通貨膨脹

在通貨膨脹情況下，公司固定資產的價值會增長較快，折舊基金的購買力水平會下降，將導致公司沒有足夠的資金來源重置固定資產。這是盈餘會被當作彌補折舊基金購買力水平下降的資金來源，因此在通貨膨脹時期公司股利政策往往偏緊。

另外，國家有關的宏觀經濟環境、金融環境以及文化因素等都會對企業的股利政策產生較大的影響，如經濟增長的速度等。

二、常見股利政策

股利政策是指在法律允許的範圍內，企業是否發放股利、發放多少股利以及何時發放股利的方針及對策。企業的淨收益可以支付給股東，也可以留存在企業內部，股利政策的關鍵問題是確定分配和留存的比例。股利政策不僅會影響股東的財富，而且會影響企業在資本市場上的形象及企業股票的價格，更會影響企業的長短期利益。因此，合理的股利政策對企業及股東來講是非常重要的。企業應當確定適當的股利政策，並使其保持連續性，以便股東據以判斷其發展的趨勢。在實際工作中，通常有下列幾種股利發放政策可供選擇。

(一) 剩餘股利政策

剩餘股利政策（residual dividend policy）是指公司生產經營所獲得的淨收益首先應滿足公司的資金需求，如果還有剩餘，則派發股利；如果沒有剩餘，則不派發股利。剩餘股利政策的理論依據是 MM 股利無關理論。根據 MM 股利無關理論，在完全理想狀態下的資本市場中，上市公司的股利政策與公司普通股每股市價無關，公司派發股利的高低不會給股東的財富價值帶來實質性的影響，投資者對於盈利的留存或發放毫無偏好，公司決策者不用考慮公司的分紅模式，公司的股利政策只需隨著公司的投資、融資方案的制定而自然確定。另外，很多公司有自己的最佳目標資本結構，公司的股利政策不應當破壞最佳資本結構。因此，根據這一政策，公司按如下步驟確定其股利分配額：

（1）根據公司的投資計劃確定公司的最佳資本預算；

（2）根據公司的目標資本機構及最佳資本預算預計公司資金需求中所需要的權益資本數額；

（3）盡可能用留存收益來滿足資金需求中所需增加的股東權益數額；

（4）留存收益在滿足公司股東權益增加需求後，如果有剩餘再用來發放股利。

【例 7-1】假設某公司 2008 年在提取了公積金之後的稅後淨利潤為 2,000 萬元，2009 年的投資計劃需要資金 2,200 萬元，公司的目標資本結構為權益資本占 60%，債務資本占 40%。那麼，按照目前資本結構的要求，公司投資方案所需的權益資本額為：

$2,200 \times 60\% = 1,320$（萬元）

公司當年全部可用於分派的盈利為 2,000 萬元，除了可以滿足上述投資方案所需的權益性資本以外，還有剩餘可以用於分派股利。2008 年可以發放的股利額為：

$2,000 - 1,320 = 680$（萬元）

假設該公司當年流通在外的普通股為 1,000 萬股，那麼，每股股利為：

$680 \div 1,000 = 0.68$（元/股）

剩餘股利政策的優點是：留存收益優先保證再投資的需要，從而有助於降低再投資的資金成本，保持最佳的資本結構，實現企業價值的長期最大化。其缺點是：如果完全遵照執行剩餘股利政策，股利發放額就會每年隨投資機會和盈利水平的波動而波動。即使在盈利水平不變的情況下，股利也將與投資機會的多寡呈反方向變動：投資機會越多，股利越少；反之，投資機會越少，股利發放越多。而在投資機會維持不變的情況下，股利發放額將因公司每年盈利的波動而同方向波動。剩餘股利政策不利於投資者安排收入與支出，也不利於公司樹立良好的形象，一般適用於公司初創階段。

(二) 固定或穩定增長的股利政策

固定或穩定增長的股利政策（stable dividend policy）是指公司將每年派發的股利額固定在某一特定水平或是在此基礎上維持某一固定比率逐年增長。只有在確信公司未來的盈利增長不會發生逆轉時，才會宣布實施固定或穩定增長的股利政策。在固定或穩定增長的股利政策下，首先應確定的是股利分配額，而且該分配額一般不隨資金需求的波動而波動。

近年來，為了避免通貨膨脹對股東收益的影響，最終達到吸引投資的目的，很多公司開始實行穩定增長的股利政策。即為了避免股利的實際波動，公司在支付某一固定股利的基礎上，還制定了一個目標股利增長率，依據公司的盈利水平按目標股利增長率逐步提高公司的股利支付水平。

1. 固定或穩定增長股利政策的優點

（1）由於股利政策本身的信息含量，它能將公司未來的獲利能力、財務狀況以及管理層對公司經營的信心等信息傳遞出去。固定或穩定增長的股利政策可以傳遞給股票市場和投資者一個公司經營狀況穩定、管理層對未來充滿信心的信號，這有利於公司在資本市場上樹立良好的形象、增強投資者信心，進而有利於穩定公司股價。

（2）固定或穩定增長股利政策，有利於吸引那些打算長期投資的股東，這部分股東希望其投資的獲利能夠成為其穩定收入的來源，以便安排各種經常性的消費和其他支出。

2. 固定或穩定增長股利政策的缺點

（1）固定或穩定增長股利政策下的股利分配只升不降，股利支付與公司盈利相脫離，即不論公司盈利多少，均要按固定的乃至固定增長的比率派發股利。

（2）在公司的發展過程中，難免會出現經營狀況不好或短暫的困難時期，如果這時仍執行固定或穩定增長的股利政策，那麼派發的股利金額大於公司實現的盈利，必將侵蝕公司的留存收益，影響公司的后續發展，甚至侵蝕公司現有的資本，給公司的財務運作帶來很大壓力，最終影響公司正常的生產經營活動。

因此，採用固定或穩定增長的股利政策，要求公司對未來的盈利和支付能力能做出較準確的判斷。一般來說，公司確定的固定股利額不應太高，要留有餘地，以免陷入公司無力支付的被動局面。固定或穩定增長的股利政策一般適用於經營比較穩定或正處於成長期的企業，且很難被長期來用。

（三）固定股利支付率政策

固定股利支付率政策（constant payout ratio dividend policy）是指公司將每年淨收益的某一固定百分比作為股利分派給股東。這一百分比通常稱為股利支付率，股利支付率一經確定，一般不得隨意變更。固定股利支付率越高，公司留存的淨收益越少。在這一股利政策下，只要公司的稅后利潤一經計算確定，所派發的股利也就相應確定了。

1. 固定股利支付率政策的優點

（1）採用固定股利支付率政策，股利與公司盈餘緊密地配合，體現了多盈多分、少盈少分、無利不分的股利分配原則。

（2）由於公司的獲利能力在年度間是經常變動的，因此，每年的股利也應當隨著公司收益的變動而變動，並保持分配與留存收益間的一定比例關係。採用固定股利支付率政策，公司每年按固定的比例從稅后利潤中支付現金股利，從企業支付能力的角度看，這是一種穩定的股利政策。

2. 固定股利支付率政策的缺點

（1）傳遞的信息容易成為公司的不利因素。大多數公司每年的收益很難保持穩定

不變，如果公司每年收益狀況不同，每年發放的股利會隨著公司收益的變動而變動，從而使公司的股利支付極不穩定，由此導致股票市價上下波動。而股利通常被認為是公司未來前途的信號傳遞，那麼波動的股利向市場傳遞的信息就是公司未來收益前景不明確、不可靠等，很容易給投資者帶來公司經營狀況不穩定、投資風險較大的不良印象。

（2）容易使公司面臨較大的財務壓力。因為公司實現的盈利越多，一定支付比率下派發的股利就越多，但公司實現的盈利多，並不代表公司有充足的現金派發股利，只能表明公司盈利狀況較好而已。如果公司的現金流量狀況並不好，卻還要按固定比率派發股利的話，就很容易給公司造成較大的財務壓力。

（3）缺乏財務彈性。股利支付率是公司股利政策的主要內容，模式的選擇、政策的制定是公司的財務手段和方法。在不同階段，根據財務狀況制定不同的股利政策，會更有效地實現公司的財務目標。但在固定股利支付率政策下，公司喪失了利用股利政策的財務方法，缺乏財務彈性。

（4）固定股利支付率的確定難度大。如果固定股利支付率確定得較低，不能滿足投資者對投資收益的要求；而固定股利支付率確定得較高，沒有足夠的現金派發股利時會給公司帶來巨大財務壓力，另外當公司發展需要大量資金時，也要受其制約。所以確定較優的股利支付率的難度很大。

由於公司每年面臨的投資機會、籌資渠道都不同，而這些都可以影響公司的股利分派，所以，一成不變地奉行按固定比率發放股利政策的公司在實際中並不多見，固定股利支付率政策只是比較適用於那些穩定和發展且財務狀況也較穩定的公司。

【例 7-2】某公司長期以來採用固定股利支付率政策進行股利分配，確定的股利支付率為 40%。2009 年可供分配的稅後利潤為 1,000 萬元，如果仍然繼續執行固定股利支付率政策，公司本年度將要支付的股利為：

1,000×40% = 400（萬元）

但公司下一年度有較大的投資需求，因此，準備在本年度採用剩餘股利政策。如果公司下一年度的投資預算為 1,200 萬元，目標資本結構為權益資本占 60%，債務資本占 40%。按照目標資本機構的要求，公司投資方案所需的權益資本額為：

1,200×60% = 720（萬元）

2009 年可以發放的股利額為：

1,200－720 = 480（萬元）

（四）低正常股利加額外股利政策

低正常股利加額外股利政策（small quarterly dividend plus year-end extras）是指企業盈利情況較好、資金較為充裕的年度向股東發放高於每年度正常股利的額外股利。

1. 低正常股利加額外股利政策的優點

（1）低正常股利加額外股利政策賦予公司一定的靈活性，使公司在股利發放上留有餘地和具有較大的財務彈性，同時，每年可以根據公司的具體情況，選擇不同的股利發放水平，以完善公司的資本結構，進而實現公司的財務目標。

(2) 低正常股利加額外股利政策有助於穩定股價，增強投資者信心。由於公司每年固定派發的股利維持在一個較低的水平上，在公司盈利較少或需要較多的留存收益進行投資時，公司仍然能夠按照既定承諾的股利水平派發股利，使投資者保持一個固有的收益保障，這有助於維持公司股票的現有價格。而當公司盈利狀況較好且有剩餘現金時，就可以在政策股利的基礎上再派發額外股利，而額外股利信息的傳遞則有助於公司股票的股價上揚，增強投資者信心。

可以看出，低正常股利加額外股利政策既吸引了固定股利政策對股東投資收益的保障優點，同時又擯棄其對公司所造成的財務壓力方面的不足，所以在資本市場上頗受投資者和公司的歡迎。

2. 低正常股利加額外股利政策的缺點

(1) 由於年份之間公司的盈利波動使得額外股利不斷變化，或時有時無，造成分派的股利不同，容易給投資者以公司收益不穩定的感覺。

(2) 當公司在較長時期持續發放額外股利後，可能會被股東誤認為「正常股利」，而一旦取消了這部分額外股利，傳遞出去的信號可能會使股東認為這是公司財務狀況惡化的表現，進而可能會引起公司股價下跌的不良後果。所以相對來說，對那些盈利水平隨著經濟週期而波動較大的公司或行業，這種鼓勵政策也許是一種不錯的選擇。

第三節　股票股利、股票分割與股票回購

一、股票股利

(一) 股票股利的含義

股票股利在會計上屬公司收益分配，是一種股利分配的形式。股利分配形式有現金股利、財產股利、負債股利、股票股利。股票股利是公司以增發股票的方式所支付的股利，通常也將其稱為「紅股」。

發放股票股利不會引起公司資產的流出或負債的增加，只涉及股東權益內部結構的調整，而其總額保持不變。

【例7-3】海達公司2011年末的簡化資產負債表如表7-1（發放股票股利前）所示。

表7-1　　　　　　　　發放股票股利前資產負債表　　　　　　　金額單位：萬元

資產	20,000	負債	8,000
		普通股（面值1元，已發行500萬股）	500
		資本公積	4,500
		留存收益	7,000
		股東權益合計	12,000
資產合計	20,000	負債與股東權益合計	20,000

假定公司宣布發放20%的股票股利，即發行100（500×20%）萬股普通股股票，這將使已發行股份增至600萬股。隨著股票股利的發放，「留存收益」項目的餘額將減少100萬元，而「普通股」項目將增加100萬元。發放股票股利後，海達公司資產負債表如表7-2所示。

表7-2　　　　　　　　　　**發放股票股利后資產負債表**　　　　　　金額單位：萬元

資產	20,000	負債	8,000
		普通股（面值1元，已發行600萬股）	600
		資本公積	4,500
		留存收益	6,900
		股東權益合計	12,000
資產合計	20,000	負債與股東權益合計	20,000

發放股票股利後，如果公司收益總額不變，股份數的增加將使每股收益和每股市價下降。但由於股東所持股份比例不變的情況下持股數量增加，從而使其持股的總市值仍保持不變。

【例7-4】假定【例7-3】中海達公司2011年的淨利潤為300萬元，甲股東持有普通股5萬股，發放股票股利對該股東的影響如表7-3所示。

表7-3

項目	發放股票股利前	發放股票股利後
每股收益（元）	300÷500=0.6	300÷600=0.5
每股市價（元）	24	24÷（1+20%）=20
持股比例（%）	5÷500=1	6÷600=1
持股總市值（萬元）	5×24=120	6×20=120

(二) 股票股利的優點

1. 從公司角度看

(1) 節約公司現金，有利於公司長期發展。股票股利的發放使得公司無需分配現金的情況下讓股東分享公司盈利，由此可以將更多的現金留存下來用於再投資，有利於公司的長期、健康、穩定發展。

(2) 日后公司要發行新股票時，則可以降低發行價格，有利於吸引投資者。在盈利預期不變的情況下，發放股票股利能夠在一定程度上降低股價，從而有利於吸引更多的中小投資者，活躍公司股票的交易，增強股票的流動性和變現能力。

(3) 傳遞公司未來發展前景的良好信息，增強投資者的信心，穩定股票價格。發放股票股利一般為成長型公司所為，公司只有在增加的收益足以完全抵消因股份增加而造成每股收益下降的不利影響時，才會發放股票股利。所以，發放股票股利意味著公司管理層對公司未來的發展充滿信心，有利於傳達公司持續發展的信息，樹立公司良好形象，增強投資者對公司的信心，從而起到穩定公司股票價格的作用。

2. 從股東角度看

(1) 獲得納稅上的好處。在公司發放股票股利的情況下，如果股東需要現金，可以將分得的股票出售，在資本利得稅率低於現金股利稅率的情況下，股東可以節約所得稅支出。

(2) 分享公司未來收益的增長。股票股利一般是成長型公司採用的分配方式，因為投資者往往認為發放股票股利預示著公司未來可能有較大發展，收益會大幅增加，足以抵消股份增加的不利影響，從而使股東可以參加與公司未來增長所帶來的收益。

二、股票分割

(一) 股票分割的含義

股票分割 (stock split) 又稱股票拆細或拆股，股票分割是比較技術的說法。股票分割是指將一張較大面值的股票拆成幾張較小面值的股票。股票分割對公司的資本結構不會產生任何影響，一般只會使發行在外的股票總數增加，資產負債表中股東權益各帳戶（股本、資本公積、留存收益）的餘額都保持不變，股東權益的總額也保持不變。股票分割不是股利支付方式，但其所產生的效果和股票股利相似。

和股票股利相同的是，股票分割會使發行在外的股票數量增加，每股市價及每股收益下降，資產和負債的總額及其構成，以及股東權益總額均保持不變。不同之處在於發放股票股利使股本增加，留存收益減少，但每股面值不變；而股票分割不影響公司的留存收益和股本總額，只是使每股面值變小。

【例7-5】海達公司股票分割前資產負債表如表7-1所示。假設其按1股換2股的比例進行股票分割，則其分割后的資產負債表如表7-4所示。

表7-4　　　　　　　　　　股票分割后的資產負債表　　　　　　　金額單位：萬元

資產	20,000	負債	8,000
		普通股（面值0.5元，已發行1,000萬股）	500
		資本公積	4,500
		留存收益	7,000
		股東權益合計	12,000
資產合計	20,000	負債與股東權益合計	20,000

(二) 股票分割的目的

從公司角度看，實行股票分割的主要目的有：

1. 降低股票市價。股票分割的主要目的在於通過增加股票股數降低每股市價，從而吸引更多的投資者。因為若公司股票價格過高，不利於股票交易活動，影響公司股票的流動性。若將股票加以分割，降低其面值，增加股份數，便能有效降低每股市價，從而刺激投資者的入市慾望，促進股票的交易和流通。

2. 傳遞公司良好發展的信息。股票分割往往是成長中公司的行為，宣布股票分割容易給投資者一種公司正處於發展之中的印象，有助於增強投資者對公司的信心。

3. 為新股發行做準備。股票價格過高會使許多潛在的投資者不敢輕易對公司進行投資。如果在新股發行前通過股票分割降低股票市價，則有助於增加投資者對公司股票的投資興趣，從而可以促進新股的發行。

4. 有助於公司併購策略的實施。併購公司在併購前將其股票進行分割，可以提高對被併購公司股東的吸引力。

三、股票回購

股票回購是指股份公司出資將其發行在外的流通股股票以一定的價格回購，予以註銷或作為庫存股的一種資本運作方式。股票回購可通過減少流通在外的股票數量而使剩餘流通股的每股收益增加，進而推動股價上升或將股價維持在一個合理的水平上。與現金股利相比，股票回購對投資者可產生節稅效應，也可增加投資的靈活性。對公司管理層來說，派發現金股利會對公司產生未來的派現壓力，而回購股票屬於非常股利政策，不會對公司產生未來的派現壓力。因此，股票回購有利於實現長期股利政策目標。

（一）股票回購動機

1. 穩定股價

過低的股價，無疑將對公司經營造成嚴重影響，股價過低，使人們對公司的信心下降，使消費者對公司產品產生懷疑，削弱公司出售產品、開拓市場的能力。在這種情況下，公司回購本公司股票以支撐公司股價，有利於改善公司形象，股價在上升過程中，投資者又重新關注公司的營運情況，消費者對公司產品的信任增加，公司也有了進一步配股融資的可能。因此，在股價過低時回購股票，是維護公司形象的有力途徑。

2. 防止被收購

股票回購在國外經常是作為一種重要的反收購措施而被運用。回購將提高本公司的股價，減少在外流通的股份，給收購方造成更大的收購難度；股票回購後，公司在外流通的股份少了，可以防止浮動股票落入進攻企業手中。

3. 調整資本結構

當公司資本結構中權益資本比率過高時，不利於降低企業資本成本，也沒有充分利用財務槓桿。公司用發行債券或其他舉債方式來回購股票，有利於維持最佳資本結構，降低資本成本。

4. 作為庫存股票

一方面，公司回購股票以作為庫存股，便於將來用於認股權證、股票期權或可轉換債券的銷售；另一方面，公司可以回購的股票作為獎勵優秀經營管理人員、以優惠的價格轉讓給職工，以起到激勵之作用。

（二）股票回購的影響

1. 對每股收益與股票價格的影響

股票回購對剩下的股票的每股收益和每股市場價格的影響可以通過下面的例子來

說明。

【例7-6】A公司2012年的稅后收益為2,000萬元,經公司董事會討論將受益的一半即1,000萬元分配給股東。公司發行在外的股票有500萬股,平均價格為18元/股,A公司估計它可以用1,000萬元來回購50萬股股票,收購價格為每股20元,或者支付每股2元的現金股利。

(1) 回購計劃實施前

$$每股收益 = \frac{總收益}{股份總數} = \frac{2,000}{500} = 4（元/每股）$$

$$市盈率 = \frac{18}{4} = 4.5$$

(2) 回購計劃實施后

$$每股收益 = \frac{2,000}{450} = 4.44（元/股）$$

股票回購價格 = 回購前市盈率 × 回購后每股收益 = 4.5 × 4.44 = 20（元）

在上例中,在兩種情況下,投資者都可以得到2元的收益,即要麼是2元的現金股利,要麼是2元的股票增值,但這一結論有兩個前提:①回購價格必須是每股20元;②市盈率保持不變。如果回購價格低於每股20元,那麼對於剩下的股東來說情況就更好;如果該公司支付的價格大於每股20元,則情況相反。同樣,市盈率也會因為回購而發生變化,當投資者喜歡這一行動時,它就上升,反之則下降。

2. 對其他方面的影響

回購計劃有時也可能被投資者認為是公司找不到合適投資項目的標志,從而對股票價格產生不利影響。但從歷史經驗來看,回購的影響是利大於弊的。此外,回購股票有時會被認為有操縱股價的嫌疑,處理不當會受到證券交易監管機構的調查甚至處分。

(三) 股票回購的優缺點

1. 股票回購的優點

①回購一般會傳達一種積極信號,因為回購經常是管理當局認為公司的股票價格被低估了;②股票回購一般會提高股票的價格;③股票回購不會增加公司未來股利支付的負擔;④股票回購可以調整資本結構,比如,公司舉債回購股票,可以增加公司的債務資本,從而降低資本成本;⑤公司計劃以股票期權、員工持股來激勵員工時,可以在員工執行期權時或以股票激勵高管時使用回購的股票,這樣就避免了發行新股而稀釋每股收益。

2. 股票回購的缺點

①相對現金股利而言,股票回購顯得不夠可靠,它給股東帶來的收益有很大的不確定性;②股票回購會向市場傳達公司缺乏良好投資機會的信息;③如果回購價格不合理,或經常性地回購股票則有操縱股價之嫌疑,招致證券監管部門的干預;④公司可能為回購股票支付太多現金,對剩餘股東不利。如果公司要收購大量的股票,那麼競

價會使股價短期內高於均衡水平並在回購完成后下跌；⑤股票回購是一種減資行為，會受到很多約束，操作不易。同時，股票回購會導致公司資本減少，從根本上動搖了公司的資本基礎，會威脅到債權人的財產安全。

本章小結

淨收益是反應企業經營績效的核心指標，是企業利益相關者進行利益分配的基礎，是企業可持續發展的基本源泉，加強收益管理，搞好收益分配意義深遠。

利潤分配必須遵循特定的原則，嚴格按照國家相關法律法規規定的程序進行分配。常見股利政策主要有剩餘股利政策、固定股利或穩定增長股利政策、固定股利支付率政策、低正常股利加額外股利政策等。企業在選擇具體股利政策時應充分考慮法律、公司自身、股東等多方面因素。具體股利支付形式包括現金股利、股票股利、財產股利和負債股利。公司在確定股利分配方案時要遵循嚴格的程序，分別確定股利宣告日、股權登記日、除息日和股利發放日等時間節點。公司處於不同目的會進行股票分割和股票回購。

思考題

1. 簡述股份制公司利潤分配的順序和分配原則。
2. 公司制定股利政策應考慮的因素有哪些？
3. 簡述剩餘股利分配政策的優缺點及其操作原理。
4. 比較股票股利和股票分割的異同。
5. 簡述股票回購的優缺點。

自測題

一、單項選擇題

1. 公司以股票形式發放股利，可能帶來的結果是（　　）。
   A. 引起公司資產減少　　　　　B. 引起公司負債減少
   C. 引起股東權益內部結構變化　D. 引起股東權益與負債同時變化
2. 在企業的淨利潤與現金流量不夠穩定時，採用（　　）政策對企業和股東都是有利的。
   A. 剩餘政策　　　　　　　　　B. 固定股利政策
   C. 固定股利比例政策　　　　　D. 正常股利加額外股利政策
3. 採用剩餘股利政策分配股利的根本目的是（　　）。
   A. 降低企業籌資成本
   B. 穩定公司股票價格
   C. 合理安排現金流量

D. 體現風險投資與風險收益的對等關係

4. 某公司現有發行在外的普通股 1,000,000 股，每股面額 1 元，資本公積 3,000,000 元，未分配利潤 8,000,000 元，股票市價 20 元；若按 10% 的比例發放股票股利並按市價折算未分配利潤的變動額，公司資本公積的報表數將為（　　）元。

   A. 1,000,000   B. 2,900,000   C. 4,900,000   D. 3,000,000

5. 下列影響股利發放的因素中，屬於公司因素的是（　　）。

   A. 債務合同限制   B. 籌資成本   C. 資本保全約束   D. 避稅考慮

6. 企業轉讓子公司股權所得收益與其對子公司股權投資的差額，應作為（　　）來處理。

   A. 衝減所有者權益   B. 清算費用
   C. 清算收益   D. 投資損益

7. 大華公司於 2002 年度提取了公積金、公益金後的淨利潤為 100 萬元，2003 年計劃所需 50 萬元的投資，公司的目標結構為自有資金 40%，借入資金 60%，公司採用剩餘股利政策，該公司於 2002 年可向投資者分紅（發放股利）數額為（　　）萬元。

   A. 20   B. 80   C. 100   D. 30

8. 企業投資並取得收益時，必須按一定的比例和基數提取各種公積金，這一要求體現的是（　　）。

   A. 資本保全約束   B. 資本累積約束
   C. 超額累積利潤約束   D. 償債能力約束

9. 在以下股利政策中有利於穩定股票價格，從而樹立公司良好形象，但股利的支付與公司盈余相脫節的股利政策是（　　）。

   A. 剩餘政策   B. 固定股利政策
   C. 固定股利比例政策   D. 正常股利加額外股利政策

10. 下列項目中，不能用於分派股利的是（　　）。

    A. 盈餘公積金   B. 資本公積
    C. 稅後利潤   D. 上年未分配利潤

二、多項選擇題

1. 下列各項目中，將會導致公司股本變動的有（　　）。

   A. 財產股利   B. 股票股利   C. 負債股利   D. 股票回購

2. 股利政策的制定受多種因素的影響，包括（　　）。

   A. 稅法股利和出售股票收益的不同處理
   B. 未來公司的投資機會
   C. 各種資金來源及其成本
   D. 股東對當期收入的相對偏好

3. 恰當的股利分配政策有利於（　　）。

   A. 增強公司累積能力   B. 增強投資者對公司的投資信心
   C. 提高企業的市場價值   D. 改善企業資本結構

4. 利潤分配政策直接影響公司的（　　）。

A. 經營能力　　B. 盈利水平　　C. 籌資能力　　D. 市場價值
5. 股東在決定公司收益分配政策時，通常考慮的主要因素有（　　）。
   A. 籌資成本　　　　　　　　B. 償債能力約束
   C. 防止公司控制權旁落　　　D. 避稅

三、判斷題

1. 企業發放股票股利將使同期每股收益下降。（　　）
2. 公司不能用資本包括股本和資本公積發放股利。（　　）
3. 採用現金股利形式的企業必須具備兩個條件：一是企業要有足夠的現金，二是企業要有足夠的留存收益。（　　）
4. 按照「無利不分」原則，股份有限公司當年虧損，不得向股東支付股利。（　　）
5. 採用固定股利比例政策體現了風險投資與風險收益的對等關係。（　　）

四、計算分析題

1. A公司目前發行在外的股數為1,000萬股，該公司的產品銷路穩定，擬投資1,200萬元，擴大生產能力50%。該公司想要維持目前50%的負債比率，並想繼續執行10%的固定股利支付率政策。該公司在2000年的稅后利潤為500萬元。

要求：該公司2001年為擴充上述生產能力必須從外部籌措多少權益資本？

2. ABC公司制定了未來5年的投資計劃，相關信息如下：公司的理想資本結構為負債與權益比率為2：3，公司流通在外的普通股有125,000股。

年份	年度內的總投資規模	年度內的淨利潤
1	350,000	250,000
2	475,000	450,000
3	200,000	600,000
4	980,000	650,000
5	600,000	390,000

要求：（1）若公司採用剩余股利政策
①若每年採用剩余股利政策，每年發放的每股股利為多少？
②若在規劃的5年內總體採用剩余股利政策，每年的每股固定股利為多少？
（2）若公司採用每年每股0.5元加上年終額外股利，額外股利為淨收益超過250,000元部分的50%，則每年應發放的股利為多少？
（3）若企業的資金成本率為6%，從股利現值比較看，採用每年每股0.5元加上年終額外股利，額外股利為淨收益超過250,000元部分的50%和每年採用剩余股利政策，哪種政策股利現值小？

第八章　財務分析

學習目的

(1) 理解財務分析的含義、作用及目的，掌握財務分析的依據及評價標準；
(2) 熟悉財務分析的內容；
(3) 理解趨勢分析法、因素分析法、比率分析法及綜合分析法的基本原理；
(4) 掌握償債能力分析、營運能力分析、盈利能力分析等常用分析方法；
(5) 理解杜邦分析法、沃爾比重評分法的原理，熟練運用杜邦分析法。

關鍵術語

財務分析　償債能力　營運能力　盈利能力　杜邦分析

導入案例

1991年4月，珠海巨人新技術公司註冊成立，公司共15人，註冊資金200萬元，史玉柱任總經理。8月，史玉柱投資80萬元，組織10多個專家開發出M-6401漢卡上市。11月，公司員工增加到30人，M-6401漢卡銷售量躍居全國同類產品之首，獲純利達1,000萬元。

1992年7月，巨人公司實行戰略轉移，將管理機構和開發基地由深圳遷往珠海。9月，巨人公司升為珠海巨人高科技集團公司，註冊資金1.19億元。史玉柱任總裁，公司員工發展到100人。12月底，巨人集團主推的M-6401漢卡年銷售量2.8萬套，銷售產值共1.6億元，實現純利3,500萬元。年發展速度達500%。

1993年1月，巨人集團在北京、深圳、上海、成都、西安、武漢、沈陽、香港成立了8家全資子公司，員工增至190人。12月，巨人集團發展到290人，在全國各地成立了38家全資子公司。集團在一年之內推出中文手寫電腦、中文筆記本電腦、巨人傳真卡、巨人中文電子收款機、巨人鑽石財務軟件、巨人防病毒卡、巨人加密卡等產品。同年，巨人實現銷售額3百億元，利稅4,600萬元，成為中國極具實力的計算機企業。

由於國際電腦公司的進入，電腦業於1993年步入低谷，巨人集團也受到重創。1993、1994年，全國興起房地產和生物保健品熱，為尋找新的產業支柱，巨人集團開始邁向多元化經營之路——計算機、生物工程和房地產。在1993年開始的生物工程剛剛打開局面但尚未鞏固的情況下，巨人集團毅然向房地產這一完全陌生的領域發起了進軍。欲想在房地產業中大展宏圖的巨人集團一改初衷，擬建的巨人科技大廈設計一

變再變，樓層節節拔高，從最初的 18 層一直漲到 70 層，投資也從 2 億元漲到 12 億元，1994 年 2 月破土動工，氣魄越來越大。對於當時僅有 1 億資產規模的巨人集團來說，單憑巨人集團的實力，根本無法承受這項浩大的工程。對此，史玉柱的想這是：1/3 靠賣樓花，1/3 靠貸款，1/3 靠自有資金。但令人驚奇的是，大廈從 1994 年 2 月破土動工到 1996 年 7 月，巨人集團未申請過一分錢的銀行貸款，全憑自有資金和賣樓花的錢支撐。1994 年 3 月，巨人集團推行體制改革，公司實行總裁負責制，而史玉柱出任集團董事長。1994 年 8 月，史上柱突然召開全體員工大會，提出「巨人集團第二次創業的總體構想」。其總目標是：跳出電腦產業，走產業多元化的擴張之路，以發展尋求解決矛盾的出路。

第一節　財務分析概述

一、財務分析的基本內涵

美國南加州大學教授 Water B. Meigs 認為，財務分析的本質在於搜集與決策有關的各種財務信息，並加以分析與解釋。

紐約城市大學 Leopold A. Bernstein 認為，財務分析是一種判斷的過程，旨在評估企業現在或過去的財務狀況及經營成果，其目的在於對企業未來的狀況及經營業績進行最佳預測。

臺灣政治大學教授洪國賜認為，財務分析以審慎選擇財務信息為起點，作為探討的根據；以分析信息為重心，以揭示其相關性；以研究信息的相關性為手段，以評核其結果。

財務分析是以會計核算和報表資料及其他相關資料為依據，採用一系列專門的分析技術和方法，對企業等經濟組織過去和現在有關籌資活動、投資活動、經營活動的償債能力、盈利能力和營運能力狀況等進行分析與評價，為企業的投資者、債權者、經營者及其他關心企業的組織或個人瞭解企業過去、評價企業現狀、預測企業未來、做出正確決策提供準確的信息或依據的經濟應用學科。

二、財務分析的依據和評價標準

（一）財務分析的依據

財務分析基於財務信息，財務分析信息是財務分析的基礎和不可分割的組成部分。它對於保證財務分析工作的順利進行、提高財務分析的質量與效果有著重要的作用。

按照信息的內容不同，財務分析信息可分為財務信息和非財務信息。財務信息如財務報表、財務報表附註及審計報告等。非財務信息如政策法規信息和市場信息。政策法規信息主要指國家為加強宏觀管理所制定的各項與企業有關的政策、法規、制度等，如經濟體制方面的政策、宏觀經濟政策、產業政策與技術政策等；市場信息包括

政策信息之外的所有企業外部信息，如綜合部門發布的信息、證券市場的信息、其他市場的信息等。

財務分析信息按信息來源可分為內部信息和外部信息兩類。內部信息是指從企業內部可取得的財務信息；外部信息則是指從企業外部取得的信息。

財務分析信息根據取得時間的確定性程度可分為定期信息和不定期信息。定期信息是指企業經常需要、可定期取得的信息；不定期信息則是根據臨時需要搜集的信息。

財務分析信息根據實際發生與否可分為實際信息和標準信息。實際信息是指反應各項經濟指標實際完成情況的信息；標準信息是指用於作為評價標準而搜集與整理的信息。

為了保證財務分析的質量與效果，財務分析信息必須滿足完整性、系統性、準確性、及時性和相關性的要求。

(二) 財務分析的評價標準

確立財務分析評價標準是財務分析的一項重要內容。不同的財務分析評價標準，會對同一分析對象得出不同的分析結論。財務分析評價標準有經驗標準、歷史標準、行業標準、預算標準等。

1. 經驗標準

經驗標準是在財務比率分析中經常採用的一種標準。所謂經驗標準，是指這個標準的形成依據大量的實踐經驗的檢驗。既可以選擇本企業正常水平作為經驗標準，也可以選擇歷史最佳水平作為經驗標準。經驗標準相對穩定可觀，但是使用範圍不夠廣泛，當環境發生變化時，經驗標準就不再適用。

2. 歷史標準

歷史標準是指以企業過去某一時間的實際業績為標準。應用歷史標準的優點，一是比較可靠；二是具有較高的可比性。歷史標準也有其不足，一是比較保守；二是適用範圍較窄。

3. 行業標準

行業標準是財務分析中被廣泛採用的標準，它是按行業制定的，反應行業財務狀況和經營狀況的基本水平。運用行業標準有三個限制條件：第一，同行業內的公司並不一定是可比的；第二，一些大的公司現在往往跨行業經營，公司的不同經營業務可能有著不同的盈利水平和風險程度，用行業統一標準進行評價顯然是不合適的；第三，應用行業標準還受企業採用的會計方法的限制。

4. 預算標準

預算標準是指企業根據自身經營條件或經營狀況，結合企業目標等因素所制定的目標標準。

財務分析評價標準各有其優點與不足。在財務分析中不應孤立地選用某一種標準，而應綜合應用各種標準。

三、財務分析的內容

(一) 償債能力分析

企業的償債能力是指企業用其資產償還長期債務與短期債務的能力。從靜態角度講，企業償債能力是用企業資產清償企業債務的能力；從動態角度講，企業償債能力是用企業資產和經營過程創造的收益償還債務的能力。企業有無現金支付能力和償債能力是企業能否生存和健康發展的關鍵。企業償債能力分析是企業財務分析的重要組成部分，包括短期償債能力分析和長期償債能力分析。

(二) 營運能力分析

企業營運能力主要指企業營運資產的效率與效益，即資產的週轉率或週轉速度。企業營運資產的效益通常是指企業的產出額與資產占用額之間的比率。

企業營運能力分析就是要通過對反應企業資產營運效率與效益的指標進行計算與分析，評價企業的營運能力，為企業提高經濟效益指明方向。通過企業營運能力分析，可以評價企業資產營運的效率，發現企業在資產營運中存在的問題。營運能力分析還是盈利能力分析和償債能力分析的基礎與補充。

(三) 盈利能力分析

盈利能力是指企業獲取利潤的能力。利潤是企業內外有關各方都關心的中心問題，是投資者取得投資收益、債權人收取本息的資金來源，是經營者經營業績和管理效能的集中表現，也是職工集體福利設施不斷完善的重要保障。因此，企業獲利能力分析十分重要。主要用企業資金利潤率、銷售利潤率、成本費用和利潤率去評價。

(四) 發展能力分析

企業的發展能力也稱企業的成長性，它是企業通過自身的生產經營活動，不斷擴大累積而形成的發展潛力。企業能否健康發展取決於多種因素，包括外部經營環境、企業內在素質及資源條件等。

四、財務分析的目的

財務分析的目的受財務分析主體和財務分析服務對象的制約，不同的財務分析主體進行財務分析的目的是不同的，不同的財務分析服務對象所關心的問題也是不同的。

從企業投資者角度看財務分析目的：企業的投資者包括企業的所有者和潛在投資者，他們進行財務分析的最根本目的是看企業的盈利能力狀況，因為盈利能力是投資者資本保值和增值的關鍵。

從債權人角度進行財務分析的主要目的：一是看其對企業的借款或其他債券是否能及時、足額收回，即研究企業償債能力的大小；二是看債權者的收益狀況與風險程度是否相適應，為此，還應將償債能力分析與盈利能力分析相結合。

從企業經營者角度看財務分析的目的：企業經營者也關心盈利能力，這只是他們的總體目標。但是，在財務分析中，企業經營者財務分析的目的是綜合的和多方面的，

他們關心的不僅僅是盈利的結果，還包括盈利的原因及過程。

五、財務分析的作用

(一) 財務分析可正確評價企業的過去

正確評價過去是說明現在和揭示未來的基礎。財務分析通過實際會計報表等資料的分析，能夠準確地說明企業過去的業績狀況，指出企業的成績、問題及產生的原因，是主觀原因還是客觀原因等，這不僅對於正確評價企業過去的經營業績十分有益，而且可對企業投資者和債權人的行為產生正確的影響。

(二) 財務分析可全面反應企業的現狀

財務分析，根據不同分析主體的分析目的，採用不同的分析手段和方法，可得出反應企業在該方面現狀的指標。通過這種分析，對於全面反應和評價企業現狀具有重要作用。

(三) 財務分析可用於估價企業的未來

財務分析可用於對企業的未來進行估價：第一，可為企業未來的財務預測、財務決策和財務預算指明方向；第二，可準確評估企業的價值及價值創造，這對企業進行經營者績效評價、資本經營和產權交易都是十分有益的；第三，可為企業進行財務危機預測提供必要信息。

第二節　財務分析方法

財務分析的方法主要包括：趨勢分析法、比率分析法和因素分析法。

一、趨勢分析法

趨勢分析法又稱水平分析法，指將反應企業報告狀況的信息與反應企業前期或歷史某一時期財務狀況的信息進行對比，研究企業各項經營業績或財務狀況連續幾年或幾個時期發展變動情況的一種財務分析方法。趨勢分析法進行的對比，既可以是單指標對比，也可以是對反應某方面情況的報表的全面、綜合對比分析，尤其是在會計報表分析中應用較多。

(一) 趨勢分析法的基本要點

其基本要點是將報表資料中不同時期的同項數據進行對比。對比的方式有以下幾種：

(1) 絕對值增減變動。其計算公式是：

絕對值變動數量＝分析期某項指標實際數－基期同項指標實際數

【例8-1】某公司2008年、2009年、2011年連續四年財務報表中主營業務收入分別為220萬元、250萬元、300萬元、310萬元。則以2008年為基年，2009年、2010

年、2011 年的絕對值增減變動分別為 30 萬元、80 萬元、90 萬元。

(2) 增減變動率。其計算公式是：

$$變動率（\%）=\frac{絕對值變動數量}{基期實際數量}\times 100\%$$

承上例，以 2008 年為基年，2009 年、2010 年、2011 年某公司的主營業務收入變動率為 13.64%、36.36%、40.91%。

(3) 變動比率值。其計算公式是：

$$變動比率值=\frac{分析期實際數值}{基期實際數值}$$

承上例，以 2008 年為基年，2009 年、2010 年、2011 年某公司的主營業務收入變動比率值為 1.14、1.36、1.41。

(二) 趨勢指數的計算

利用趨勢分析法對企業連續幾年或幾個時期的財務指標進行分析需要計算趨勢指數，趨勢指數的計算方法有兩種：

(1) 定基指數，即各個時期的指數都是以某個固定時期為基數來計算的。其計算公式是：

$$定基指數=\frac{各分析期實際數值}{固定基期數值}$$

(2) 環比指數，即各個時期的指數都是以前一時期為基期來計算的。其計算公式是：

$$環比指數=\frac{各分析期實際數值}{前一期實際數值}$$

(三) 趨勢分析法的應用

【例 8-2】某企業 2008—2011 年有關營業收入、稅後利潤、每股收益及每股股息資料如表 8-1 所示。

表 8-1　　　　　　　　　　　財務指標表

	2008 年	2009 年	2010 年	2011 年
營業收入（萬元）	1,938	2,205	2,480	2,954
稅後利潤（萬元）	388	460	448	608
每股收益（元）	1.29	1.53	1.49	2.03
每股股息（元）	0.60	0.71	0.90	1.21

根據表 8-1 的資料，運用趨勢分析法可得出趨勢分析表，見表 8-2 和表 8-3。

表 8-2　　　　　　　　　趨勢分析表（定基指數）

	2008 年	2009 年	2010 年	2011 年
營業收入（%）	100.0	113.8	128.0	152.4

表8-2(續)

	2008年	2009年	2010年	2011年
稅後利潤（%）	100.0	118.7	115.6	156.9
每股收益（%）	100.0	118.7	115.6	156.9
每股股息（%）	100.0	118.3	150.0	201.7

表 8-3　　　　　　　　　　趨勢分析表（環比指數）

	2009年	2010年	2011年
營業收入（%）	113.8	112.5	119.1
稅後利潤（%）	118.7	97.4	135.7
每股收益（%）	118.7	97.4	135.7
每股股息（%）	118.3	126.8	134.4

從表 8-2 和表 8-3 可以看出，該企業的營業收入和每股股息在逐年增長，特別是 2010 年和 2011 年增長較快；稅後利潤和每股收益 2010 年有所下降，2011 年有較大幅度增長。從各指標間關係看，每股收益增長不穩定，增長率低於營業收入和每股股息，企業經營狀況和財務狀況需改善。

二、比率分析法

比率分析法是財務分析的最基本、最重要的方法。有人甚至將財務分析與比率分析等同起來，認為財務分析就是比率分析。比率分析實質上就是將影響財務狀況和經營狀況的兩個相關因素聯繫起來，通過計算比率，反應它們之間的關係，用以評價企業財務狀況和經營狀況的分析方法。

在比率分析中，分析師往往首先確定標準比率，然後將企業的實際比率與標準比率對比，得出分析結論。標準比率的計算方法有三種：

1. 算術平均法

算術平均法是將各企業的同一指標相加，再除以企業數得出算術平均數。

【例8-3】某行業五個企業的流動負債、流動資產及流動比率如表 8-4 所示。

表 8-4　　　　　　　　　　企業相關資料

公司名稱	流動資產（元）	流動負債（元）	流動比率（%）
A	15,460	7,362	210
B	1,890,000	1,243,421	152
C	10,586	7,959	133
D	2,804,000	2,696,154	104
E	25,300	11,659	217
合計	4,745,346	3,966,555	816

行業平均流動比率 = $\frac{816}{5}$ = 163.2%

2. 綜合報表法

綜合報表法是指將各企業報表中的構成某一比率的兩個絕對值相加，然后根據兩個絕對數總額計算的比率。

【例8-4】仍以【例8-3】中的資料為例：

行業平均流動比率 = $\frac{4,745,346}{3,966,555}$ × 100% = 119.6%

3. 中位數法

中位數法是指將相關企業的比率按高低順序排列；然后再劃出最高和最低的25%，中間50%就為中位數比率；最后按企業的位置進行評價。

三、因素分析法

因素分析法是依據分析指標與其影響因素之間的關係，按照一定的程序和方法，確定各因素對分析指標差異影響程度的一種計算方法。因素分析法根據其分析特點可分為連環替代法和差額計算法兩種。

1. 連環替代法

連環替代法是將分析指標分解為各個可以計量的因素，並根據各個因素之間的依存關係，順次用各種因素的實際值替代標準值，據以測定各因素對分析指標的影響。

連環替代法由以下幾個步驟組成：

（1）確定分析指標與其影響因素之間的關係。

（2）根據分析指標的報告期數值與基期數值列出兩個關係式或指標體系，確定分析對象。

（3）連環順序替代，計算替代結果。

（4）比較各因素的替代結果，確定各因素對分析指標的影響程度。

（5）檢驗分析結果。

【例8-5】某企業2009年和2010年有關總資產報酬率、總資產產值率、產品銷售率和銷售利潤率的資料如表8-5所示。

表8-5　　　　　　　　　　　　相關指標

指標	2010年	2009年
總資產產值率	80%	82%
產品銷售率	98%	94%
銷售利潤率	30%	22%
總資產報酬率	23.52%	16.96%

要求：運用因素分析法分析各因素變動對總資產報酬率的影響程度（計算結果保留兩位小數）。

解：

總資產報酬率＝總資產產值率×產品銷售率×銷售利潤率

基期（2009）總資產報酬率：82%×94%×22%＝16.96%

基期（2010）總資產報酬率：80%×90%×30%＝23.52%

分析對象：23.52%－16.96%＝6.56%

在基期總資產報酬率的基礎上順序替代影響因素，並計算每次替代後的結果。

替代第一因素：80%×94%×22%＝16.54%

替代第二因素：80%×98%×22%＝17.25%

替代第三因素：80%×98%×30%＝23.52%

總資產產值率對總資產報酬率的影響：16.54%－16.96%＝－0.42%

產品銷售率對總資產報酬率的影響：17.25%－16.54%＝0.71%

銷售利潤率對總資產報酬率的影響：23.52%－17.25%＝6.27%

最後檢驗分析結果：－0.42%＋0.71%＋6.27%＝6.56%

2. 差額計算法

差額計算法是連環替代法的一種簡化形式，當然也是因素分析法的一種形式。差額計算法作為連環替代法的簡化形式，其因素分析的原理與連環替代法是相同的，只是將連環替代法的第三步驟和第四步驟合併為一個步驟進行。它直接利用各影響因素的實際數與基期數的差額，在其他因素不變的假定條件下計算各因素對分析指標的影響程度。

【例8-6】資料同【例8-5】

分析對象：23.52%－16.96%＝6.56%

總資產產值率對總資產報酬率的影響：（80%－82%）×94%×22%＝－0.41%

產品銷售率對總資產報酬率的影響：80%×（98%－94%）×22%＝0.70%

銷售利潤率對總資產報酬率的影響：80%×98%×（30%－22%）＝6.27%

最後檢驗分析結果：－0.41%＋0.70%＋6.27%＝6.56%

應當指出的是並不是所有的連環替代法都可以用差額計算法進行簡化，特別是在各影響因素不是連乘的情況下，運用差額計算法必須慎重。

第三節　財務指標分析

一、償債能力分析

（一）短期償債能力分析

短期償債能力是指企業以流動資產償還流動負債的能力，它反應企業償付日常到期債務的能力。對債權人來說，企業要具有充分的償還能力才能保證其債權的安全，即按期取得利息，到期取回本金；對投資者來說，如果企業的短期償債能力發生問題，就會牽制企業經營的管理人員耗費大量精力去籌集資金，以應付還債，還會增加企業籌資的難度，或加大臨時緊急籌資的成本，影響企業的盈利能力；對企業管理者來說，

短期償債能力的強弱意味著企業承受財務風險的能力大小。反應資產流動性的財務指標主要有：流動比率、速動比率和現金比率。

1. 流動比率

流動比率是流動資產與流動負債之比。其計算公式為：

$$流動比率 = 流動資產 / 流動負債 \qquad (8-1)$$

上式中的流動資產是指在一年或長於一年的一個營業週期內實現或運用的資產，主要包括現金、短期投資、應收及預付款項和存貨等。流動負債是指在一年內或長於一年的一個營業週期內償還的債務，主要包括短期借款、應付及預收款、應付票據、應交稅金、應交利潤、應付股利以及短期內到期的長期負債等。

【例8-7】A公司2011年12月31日的資產負債表和利潤表如表8-6和表8-7所示。

表 8-6　　　　　　　　　　A 公司資產負債表　　　　　　　　　　單位：萬元

資產	期末餘額	年初餘額	負債和所有者權益	期末餘額	年初餘額
流動資產：			流動負債：		
貨幣資金	359,459.27	381,297.36	短期借款	78,149.48	133,790.70
應收票據	4,107.74	3,513.34	應付票據	474.99	709.49
應收帳款	68,368.34	91,290.93	應付帳款	33,628.22	35,905.92
預付款項	9,155,086	6,264.33	預收帳款	208,024.5	172,245.65
應收股利	582.13	1,601.06	應付職工薪酬	19,626.73	26,095.96
其他應收款	24,795.52	26,703.67	應交稅費	9,652.09	4,931.94
存貨	122,797.80	95,427.11	應付股利	1,606.55	8,703.74
其他流動資產	218.56	248.79	其他應付款	29,830.5	47,969.83
流動資產合計	589,521.22	606,346.59	其他流動負債	208.67	113.05
			流動負債合計	381,201.73	430,466.28
非流動資產：			非流動負債：		
持有至到期投資		0.38	長期借款	5,900.00	4,325.00
長期股權投資	94,701.40	96,360.16	長期應付款	1,005.67	4,325.00
固定資產	97,496.03	91,901.58	非流動負債合計	6,905.67	5,334.28
在建工程	14,436.72	14,269.49	負債合計	388,107.40	435,800.56
無形資產	26,806.99	19,133.66	所有者權益		
長期待攤費用	1,575.71	1,657.26	實收資本	210,496.81	185,786.12
其他非流動資產	28,382.70	20,790.92	資本公積	171,130.66	181,039.86
非流動資產合計	263,399.55	244,133.45	盈餘公積	56,724.49	41,767.88
			未分配利潤	26,461.41	6,065.62
			所有者權益合計	464,813.37	414,659.48
資產總計	852,920.77	850,460.04	負債和所有者權益合計	852,920.77	850,460.04

表 8-7　　　　　　　　　　　　A 公司利潤表　　　　　　　　　　　　單位：萬元

項目	本期金額	上期金額
一、營業收入	556,073.48	447,666.09
減：營業成本	402,027.06	288,298.43
營業稅金及附加	1,360.90	1,305.87
銷售費用	32,359.98	31,759.35
管理費用	45,085.24	60,132.12
財務費用	874.50	736.08
資產減值損失		
加：公允價值變動損益		
投資收益	12,935.12	8,057.92
二、營業利潤	87,300.92	73,492.16
加：營業外收入	9,972.97	1,395.92
減：營業外支出	5,002.67	2,081.89
三、利潤總額	92,271.22	72,806.19
減：所得稅費用	15,594.63	72,806.19
四、淨利潤	76,676.59	58,439.36

【例8-8】根據表 8-6 所列數據，A 公司 2011 年的流動比率為：

流動比率 = 589,521.22/381,201.73 = 1.55

從以上分析可知，流動資產是短期內能變成現金的資產，而流動負債則是在短期內需要用現金來償付的各種債務，企業的流動比率越高，其資產的流動性也即變現能力越強，說明企業有足夠的可變現資產用來償還債務。

流動比率是衡量企業短期償債能力的一個重要財務指標，這個比率越高說明企業短期償債能力越強，流動負債得到償還的保障越大。但是，過高的流動比率也並非好現象。因為流動比率越高，可能是企業滯留在流動資產上的資金過多，未能有效加以利用，可能會影響企業的獲利能力，經驗表明流動比率在 2：1 左右比較合適。但是，對流動比率的分析應該結合不同的行業特點和企業流動資產結構等因素。有的行業流動比率較高，有的較低，不應該用統一的標準來評價各企業流動比率合理與否。只有與同行業平均流動比率、本企業歷史的流動比率進行比較，才能知道這個比率是高還是低。

2. 速動比率

速動比率是企業速動資產與流動負債的比率，流動比率在評價企業短期償還能力時，存在一定的局限性，如果流動比率較高，但流動資產的流動性較差，則企業的短期償還能力仍然不強。在流動資產中，存貨需要經過銷售才能轉變為現金，如存貨滯銷，則自變現就成問題，一般來說，流動資產扣除存貨後稱為速動資產。速動比率的計算為：

$$流動比率 = 速動資產/流動負債 \qquad (8-2)$$

其中：

速動資產＝流動資產－存貨－難以變現的其他流動資產（如待攤費用等）

【例 8-9】根據表 8-6 所列數據，A 公司 20×1 年的速動比率為：

速動比率＝（589,521.22－122,797.80）/381,201.73＝1.22

速動比率在分析流動性時作為流動比率的補充。在企業的流動資產中由於剔除了存貨變現較弱且不穩定的資產，所以比流動比率更好地反應了企業的變現能力和短期償還能力。通常認為速動比率為 1，低於 1 的速動比率被認為是短期償債能力偏低。但這僅是一般看法，因為行業不同速動比率會有很大差別，並沒有統一的標準。例如，採用大量現金銷售的商店，幾乎沒有應收帳款，大大低於 1 的速動比率則是很正常的。相反，一些應收帳款較多的企業，速動比率可能要大於 1。

3. 現金比率

現金比率是企業現金類資產與流動負債的比率。現金類資產包括企業所擁有的貨幣資金和持有的有價證券（即資產負債表中的短期投資）。它是速動資產扣除應收帳款后的餘額，由於應收帳款存在著發生壞帳損失的可能，某些到期的帳款也不一定能按時收回，因此速動資產扣除應收帳款后計算出來的金額，最能反應企業直接償付流動負債的能力。現金比率的計算公式為：

$$現金比率＝貨幣資金/流動負債 \qquad (8-3)$$

【例 8-10】根據表 8-6 所列數據，A 公司 20×1 年的現金比率為：

現金比率＝359,495.27/381,201.73＝0.94

現金比率最能反應企業直接償付流動負債的能力，這個比率越高，說明企業償債能力越強。但是，如果企業留存過多的現金類資產，現金比率過高，就意味著企業資產未能被充分地運用，經常以獲利能力低的現金類資產保持著，這會導致企業機會成本的增加。通常現金比率保持在 30% 左右為宜。

上述三個指標是反應企業資產流動性和短期償債能力的主要指標，在進行分析時，要注意以下幾個問題：（1）上述指標各有側重，在分析時要結合使用，以便全面、準確地做出判斷；（2）上述指標中分母均是流動負債，沒考慮長期負債問題，但如果有近期到期的長期負債，則應給予充分重視；（3）財務報表中沒有列示的因素，如企業借款能力、準備出售長期資產等，也會影響到企業的短期償債能力，在分析時也應認真考慮。

(二) 長期償債能力分析

長期償債能力是指企業對債務的承擔能力和對償還債務的保障能力。長期償債能力的強弱是反應企業財務安全和穩定程度的重要標誌。長期償債能力分析的指標有資產負債率、產權比率、利息保障倍數和權益乘數。

1. 資產負債率

資產負債率是負債總額和資產總額之比值，表明債權人所提供的資金占企業全部資產的比重，揭示企業出資者對債權人債務的保障程度，因此該指標是分析企業長期償債能力的重要指標。

$$\text{資產負債率} = \text{負債總額}/\text{資產總額} \times 100\% \qquad (8-4)$$

【例8-11】根據表8-6所列數據，A公司20×1年的資產負債率為：

資產負債率 = 388,107.40/852,920.77×100% = 45.50%

資產負債率保持在哪個水平才說明企業擁有長期償債能力，不同的債權人有不同的意見。較高的資產負債率，在效益較好、資金流轉穩定的企業是可以接受的，因為這種企業具備償還債務本息的能力；在盈利狀況不穩定或經營管理水平不穩定的企業，則說明企業沒有償還債務的保障，不穩定的經營收益難以保證按期支付固定的利息，企業的長期償債能力較低。作為企業經營者，也應當尋求資產負債率的適當比值，既要能維持長期償債能力，又要最大限度地利用外部資金。

一般認為，債權人投入企業的資金不應高於企業所有投入企業的資金。如果債權人投入企業的資金比所有者多，則意味著收益固定的債權人承擔了企業較大的風險，而收益隨經營好壞而變化的企業所有者卻承擔著較少的風險。經驗研究表明，資產負債率存在顯著的行業差異，因此，分析該比率時應注重與行業平均數進行比較。運用該指標長期償債能力時，應結合總體經濟狀況、行業發展趨勢、所處市場環境等綜合判斷。

2. 產權比率

產權比率是負債總額與所有者權益總額的比值。一般來說，產權比率可反應股東所持股權是否過多，或者是尚不夠充分等情況，從另一個側面表明企業借款經營的程度。產權比率是衡量企業長期償債能力的指標之一。它是企業財務結構穩健與否的重要標志。該指標表明由債權人提供的和由投資者提供的資金來源的相對關係，反應企業基本財務結構是否穩定。

$$\text{產權比率} = \text{負債總額}/\text{所有者權益總額} \qquad (8-5)$$

【例8-12】根據表8-6所列數據，A公司20×1年的產權比率為：

產權比率 = 388,107.40/464,813.37 = 0.84

一般說來，產權比率高是高風險、高報酬的財務結構，產權比率低是低風險、低報酬的財務結構。對股東來說，在通貨膨脹時期，企業舉債可以將損失和風險轉移給債權人；在經濟繁榮時期，舉債經營可以獲得額外的利潤；在經濟萎縮時期，少借債可以減少利息負擔和財務風險。對債權人來說，產權比率越高，說明企業償還長期債務的能力越弱，債權人權益保障程度越低，承擔的風險越高；反之，則表明企業自有資金率占總資產的比重越大，債權人承擔的風險越小。一般認為這一比率為1:1，即100%以下時，應該是有償債能力的，但還應該結合企業的具體情況加以分析。

3. 利息保障倍數

利息保障倍數是企業息稅前利潤與年付息額之比，反應企業經營活動承擔利息支出的能力。息稅前利潤也稱經營收益，是一個很重要的概念。

$$\text{利息保障倍數} = \text{息稅前利潤}/\text{利息費用} \qquad (8-6)$$

【例8-13】根據表8-7所列數據，A公司20×1年的利息保障倍數為：

利息保障倍數 = 92,271.22/874.50 = 105.51

利息保障倍數為105.51，說明企業經營收益相當於105.51倍的利息支出。該系數

越高，企業償還長期借款的可能性就越大。企業生產經營活動創造的淨收益，是企業支付利息的資金保證。如果企業創造的淨收益不能保證支付借款利息，借款人就應考慮收回借款。一般認為，當利息保障倍數在 3 或 4 以上時，企業付息能力就有保證。低於這個數，就應考慮企業有無償還本金和支付利息的能力。

4. 權益乘數

權益乘數又稱股本乘數，是指資產總額相當於股東權益的倍數。權益乘數越大，表示企業的負債程度越高。

$$權益乘數 = 資產總額/股東權益總額 \tag{8-7}$$

即：權益乘數 = 1/（1-資產負債率）

【例 8-14】根據表 8-6 所列數據，A 公司 20×1 年的權益乘數為：

權益乘數 = 852,920.77/464,813.37 = 1.83

權益乘數較大，表明企業負債較多，一般會導致企業財務槓桿率較高，財務風險較大。在借入資本成本率小於企業的資產報酬率時，借入資金首先會產生避稅效應（債務利息稅前扣除），同時槓桿擴大，使企業價值隨債務增加而增加。但槓桿擴大也使企業的破產可能性上升，而破產風險又會使企業價值下降。

二、營運能力分析

（一）流動資產營運能力分析

流動資產營運能力分析的指標主要有應收帳款週轉率、存貨週轉率和流動資產週轉率。

1. 應收帳款週轉率

應收帳款週轉率就是反應公司應收帳款週轉速度的比率。它說明一定期間內公司應收帳款轉為現金的平均次數或應收帳款平均收款期。

$$應收帳款週轉率 = 營業收入/應收帳款平均餘額 \tag{8-8}$$

$$應收帳款平均餘額 = （期初應收帳款+期末應收帳款）/2$$

反應應收帳款週轉速度的另一個指標是應收帳款週轉天數，或應收帳款平均收款期。其計算公式為：

$$應收帳款週轉天數 = 360/應收帳款週轉率 \tag{8-9}$$

【例 8-15】根據表 8-6、表 8-7 所列數據，A 公司 20×1 年應收帳款週轉率指標計算如下：

應收帳款平均餘額 = （68,368.34+91,290.93）/2 = 79,829.64（萬元）

應收帳款週轉率 = 556,073.48/79,829.64 = 6.97（次）

應收帳款週轉天數 = 360/6.97 = 51.65（天）

應當注意，應收帳款週轉率和週轉天數的實質相同，但其評價標準卻不同，應收帳款週轉率是正指標，因此，應收帳款週轉率越高越好。週轉率高，表明收帳迅速，帳齡較短；資產流動性強、短期償債能力強；可以減少壞帳損失等。週轉天數是負指標，因此，週轉天數越少越好。

2. 存貨週轉率

存貨週轉率是指企業一定時期內存貨占用資金可週轉的次數，或存貨每週轉一次所需要的天數。

$$存貨週轉率 = 營業成本 / 平均存貨餘額 \tag{8-10}$$

其中：平均存貨餘額＝（期初存貨餘額＋期末存貨餘額）/2

反應存貨週轉速度的另一個指標是存貨週轉天數，計算公式如下：

$$存貨週轉天數 = 360 / 存貨週轉率 \tag{8-11}$$

【例8-16】根據表8-6、表8-7所列數據，A公司20×1年存貨週轉率指標計算如下：

平均存貨餘額＝（122,797.80＋95,427.11）＝109,112.46（萬元）

存貨週轉率＝402,027.06/109,112.46＝3.68（次）

存貨週轉天數＝360/3.68＝97.83（天）

存貨週轉率分析同應收帳款週轉率。

3. 流動資產週轉率

流動資產週轉率，既是反應流動資產週轉速度的指標，也是綜合反應流動資產利用效果的基本指標，它是一定時期週轉額（用營業收入替代）與流動資產平均餘額的比率。

$$流動資產週轉率 = 營業收入 / 流動資產平均餘額 \tag{8-12}$$

其中：流動資產平均餘額＝（期初流動資產＋期末流動資產）/2

反應流動資產週轉速度的另一個指標是流動資產週轉天數。其計算公式為：

$$流動資產週轉天數 = 360 / 流動資產週轉率 \tag{8-13}$$

【例8-17】根據表8-6、表8-7所列數據，A公司20×1年流動資產週轉率指標計算如下：

流動資產平均餘額＝（589,521.22＋606,346.59）/2＝597,933.91（萬元）

流動資產週轉率＝556,073.48/597,933.91＝0.93（次）

流動資產週轉天數＝360/0.93＝387.1（天）

流動資產的週轉率或天數均表示流動資產的週轉速度。流動資產在一定時期的週轉次數越多，亦即每週轉一次所需要的天數越少，週轉速度就越快，流動資產營運能力就越好；反之，週轉速度越慢，流動資產營運能力就越差。

應當指出的是，週轉額一般指企業在報告期中有多少流動資產完成了，即完成了從貨幣到商品再到貨幣這一循環過程的流動資產數額。它既可用營業收入來表示，也可用營業成本來表示。本書用營業收入來表示。

(二) 固定資產營運能力分析

固定資產週轉率是企業營業收入與固定資產淨值的比率，反應固定資產在一個會計年度內週轉的次數，或表示每一元固定資產支持的營業收入。

$$固定資產週轉率 = 營業收入 / 平均固定資產淨值 \tag{8-14}$$

其中：固定資產平均餘額＝（期初固定資產淨值＋期末固定資產淨值）/2

反應固定資產週轉速度的另一個指標是固定資產週轉天數。其計算公式為：
$$固定資產週轉天數 = 360/固定資產週轉率 \tag{8-15}$$

【例8-18】根據表8-6、表8-7所列數據，A公司20×1年固定資產週轉率指標計算公式如下：

平均固定資產余額＝（97,496.03+91,901.58）/2＝94,698.81（萬元）

固定資產週轉率＝556,073.48/94,698.81＝5.87（次）

固定資產週轉天數＝360/5.87＝61.33（天）

一般而言，固定資產週轉率越高，說明企業固定資產利用充分，固定資產投資得當，固定資產結構合理，能夠充分發揮效率。需要指出的是，在固定資產週轉率公式中使用固定資產淨值，而不是原值，可能會由於折舊方法的不同而影響其可比性，所以，在分析時應注意剔除這些不可比因素。

(三) 總資產營運能力分析

總資產週轉率是指企業在一定時期營業收入淨額同平均資產總額的比率，反應了企業全部資產的管理質量和利用效率。其中，營業收入淨額是減去銷售折扣及折讓等后的淨額。平均資產總額是指企業資產總額年初數與年末數的平均值。

$$總資產週轉率 = 營業收入淨額/平均資產總額 \tag{8-16}$$

其中：平均資產總額＝（期初資產總額+期末資產總額）/2

反應總資產週轉速度的另一個指標是總資產週轉天數。其計算公式為：

$$總資產週轉天數 = 360/總資週轉率 \tag{8-17}$$

【例8-19】根據表8-6、表8-7所列數據，A公司20×1年總資產週轉率指標計算如下：

平均資產總額＝（852,920.77+850,460.04）/2＝851,690.41（萬元）

總資產週轉率＝556,073.48/851,690.41＝0.65（次）

總資產週轉天數＝360/0.65＝553.85（天）

總資產週轉率綜合體現了企業經營期間全部資產從投入到產出的流轉速度，反應了企業整體資產的營運能力，一般來說，資產的週轉次數越多或週轉天數越少，表明其週轉速度越快，營運能力也就越強。通過該指標的對比分析，可以反應企業本年度以及以前年度總資產的營運效率和變化，發現企業與同類企業在資產利用上的差距，促進企業挖掘潛力、積極創收、提高產品市場佔有率、提高資產利用效率。

三、盈利能力分析

盈利能力是指企業獲取利潤的能力。利潤是企業內外有關各方都關心的中心問題。利潤是投資者取得投資收益、債權人收取本息的資金來源，是經營者經營業績和管理效能的集中表現，也是職工集體福利設施不斷完善的重要保障。因此，企業盈利能力分析十分重要，主要用資產利潤率、營業利潤率、成本費用利潤率和資本利潤率來評價。

(一) 資產利潤率

1. 總資產報酬率

總資產報酬率是指企業一定時期內的息稅前利潤總額和平均資產總額的比率，反應公司資產利用的效果。

$$資產報酬率 = 息稅前利潤總額 / 平均資產總額 \times 100\% \qquad (8-18)$$

其中：平均資產總額＝（期初資產總額＋期末資產總額）/2

【例8-20】根據表8-6、表8-7所列數據，A公司20×1年總資產報酬率為：

平均資產總額＝（852,920.77+850,460.04）/2＝851,690.41（萬元）

總資產報酬率＝（92,271.22+874.50）/851,690.41×100%＝10.94%

總資產報酬率主要用來衡量企業利用資產獲取利潤的能力，反應了企業總資產的利用效率，表示企業每單位資產能獲得淨利潤的數量，這一比率越高，說明企業總資產的盈利能力越強。該指標與淨利潤率成正比，與資產平均總額成反比。

2. 淨資產收益率

淨資產收益率又稱資本利潤率，是指企業淨利潤與所有者權益（或者稱淨資產）的比率，用以反應企業運用資本獲得收益的能力。它也是財政部對企業經濟效益的一項評價指標。

$$淨資產收益率 = 淨利潤 / 平均淨資產 \times 100\% \qquad (8-19)$$

其中：平均淨資產＝(期初淨資產＋期末淨資產)/2

【例8-21】根據表8-6、表8-7所列數據，A公司20×1年的淨資產報酬率為：

平均淨資產＝(464,813.37+414,659.48)/2＝439,736.43（萬元）

淨資產收益率＝76,676.59/439,736.43×100%＝17.44%

淨資產收益率越高，說明企業自有投資的經濟效益越好，投資者的風險越少，值得投資和繼續投資。因此，它是投資者和潛在投資者進行投資決策的重要依據。對企業經營者來說，如果淨資產收益率高於債務資金成本率，則適度負債經營對投資者來說是有利的；反之，如果淨資產收益率低於債務資金成本率，則過高的負債經營將損害投資者的利益。

(二) 營業淨利潤率

營業淨利潤率是指淨利潤與營業收入的比率，反應每1元營業收入帶來的淨利潤是多少，表示營業收入的收益水平。

$$營業淨利潤率 = 淨利潤 / 營業收入 \times 100\% \qquad (8-20)$$

【例8-22】根據表8-7所列數據，A公司20×1年的營業淨利潤率為：

營業淨利潤率＝76,676.59/556,073.48×100%＝13.79%

營業淨利潤率越高，說明企業營業額提供的淨利潤越多，企業的盈利能力越強；反之，此比率越低，說明企業盈利能力越弱。

從營業淨利潤率的指標關係看，淨利潤額與營業淨利潤率成正比關係，而營業收入額與營業淨利潤率成反比關係。公司在增加營業收入額的同時，必須相應獲得更多的淨利潤，才能使營業淨利率保持不變或有所提高。通過分析營業淨利率的升降變動，

可以促使公司在擴大營業業務的同時，注意改進經營管理，提高盈利水平。

（三）成本費用利潤率

成本費用利潤率是指企業利潤總額與成本費用總額的比率。它是反應企業生產經營過程中發生的耗費與獲得的收益之間關係的指標。

$$成本費用利潤率 = 利潤總額 / 成本費用總額 \times 100\% \qquad (8-21)$$

其中：成本費用總額＝營業成本＋營業稅金及附加＋銷售費用＋管理費用＋財務費用

【例8-23】根據表8-7所列數據，A公司20×1年的成本費用利潤率為：

成本費用利潤率＝92,271.22/481,707.68×100% ＝ 19.16%

成本費用率越高，表明企業耗費所取得的收益越高。這是一個能直接反應增收節支、增產節約效益的指標。企業生產銷售的增加和費用開支的節約，都能使這一比率提高。值得注意的是，成本費用利潤率計算口徑有所不同，比如，主營業務成本、營業成本等，評價成本費用開支時，應注意將成本費用與利潤在口徑上保持一致。

（四）資本利潤率

1. 每股收益

每股收益即每股盈利（EPS），又稱每股稅後利潤、每股盈餘，指稅後利潤與股本總數的比率。它是普通股股東每持有一股所能享有的企業淨利潤或需承擔的企業淨虧損。每股收益通常被用來反應企業的經營成果，衡量普通股的獲利水平及投資風險，是投資者等信息使用者據以評價企業盈利能力的重要的財務指標之一。

每股收益＝歸屬於普通股股東的當期淨利潤/當期發行在外普通股的加權平均數

$$(8-22)$$

實踐中，上市公司常常存在一些潛在的可能轉化成上市公司股權的工具，如可轉債、認股期權或股票期權等，這些工具有可能在將來的某一時點轉化成普通股，從而減少上市公司的每股收益。

稀釋每股收益，即假設公司存在的上述可能轉化為上市公司股權的工具都在當期全部轉換為普通股股份後計算的每股收益。相對於基本每股收益，稀釋每股收益充分考慮了潛在股、普通股對每股收益的稀釋作用，以反應公司在未來股本結構下的資本盈利水平。

2. 市盈率

市盈率是普通股每股市價與每股盈利的比值，反應投資者對於上市公司每1元淨利潤願意支付的價格，常用來估計股票的投資風險和報酬。

$$市盈率 = （普通股每股市價 / 普通股每股盈餘）\times 100\% \qquad (8-23)$$

市盈率是反應公司獲利能力的一個重要指標，也是投資者進行投資決策的重要參考依據。一般而言，市盈率高說明投資人普遍相信該公司未來每股收益將快速成長，願意出較高的價格購買該公司的股票。但是，市盈率也不是越高越好，市盈率越高，則風險就越大。

3. 每股淨資產

每股淨資產是指股東權益與總股數的比率，反應每股股票所擁有的淨資產。

$$每股淨資產 = 期末股東權益 / 期末普通股股數 \qquad (8\text{-}24)$$

每股淨資產越高，股東擁有的資產淨值越多；每股淨資產越少，股東擁有的資產淨值越少。通常每股淨資產越高越好，每股淨資產越高，企業創造利潤的能力和抵抗風險的能力就越強。

四、發展能力分析

企業的發展能力也稱企業的成長性，它是企業通過自身的生產經營活動，不斷擴大累積而成的發展潛能。通常用盈利能力增長率、資產增長率和資本增長率來評價。

(一) 盈利能力增長率

1. 營業收入增長率

營業收入增長率是指企業本年營業收入增長額同上年營業收入總額的比率。營業收入增長率表示與上年相比，企業本年度營業收入的增減變化情況，是評價企業成長狀況和發展能力的重要指標。

$$營業收入增長率 = (本年營業收入總額 - 上年營業收入總額) / 上年營業收入總額 \times 100\% \qquad (8\text{-}25)$$

營業收入增長率是衡量企業經營狀況和市場佔有能力、預測企業經營業務拓展趨勢的重要標誌，也是企業擴張資本增量和存量的重要前提。不斷增加的營業收入，是企業生存的基礎和發展的條件。該指標若大於零，表示企業本年的營業收入有所增長，指標值越高，表明增長速度越快，企業市場前景越好；若該指標小於零則說明企業或是產品不適銷對路、質次價高，或是在售後服務等方面存在問題，產品銷售不出去，市場份額萎縮。

2. 營業利潤增長率

營業利潤增長率是企業本年營業利潤增長額同上年營業利潤的比值，反應企業利潤的增減變動情況。

$$營業利潤增長率 = (本年營業利潤總額 - 上年營業利潤總額) / 上年營業利潤總額 \times 100\% \qquad (8\text{-}26)$$

一般認為營業利潤增長率越高越好，營業利潤增長率越高說明企業利潤增長越快，企業發展能力越好；反之，則說明企業發展停滯，業務擴張能力弱。

(二) 資產增長率

資產增長率主要是總資產增長率。總資產增長率又稱總資產擴張率，是企業本年總資產增長額同年初資產總額的比率，反應企業本期資產規模的增長情況。

$$總資產增長率 = (本年年末資產總額 - 本年年初資產總額) / 本年年初資產總額 \times 100\% \qquad (8\text{-}27)$$

資產是企業用於取得收入的資源，也是企業償還債務的保障。資產增長是企業發展的一個重要方面，發展性高的企業一般能保持資產的穩定增長。一般認為，總資產增長率越高，表明企業一定時期內資產經營規模擴張的速度越快。但在分析時，需要關注資產規模擴張的質和量的關係，以及企業的后續發展能力，避免盲目擴張。

(三) 資本增長率

1. 資本累積率

資本累積率即股東權益增長率，是指企業本年所有者權益增長額同年初所有者權益的比率。資本累積率表示企業當年資本的累積能力，是評價企業發展潛力的重要指標。

資本累積率=(本年年末所有者權益數-本年年初所有者權益數)/本年年初所有者
　　　　　權益數×100%　　　　　　　　　　　　　　　　　　　　　(8-28)

資本累積率是企業當年所有者權益總的增長率，反應企業所有者權益在當年的變動水平，同時體現企業資本的累積情況，展示企業的發展潛力，是企業發展強盛的標志。

一般認為，資本累積率越高，表明企業的資本累積越多，企業資本保全性越強，應付風險、持續發展的能力越大。該指標如為負值，表明企業資本受到侵蝕，所有者利益受到損害，應予充分重視。

2. 資本保值增值率

資本保值增值率是指企業本年末所有者權益扣除客觀增減因素后同年初所有者權益的比率。該指標表示企業當年資本在企業自身努力下的實際增減變動情況，反應了投資者投入企業資本的保全性和增長性，是評價企業財務效益狀況的輔助指標。

資本保值增值率=扣除客觀增減因素后本年年末所有者權益數/本年年初所有者
　　　　　　　益數×100%　　　　　　　　　　　　　　　　　　　(8-29)

該指標越高，表明企業的資本保全狀況越好，所有者權益增長越快，債權人的債務越有保障，企業發展后勁越強。該指標通常大於100%。

第四節　綜合財務分析

一、財務綜合分析的概念

財務綜合分析法是一種傳統的信用風險評級方法。由於信用危機往往是由財務危機引致而使銀行和投資者面臨巨大的信用風險，及早發現和找出一些預警財務趨向惡化的特徵財務指標，無疑可判斷借款或證券發行人的財務狀況，從而確定其信用等級，為信貸和投資提供依據。基於這一動機，金融機構通常將信用風險的測度轉化為企業財務狀況的衡量問題。因此，一系列財務比率分析方法也應運而生。財務綜合分析法就是將反應營運能力、償債能力、獲利能力和發展能力的各項財務分析指標作為一個整體，系統、全面、綜合地對企業財務狀況和經營情況進行剖析、解釋和評價。這類方法的主要代表是杜邦財務分析體系和沃爾比重評分法。

二、財務綜合分析的方法

(一) 杜邦財務分析體系

1. 杜邦財務分析法的原理

杜邦財務分析體系的基本原理是將財務指標作為一個系統，將財務分析與評價作為一個系統工程，全面評價企業的償債能力、營運能力、盈利能力及其相互之間的關係，在全面財務分析的基礎上進行全面評價，使評價者對公司的財務狀況有深入而相互聯繫的認識並有效地進行決策；其基本特點是以淨值報酬率為龍頭，以資產淨利潤率為核心，將償債能力、資產營運能力、盈利能力有機結合起來，層層分解，逐步深入，構成了一個完整的分析系統，全面、系統、直觀地反應了企業的財務狀況。

2. 杜邦分析法的財務比率關係

杜邦分析法主要反應了以下幾種重要的財務比率關係：

(1) 淨資產收益率與總資產淨利率及權益乘數之間的關係。

淨資產收益率＝總資產淨利率×權益乘數

權益乘數＝資產總額/股東權益

(2) 總資產淨利率與營業淨利率及資產週轉率之間的關係。

總資產淨利率＝營業淨利率×總資產週轉率

(3) 營業淨利率與淨利潤及主營業務收入之間的關係。

營業淨利率＝淨利潤/營業收入

(4) 總資產週轉率與營業收入及資產總額之間的關係。

總資產週轉率＝營業收入/資產總額

3. 杜邦分析圖

根據表 8-6、表 8-7 的資料，我們可以列出杜邦分析圖（見圖 8-1）。

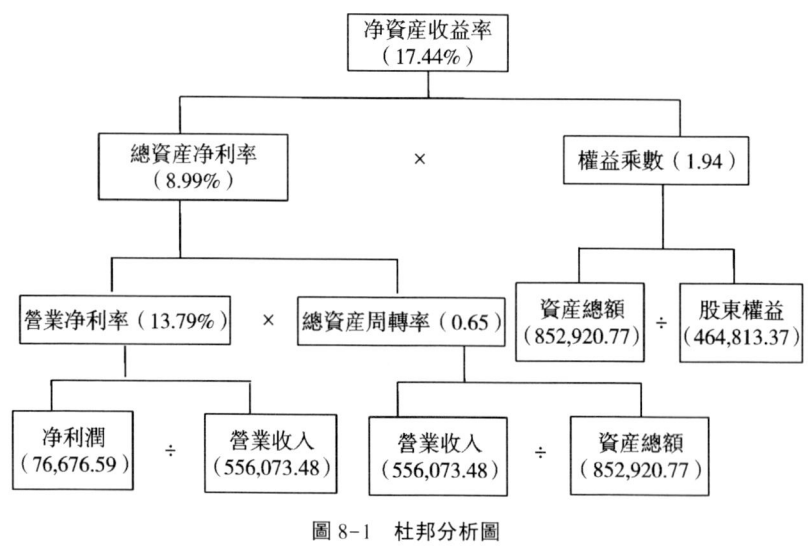

```
                    淨資產收益率
                     (17.44%)
                         │
            ┌────────────┴────────────┐
      總資產淨利率          ×         權益乘數 (1.94)
        (8.99%)                           │
            │                     ┌───────┴───────┐
    ┌───────┴───────┐         資產總額         股東權益
營業淨利率(13.79%) × 總資產周轉率(0.65)  (852,920.77) ÷ (464,813.37)
    │                    │
┌───┴───┐          ┌─────┴─────┐
淨利潤    營業收入   營業收入     資產總額
(76,676.59) ÷ (556,073.48)  (556,073.48) ÷ (852,920.77)
```

圖 8-1　杜邦分析圖

從杜邦系統圖中可以看出淨資產收益率是杜邦財務分析體系的核心，是綜合性最強的一個指標，反應著企業財務管理的目標。企業財務管理的重要目標之一就是實現股東財富的最大化。淨資產收益率正是反應了股東投入資金的獲利能力，這一比率反應了企業籌資、投資和生產營運等各方面經營活動的效率。淨資產收益率取決於營業淨利率、總資產週轉率、權益乘數。這樣分解之後，可以把淨資產收益率這樣一個綜合性指標發生升、降變化的原因具體化，比只用一項綜合性的指標更能說明問題。

　　總資產淨利率是反應企業獲利能力的一個重要的財務比率，它揭示了企業生產經營活動的效率，綜合性也極強。企業的營業收入、成本費用、資產結構、資產週轉速度以及資金占用量等各種因素都直接影響到總資產淨利潤的高低。總資產淨利潤率是營業淨利率與總資產週轉率的乘積。因此，一般從企業的營業活動與資產管理兩個方面來進行分析。

　　從企業的營業方面看，營業淨利率反應了企業淨利潤與營業收入之間的關係。一般來說，營業收入增加，企業的淨利潤會隨之增加，但是要想提高營業淨利率，必須一方面提高營業收入，另一方面降低各種成本費用，這樣才能使淨利潤的增長高於營業收入的增長，從而使營業淨利率得到提高。由此可見，提高營業淨利率必須在以下兩個方面下功夫：一是開拓市場，增加營業收入；二是加強成本費用控制，降低消耗，增加利潤。

　　在企業的資產方面主要應分析以下兩個方面的內容：第一，分析企業的資產結構是否合理，即流動資產與非流動資產的比例是否合理。一般來說，如果企業流動資產中貨幣資金占的比重過大，就應當分析企業現金持有量是否合理、有無現金閒置現象，因為過量的現金會影響企業的獲利能力。如果流動資產中的存貨與應收帳款過多，就會占用大量的資金影響企業的資金週轉。第二，結合營業收入分析企業的資金週轉情況。如果企業資金週轉較慢，就會占用大量資金，增加資本成本，減少企業的利潤。分析資金週轉情況要從企業總資產週轉率、企業存貨週轉率與應收帳款週轉率幾方面進行，並將其週轉情況與資金占用情況結合分析。

　　權益乘數則可直觀地反應出企業每擁有 1 元自由資金所能擴展出來的資產規模。

　　總之，從杜邦分析圖中可以看出企業的獲利能力涉及生產經營活動的方方面面。淨資產收益率與企業的籌資結構、銷售規模、成本水平、資產管理等因素密切相關，這些因素構成一個完整的系統，系統內部各因素之間相互作用。只有協調好系統內部各個因素之間的關係，才能使淨資產收益率得到提高，從而實現股東財富最大化的理財目標。

　　4. 杜邦分析法的局限性

　　從企業績效評價的角度來看，杜邦分析法只包括財務方面的信息，不能全面反應企業的實力，有很大的局限性，在實際運用中需要加以注意，必須結合企業的其他信息加以分析。主要表現在：

　　（1）對短期財務結果過分重視，有可能助長公司管理層的短期行為，忽略企業長期的價值創造。

　　（2）財務指標反應的是企業過去的經營業績。但在目前的信息時代，顧客、供應

商、雇員、技術創新等因素對企業經營業績的影響越來越大，而杜邦分析法在這些方面是無能為力的。

（3）在目前市場環境中，企業無形資產對提高企業長期競爭力至關重要，杜邦分析法卻不能解決無形資產的估值問題。

(二) 沃爾比重評分法

1. 沃爾比重評分法的概念

1928年，亞歷山大·沃爾在其出版的《信用晴雨表研究》和《財務報表比率分析》中提出了信用能力指數的概念，他選擇了7個財務比率即流動比率、產權比率、固定資產比率、存貨週轉率、應收帳款週轉率、固定資產週轉率和自有資金週轉率，分別給定各指標的比重，然後確定標準比率（以行業平均數為基礎），將實際比率與標準比率相對，得出相對比率，將此相對比率與各指標比重相乘，得出總評分。沃爾評分法是指將選定的財務比率用線性關係結合起來，並分別給定各自的分數比重，然後通過與標準比率進行比較，確定各項指標的得分及總體指標的累計分數，從而對企業的信用水平做出評價的方法。

2. 沃爾比重評分法的基本步驟

沃爾比重評分法的基本步驟包括：

（1）選擇評價指標並分配指標權重。

①盈利能力的指標：資產淨利率、營業淨利率、淨值報酬率；

②償債能力的指標：自有資本比率、流動比率、應收帳款週轉率、存貨週轉率；

③發展能力的指標：營業增長率、淨利增長率、資產增長率。

按重要程度確定各項比率指標的評分值，評分值之和為100。

三類指標的評分值約為5：3：2。盈利能力指標三者的比例約為2：2：1，償債能力指標和發展能力指標中各項具體指標的重要性大體相當。

（2）確定各項比率指標的標準值，即各指標在企業現時條件下的最優值。

（3）計算企業在一定時期各項比率指標的實際值。

（4）形成評價結果。

3. 沃爾比重評分法的公式

沃爾比重評分法的公式為：

實際分數＝各比率實際值/各比率標準值×權重

當實際值大於標準值為理想時，此公式計算的結果為正向指標；當實際值小於標準值為理想時，實際值越小得分應越高，此時公式計算的結果為反向指標。

值得注意的是，當某一單項指標的實際值畸高時，會導致最後總分大幅度增加，掩蓋情況不良的指標，從而給管理者造成一種假象。

4. 沃爾比重評分法的局限性

沃爾比重評分法從理論上講有一個明顯的問題，就是未能證明為什麼要選擇這7個指標，而不是更多或更少些，或者選擇別的財務比率，以及未能證明每個指標所占比重的合理性。這個問題至今仍然沒有從理論上得到解決。

該方法從技術上講也有一個問題，就是某一個指標嚴重異常時，會對總評分產生不合邏輯的重大影響。這是由財務比率與其比重相「乘」引起的。財務比率提高一倍，而評分增加100%；減少一半，其評分只減少50%。

沃爾的方法在理論上還有待證明，在技術上也不完善，但它還是在實踐中被應用。耐人尋味的是，很多理論上相當完善的經濟計量模型在實踐中往往很難應用，而企業實際使用並行之有效的模型卻又在理論上無法證明。這可能是人類對經濟變量之間數量關係的認識還相當膚淺造成的。

本章小結

財務分析是企業財務管理的重要方法之一，它是以企業會計報表提供的信息為基礎，對企業的財務狀況和經營成果進行評價和分析的一種方法。財務分析可以評價過去，揭示現在，預測未來；雖然財務分析的側重點會因分析主體的角度不同而不同，但是財務分析的最終目的和企業的經營目的一致，即資本的保值和增值。

財務分析的內容主要有償債能力分析、營運能力分析、盈利能力分析和發展能力分析。財務分析的方法主要有趨勢分析法、比率分析法和因素分析法三種。在具體分析時應根據分析的目的選擇不同的分析指標和分析方法。

財務指標分析是財務分析的一項重要內容。償債能力分析主要由短期償債能力指標和長期償債能力指標組成。其中短期償債能力指標有流動比率、速動比率和現金比率；長期償債能力指標有資產負債率、股東權益比率、產權比率和利息保障倍數。營運能力分析指標有資產利潤率、營業利潤率、成本費用利潤率和資本利潤率。發展能力分析指標包括盈利能力增長率、資產增長率和資本增長率等。

財務綜合分析可以全面、系統地分析和評價企業各方面的財務狀況和經營能力，主要方法有杜邦分析法和沃爾比重分析法。

思考題

1. 反應企業償債能力的指標有哪些？如何計算？
2. 反應企業營運能力的指標有哪些？如何計算？
3. 反應企業盈利能力的指標有哪些？如何計算？
4. 什麼是杜邦分析法？運用杜邦分析法應注意哪些問題？

自測題

一、單項選擇題

1. 存貨週轉率中（　　）
    A. 存貨週轉次數越多，表明存貨週轉越快
    B. 存貨週轉次數少，表明存貨週轉快
    C. 存貨週轉天數越多，表明存貨週轉越快
    D. 存貨週轉天數少，表明存貨週轉快

2. 將資產按流動性分類，分為（　　）
    A. 固定資產與流動資產　　　　B. 有形資產與無形資產
    C. 貨幣資產與非貨幣資產　　　D. 流動資產與長期資產

3. 某企業2001年銷售收入淨額為250萬元，銷售毛利率為20%，年末流動資產90萬元，年初流動資產110萬元，則該企業成本流動資產週轉率為（　　）
    A. 2次　　　B. 2.22次　　　C. 2.5次　　　D. 2.78次

4. 關於負債比例，正確的提法有（　　）
    A. 負債比例反應經營槓桿作用的大小
    B. 負債比例反應財務風險的大小
    C. 提高負債比例有利於提高企業淨利潤
    D. 提高負債比例有利於降低企業資金成本

5. 為使債權人感到其債權是有安全保障的，營運資金與長期債務之比應（　　）
    A. ≥1　　　B. ≤1　　　C. >1　　　D. <1

6. 下列指標中，可以用來評價獲利能力的指標有（　　）
    A. 現金比率　　　　　　　　　B. 經營活動淨現金比率
    C. 現金充分性比率　　　　　　D. 每股經營現金流量

7. 實際發生壞帳，用壞帳準備金沖銷債權時（　　）
    A. 流動比率不變　　　　　　　B. 速動比率不變
    C. 現金比率下降　　　　　　　D. 營運資金減少

8. 某企業期末現金為160萬元，期末流動負債為240萬元，期末流動資產為320萬元，則該企業現金比率為（　　）
    A. 50%　　　B. 66.67%　　　C. 133.33%　　　D. 200%

9. 下列說法正確的有（　　）
    A. 流動資產由長期資金供應
    B. 資產負債率較低，企業的財務風險較小
    C. 長期資產由短期資金供應
    D. 所有者總是傾向於提高資產負債率

10. 速動比率是流動比率的（　　）
    A. 參考指標　　　　　　　　　B. 從屬指標

C. 輔助指標　　　　　　　　D. 補充指標

二、多項選擇題

1. 負債按償債的緊迫性依次排列為（　　）
   A. 長期負債　　　　　　　　B. 到期債務
   C. 流動負債　　　　　　　　D. 一般債務
   E. 信用債務

2. 企業經營對獲利的影響主要有（　　）
   A. 獲利水平　　　　　　　　B. 獲利穩定性
   C. 獲利持久性　　　　　　　D. 財務安全性
   E. 經營戰略

3. 資產負債率反應企業的（　　）
   A. 長期償債能力　　　　　　B. 負債經營能力
   C. 資產變現能力　　　　　　D. 營運能力
   E. 經營管理能力

3. 反應所有者對債權人利益保護程度的指標有（　　）
   A. 資產負債率　　　　　　　B. 產權比率
   C. 淨資產報酬率　　　　　　D. 有形淨值債務率
   E. 權益乘數

4. 關於總資產利潤率的正確說法有（　　）
   A. 總資產利潤率指標集中體現了資金運動速度和資金利用效率的關係
   B. 企業的資產總額越高，利潤越大，總資產利潤率就越高
   C. 總資產利潤率綜合反應了企業經營管理水平的高低
   D. 總資產利潤率等於銷售利潤率乘以總資產週轉天數
   E. 總資產利潤率越高，資金利用效果越好

5. 影響資產淨利率高低的因素主要有（　　）
   A. 產品價格　　　　　　　　B. 單位成本的高低
   C. 銷售量　　　　　　　　　D. 資產週轉率

三、計算題

1. 某公司 2003 年度的簡要資產負債表如下：（單位：萬元）

資　產	年末數	負債及所有者權益	年末數
貨幣資金	20	應付帳款	60
應收帳款		長期負債	
存　貨		實收資本	400
固定資產		留存收益	230
合　計		合　計	

其他有關財務指標如下：

(1) 產權比率：0.4；
(2) 銷售毛利率 25%；
(3) 存貨週轉率 6 次；
(4) 應收帳款平均收現期 30 天；
(5) 總資產週轉率 3.4 次。

要求：將上表填列完整。

2. 某公司相關財務數據如下：

單位：元

項目	2000 年	2001 年
資產總額	714,717	765,285
無形資產淨值	21,221	39,986
負債總額	484,355	505,138
主營業務收入	880,524	1,052,530
淨利潤	28,428	25,109
所得稅	4,288	955
利息費用	13,644	15,967

已知該公司 1999 年資產總額為 446,935 元，要求：

(1) 計算該公司權益乘數、有形淨值債務率、已獲利息倍數、總資產週轉率。
(2) 對該公司資產規模變動進行評價。

3. 資料：已知某企業 1999 年、2000 年有關資料如下表所示：

單位：萬元

項目	1999 年	2000 年
銷售收入	280	350
其中：賒銷成本	76	80
全部成本	235	288
其中：銷售成本	108	120
管理費用	87	98
財務費用	29	55
銷售費用	11	15
利潤總額	45	62
所得稅	15	21
稅後淨利	30	41
資產總額	128	198
其中：固定資產	59	78
現金	21	39
應收帳款（平均）	8	14
存貨	40	67
負債總額	55	88

要求：運用杜邦分析法對該企業的股東權益報酬率及其增減變動原因進行分析。

附　表

附表 1　年金现值表

期数	1%	2%	3%	4%	5%	6%	7%	8%	9%	10%	12%	14%	16%	18%	20%	22%	24%	26%	28%	30%	32%	34%	36%
1	0.990,1	0.980,4	0.970,9	0.961,5	0.952,4	0.943,4	0.934,6	0.925,9	0.917,4	0.909,1	0.892,9	0.877,2	0.862,1	0.847,5	0.833,3	0.819,7	0.806,5	0.793,7	0.781,3	0.769,2	0.757,6	0.746,3	0.735,3
2	1.970,4	1.941,6	1.913,5	1.886,1	1.859,4	1.833,4	1.808,0	1.783,3	1.759,1	1.735,5	1.690,1	1.646,7	1.605,2	1.565,6	1.527,8	1.491,5	1.456,8	1.423,5	1.391,6	1.360,9	1.331,5	1.303,2	1.276,0
3	2.941,0	2.883,9	2.828,6	2.775,1	2.723,2	2.673,0	2.624,3	2.577,1	2.531,3	2.486,9	2.401,8	2.321,6	2.245,9	2.174,3	2.106,5	2.042,1	1.981,2	1.923,4	1.868,4	1.816,1	1.766,3	1.718,8	1.673,5
4	3.902,0	3.807,7	3.717,1	3.629,9	3.546,0	3.465,1	3.387,2	3.312,1	3.239,7	3.169,9	3.037,3	2.913,7	2.798,2	2.690,1	2.588,7	2.493,6	2.404,3	2.320,2	2.241,0	2.166,2	2.095,7	2.029,0	1.965,8
5	4.853,4	4.713,5	4.579,7	4.451,8	4.329,5	4.212,4	4.100,2	3.992,7	3.889,7	3.790,8	3.604,8	3.433,1	3.274,3	3.127,2	2.990,6	2.863,6	2.745,4	2.635,4	2.532,3	2.435,6	2.345,2	2.260,4	2.180,7
6	5.795,5	5.601,4	5.417,2	5.242,1	5.075,7	4.917,3	4.766,5	4.622,9	4.485,9	4.355,3	4.111,4	3.888,7	3.684,7	3.497,6	3.325,5	3.166,9	3.020,5	2.885,0	2.759,4	2.642,7	2.534,2	2.433,1	2.338,8
7	6.728,2	6.472,0	6.230,3	6.002,1	5.786,4	5.582,4	5.389,3	5.206,4	5.033,0	4.868,4	4.563,8	4.288,3	4.038,6	3.811,5	3.604,6	3.415,5	3.242,3	3.083,2	2.937,0	2.802,1	2.677,5	2.562,0	2.455,0
8	7.651,7	7.325,5	7.019,7	6.732,7	6.463,2	6.209,8	5.971,3	5.746,6	5.534,8	5.334,9	4.967,6	4.638,9	4.343,6	4.077,6	3.837,2	3.619,3	3.421,2	3.240,7	3.075,8	2.924,7	2.786,0	2.658,2	2.540,4
9	8.566,0	8.162,2	7.786,1	7.435,3	7.107,8	6.801,7	6.515,2	6.246,9	5.995,2	5.759,0	5.328,2	4.946,4	4.606,5	4.303,0	4.031,0	3.786,3	3.565,5	3.365,7	3.184,2	3.019,0	2.868,1	2.730,0	2.603,3
10	9.471,3	8.982,6	8.530,2	8.110,9	7.721,7	7.360,1	7.023,6	6.710,1	6.417,7	6.144,6	5.650,2	5.216,1	4.833,2	4.494,1	4.192,5	3.923,2	3.681,9	3.464,8	3.268,9	3.091,5	2.930,4	2.783,6	2.649,5
11	10.367,6	9.786,8	9.252,6	8.760,5	8.306,4	7.886,9	7.498,7	7.139,0	6.805,2	6.495,1	5.937,7	5.452,7	5.028,6	4.656,0	4.327,1	4.035,4	3.775,7	3.543,5	3.335,1	3.147,3	2.977,6	2.823,6	2.683,4
12	11.255,1	10.575,3	9.954,0	9.385,1	8.863,3	8.383,8	7.942,7	7.536,1	7.160,7	6.813,7	6.194,4	5.660,3	5.197,1	4.793,2	4.439,2	4.127,4	3.851,4	3.605,9	3.386,8	3.190,3	3.013,3	2.853,4	2.708,4
13	12.133,7	11.348,4	10.635,0	9.985,6	9.393,6	8.852,7	8.357,7	7.903,8	7.486,9	7.103,6	6.423,5	5.842,4	5.342,3	4.909,5	4.532,7	4.202,8	3.912,4	3.655,6	3.427,2	3.223,3	3.040,4	2.875,7	2.726,8
14	13.003,7	12.106,2	11.296,1	10.563,1	9.898,6	9.295,0	8.745,5	8.244,2	7.786,2	7.366,7	6.628,2	6.002,1	5.467,5	5.008,1	4.610,6	4.264,6	3.961,6	3.694,9	3.458,7	3.248,7	3.060,9	2.892,3	2.740,3
15	13.865,1	12.849,3	11.937,9	11.118,4	10.379,7	9.712,2	9.107,9	8.559,5	8.060,7	7.606,1	6.810,9	6.142,2	5.575,5	5.091,6	4.675,5	4.315,2	4.001,3	3.726,1	3.483,4	3.268,2	3.076,4	2.904,7	2.750,2
16	14.717,9	13.577,7	12.561,1	11.652,3	10.837,8	10.105,9	9.446,6	8.851,4	8.312,6	7.823,7	6.974,0	6.265,1	5.668,5	5.162,4	4.729,6	4.356,7	4.033,3	3.750,9	3.502,6	3.283,2	3.088,2	2.914,0	2.757,5
17	15.562,3	14.291,9	13.166,1	12.165,7	11.274,1	10.477,3	9.763,2	9.121,6	8.543,6	8.021,6	7.119,6	6.372,9	5.748,7	5.222,3	4.774,6	4.390,8	4.059,1	3.770,5	3.517,7	3.294,8	3.097,1	2.920,9	2.762,9
18	16.398,3	14.992,0	13.753,5	12.659,3	11.689,6	10.827,6	10.059,1	9.371,9	8.755,6	8.201,4	7.249,7	6.467,4	5.817,8	5.273,2	4.812,2	4.418,7	4.079,3	3.786,1	3.529,4	3.303,7	3.103,9	2.926,2	2.766,8
19	17.226,0	15.678,5	14.323,8	13.133,9	12.085,3	11.158,1	10.335,6	9.603,6	8.950,1	8.364,9	7.365,8	6.550,4	5.877,5	5.316,2	4.843,5	4.441,5	4.096,7	3.798,5	3.538,6	3.310,5	3.109,0	2.929,9	2.769,7
20	18.045,6	16.351,4	14.877,5	13.590,3	12.462,2	11.469,9	10.594,0	9.818,1	9.128,5	8.513,6	7.469,4	6.623,1	5.928,8	5.352,7	4.869,6	4.460,3	4.110,3	3.808,2	3.545,8	3.315,8	3.112,9	2.932,7	2.771,8
21	18.857,1	17.011,2	15.415,0	14.029,2	12.821,2	11.764,1	10.835,5	10.016,8	9.292,2	8.648,7	7.562,0	6.687,0	5.973,1	5.383,7	4.891,3	4.475,6	4.121,2	3.816,1	3.551,4	3.319,8	3.115,8	2.934,9	2.773,4
22	19.660,4	17.658,0	15.936,9	14.451,1	13.163,0	12.041,6	11.061,2	10.200,7	9.442,4	8.771,5	7.644,6	6.742,9	6.011,3	5.409,9	4.909,4	4.488,2	4.130,0	3.822,3	3.555,8	3.323,0	3.118,0	2.936,5	2.774,6
23	20.455,8	18.292,2	16.443,6	14.856,8	13.488,6	12.303,4	11.272,2	10.371,1	9.580,2	8.883,2	7.718,4	6.792,1	6.044,3	5.432,1	4.924,5	4.498,5	4.137,1	3.827,3	3.559,3	3.325,4	3.119,7	2.937,7	2.775,4
24	21.243,1	18.913,9	16.935,5	15.247,0	13.798,6	12.550,4	11.469,3	10.528,8	9.706,6	8.984,7	7.784,3	6.835,1	6.072,6	5.450,9	4.937,1	4.507,0	4.142,8	3.831,3	3.561,9	3.327,2	3.121,0	2.938,6	2.776,0
25	22.023,2	19.523,5	17.413,1	15.622,1	14.093,9	12.783,4	11.653,6	10.674,8	9.822,6	9.077,0	7.843,1	6.872,9	6.097,1	5.466,9	4.947,6	4.513,9	4.147,4	3.834,2	3.564,0	3.328,5	3.122,0	2.939,2	2.776,5
26	22.795,2	20.121,0	17.876,8	15.982,8	14.375,2	13.003,2	11.825,8	10.810,0	9.929,0	9.160,9	7.895,7	6.906,1	6.118,2	5.480,4	4.956,3	4.519,6	4.151,1	3.836,7	3.565,6	3.329,7	3.122,7	2.939,7	2.776,8

附表1(續)

期數	1%	2%	3%	4%	5%	6%	7%	8%	9%	10%	12%	14%	16%	18%	20%	22%	24%	26%	28%	30%	32%	34%	36%
27	23,559.6	20,706.9	18,327.0	16,329.6	14,643.0	13,210.5	11,986.7	10,935.2	10,026.6	9,237.2	7,942.6	6,935.2	6,136.4	5,491.9	4,963.6	4,524.3	4,154.2	3,838.7	3,566.9	3,330.5	3,123.3	2,940.4	2,777.1
28	24,316.4	21,281.3	18,764.1	16,663.1	14,898.1	13,406.2	12,137.1	11,051.2	10,116.1	9,306.9	7,984.4	6,960.7	6,152.0	5,501.6	4,969.7	4,528.1	4,156.6	3,840.2	3,567.9	3,331.2	3,123.7	2,940.4	2,777.3
29	25,065.8	21,844.4	19,188.5	16,983.7	15,141.1	13,590.7	12,277.7	11,158.4	10,198.3	9,369.6	8,021.8	6,983.0	6,165.6	5,509.8	4,974.7	4,531.2	4,158.5	3,841.4	3,568.7	3,331.7	3,124.0	2,940.6	2,777.4
30	25,807.7	22,396.5	19,600.4	17,292.0	15,372.5	13,764.8	12,409.0	11,257.8	10,273.7	9,426.9	8,055.2	7,002.5	6,177.2	5,516.8	4,978.9	4,533.8	4,160.1	3,842.4	3,569.3	3,332.1	3,124.2	2,940.7	2,777.5
31	26,542.3	22,937.7	20,000.4	17,588.5	15,592.8	13,929.1	12,531.8	11,349.8	10,342.8	9,479.0	8,085.0	7,019.0	6,187.2	5,522.7	4,982.4	4,535.7	4,161.4	3,843.2	3,569.7	3,332.4	3,124.4	2,940.8	2,777.6
32	27,269.6	23,468.3	20,388.7	17,873.6	15,802.7	14,084.0	12,646.6	11,435.0	10,406.2	9,526.4	8,111.6	7,035.0	6,195.9	5,527.7	4,985.4	4,537.6	4,162.4	3,843.8	3,570.1	3,332.6	3,124.6	2,940.9	2,777.6
33	27,989.7	23,988.6	20,765.8	18,147.6	16,002.5	14,230.2	12,753.8	11,513.9	10,464.4	9,569.4	8,135.4	7,048.2	6,203.4	5,532.0	4,987.8	4,539.0	4,163.2	3,844.3	3,570.4	3,332.8	3,124.7	2,941.0	2,777.7
34	28,702.7	24,498.6	21,131.8	18,411.2	16,192.9	14,368.1	12,854.0	11,586.9	10,517.8	9,608.6	8,156.6	7,059.9	6,209.8	5,535.6	4,989.8	4,540.2	4,163.9	3,844.7	3,570.6	3,332.9	3,124.8	2,941.0	2,777.7
35	29,408.6	24,998.6	21,487.2	18,664.6	16,374.2	14,498.2	12,947.7	11,654.6	10,566.8	9,644.2	8,175.7	7,070.0	6,215.3	5,538.6	4,991.5	4,541.1	4,164.4	3,845.0	3,570.8	3,333.1	3,124.9	2,941.1	2,777.7
36	30,107.5	25,488.8	21,832.3	18,908.3	16,546.9	14,621.0	13,035.2	11,717.2	10,611.8	9,676.5	8,192.4	7,079.0	6,220.1	5,541.2	4,992.9	4,541.9	4,164.9	3,845.2	3,570.9	3,333.1	3,124.9	2,941.1	2,777.7
37	30,799.5	25,969.5	22,167.2	19,142.6	16,711.3	14,736.8	13,117.0	11,775.2	10,653.0	9,705.9	8,207.5	7,086.8	6,224.2	5,543.4	4,994.1	4,542.6	4,165.2	3,845.4	3,571.0	3,333.2	3,125.0	2,941.1	2,777.7
38	31,484.7	26,440.6	22,492.5	19,367.9	16,867.9	14,846.0	13,193.5	11,828.9	10,690.8	9,732.7	8,221.0	7,093.6	6,227.8	5,545.2	4,995.1	4,543.1	4,165.5	3,845.6	3,571.1	3,333.2	3,125.0	2,941.1	2,777.8
39	32,163.0	26,902.6	22,808.2	19,584.5	17,017.0	14,949.1	13,264.9	11,878.6	10,725.5	9,757.0	8,233.0	7,099.7	6,230.9	5,546.8	4,995.9	4,543.5	4,165.7	3,845.7	3,571.2	3,333.2	3,125.0	2,941.1	2,777.8
40	32,834.7	27,355.5	23,114.8	19,792.8	17,159.1	15,046.3	13,331.7	11,924.6	10,757.4	9,779.1	8,243.8	7,105.0	6,233.5	5,548.2	4,996.6	4,543.9	4,165.9	3,845.8	3,571.2	3,333.3	3,125.0	2,941.1	2,777.8
41	33,499.7	27,799.5	23,412.4	19,993.1	17,294.4	15,138.0	13,394.1	11,967.2	10,786.6	9,799.1	8,253.2	7,109.7	6,235.8	5,549.3	4,997.2	4,544.1	4,166.1	3,845.9	3,571.3	3,333.3	3,125.0	2,941.1	2,777.8
42	34,158.1	28,234.8	23,701.4	20,185.6	17,423.5	15,224.5	13,452.4	12,006.7	10,813.4	9,817.4	8,261.5	7,113.6	6,237.7	5,550.2	4,997.6	4,544.4	4,166.2	3,845.9	3,571.3	3,333.3	3,125.0	2,941.1	2,777.8
43	34,810.0	28,661.6	23,981.9	20,370.8	17,545.9	15,306.2	13,507.0	12,043.2	10,838.0	9,834.0	8,269.6	7,117.3	6,239.4	5,551.0	4,998.0	4,544.6	4,166.3	3,846.0	3,571.3	3,333.3	3,125.0	2,941.1	2,777.8
44	35,455.9	29,080.0	24,254.3	20,548.8	17,662.8	15,383.2	13,557.9	12,077.1	10,860.5	9,849.1	8,276.4	7,120.5	6,240.7	5,551.7	4,998.4	4,544.7	4,166.4	3,846.0	3,571.4	3,333.3	3,125.0	2,941.2	2,777.8
45	36,094.5	29,490.2	24,518.7	20,720.0	17,774.1	15,455.8	13,605.5	12,108.4	10,881.2	9,862.8	8,282.8	7,123.2	6,242.0	5,552.2	4,998.6	4,544.9	4,166.4	3,846.0	3,571.4	3,333.3	3,125.0	2,941.2	2,777.8
46	36,727.2	29,892.3	24,775.4	20,884.7	17,880.1	15,524.9	13,650.0	12,137.4	10,900.2	9,875.3	8,288.2	7,125.6	6,243.0	5,552.7	4,998.9	4,545.1	4,166.5	3,846.1	3,571.4	3,333.3	3,125.0	2,941.2	2,777.8
48	37,974.0	30,673.1	25,266.7	21,195.1	18,077.2	15,650.0	13,730.5	12,189.1	10,933.6	9,896.9	8,297.2	7,129.7	6,245.0	5,553.5	4,999.2	4,545.2	4,166.5	3,846.1	3,571.4	3,333.3	3,125.0	2,941.2	2,777.8
50	39,196.1	31,423.6	25,729.8	21,482.2	18,255.9	15,761.9	13,800.7	12,233.5	10,961.7	9,914.8	8,304.5	7,132.7	6,246.3	5,554.1	4,999.5	4,545.2	4,166.6	3,846.1	3,571.4	3,333.3	3,125.0	2,941.2	2,777.8
52	40,394.2	32,144.9	26,166.2	21,747.6	18,418.1	15,861.4	13,862.1	12,271.5	10,985.3	9,929.6	8,310.5	7,135.0	6,247.2	5,554.5	4,999.6	4,545.3	4,166.6	3,846.1	3,571.4	3,333.3	3,125.0	2,941.2	2,777.8
54	41,568.7	32,838.3	26,577.7	21,993.0	18,565.1	15,950.0	13,915.7	12,304.1	11,005.3	9,941.8	8,315.4	7,136.8	6,247.9	5,554.8	4,999.7	4,545.4	4,166.6	3,846.1	3,571.4	3,333.3	3,125.0	2,941.2	2,777.8
56	42,720.0	33,504.7	26,965.5	22,219.8	18,698.5	16,028.8	13,962.6	12,332.1	11,022.0	9,951.9	8,318.7	7,138.2	6,248.5	5,555.0	4,999.8	4,545.4	4,166.6	3,846.1	3,571.4	3,333.3	3,125.0	2,941.2	2,777.8
58	43,848.6	34,145.2	27,331.0	22,429.6	18,819.5	16,099.0	14,003.5	12,356.0	11,036.1	9,960.3	8,321.7	7,139.3	6,248.8	5,555.2	4,999.9	4,545.4	4,166.7	3,846.1	3,571.4	3,333.3	3,125.0	2,941.2	2,777.8
60	44,955.0	34,760.9	27,675.6	22,623.5	18,929.3	16,161.4	14,039.2	12,376.6	11,048.0	9,967.2	8,324.0	7,140.1	6,249.2	5,555.3	4,999.9	4,545.4	4,166.7	3,846.1	3,571.4	3,333.3	3,125.0	2,941.2	2,777.8

附表 2 年金终值表

期数	1%	2%	3%	4%	5%	6%	7%	8%	9%	10%	12%	14%	16%
1	1.000,0	1.000,0	1.000,0	1.000,0	1.000,0	1.000,0	1.000,0	1.000,0	1.000,0	1.000,0	1.000,0	1.000,0	1.000,0
2	2.010,0	2.020,0	2.030,0	2.040,0	2.050,0	2.060,0	2.070,0	2.080,0	2.090,0	2.100,0	2.120,0	2.140,0	2.160,0
3	3.030,1	3.060,4	3.090,9	3.121,6	3.152,5	3.183,6	3.214,9	3.246,4	3.278,1	3.310,0	3.374,4	3.439,6	3.505,6
4	4.060,4	4.121,6	4.183,6	4.246,5	4.310,1	4.374,6	4.439,9	4.506,1	4.573,1	4.641,0	4.779,3	4.921,1	5.066,5
5	5.101,0	5.204,0	5.309,1	5.416,3	5.525,6	5.637,1	5.750,7	5.866,6	5.984,7	6.105,1	6.352,8	6.610,1	6.877,1
6	6.152,0	6.308,1	6.468,4	6.633,0	6.801,9	6.975,3	7.153,3	7.335,9	7.523,3	7.715,6	8.115,2	8.535,5	8.977,5
7	7.213,5	7.434,3	7.662,5	7.898,3	8.142,0	8.393,8	8.654,0	8.922,8	9.200,4	9.487,2	10.089,0	10.730,5	11.413,9
8	8.285,7	8.583,0	8.892,3	9.214,2	9.549,1	9.897,5	10.259,8	10.636,6	11.028,5	11.435,9	12.299,7	13.232,8	14.240,1
9	9.368,5	9.754,6	10.159,1	10.582,8	11.026,6	11.491,3	11.978,0	12.487,6	13.021,0	13.579,5	14.775,7	16.085,3	17.518,5
10	10.462,1	10.949,7	11.463,9	12.006,1	12.577,9	13.180,8	13.816,4	14.486,6	15.192,9	15.937,4	17.548,7	19.337,3	21.321,5
11	11.566,8	12.168,7	12.807,8	13.486,4	14.206,8	14.971,6	15.783,6	16.645,5	17.560,3	18.531,2	20.654,6	23.044,5	25.732,9
12	12.682,5	13.412,1	14.192,0	15.025,8	15.917,1	16.869,9	17.888,5	18.977,1	20.140,7	21.384,3	24.133,1	27.270,7	30.850,2
13	13.809,3	14.680,3	15.617,8	16.626,8	17.713,0	18.882,1	20.140,6	21.495,3	22.953,4	24.522,7	28.029,1	32.088,7	36.786,2
14	14.947,4	15.973,9	17.086,3	18.291,9	19.598,6	21.015,1	22.550,5	24.214,9	26.019,2	27.975,0	32.392,6	37.581,1	43.672,0
15	16.096,9	17.293,4	18.598,9	20.023,6	21.578,6	23.276,0	25.129,0	27.152,1	29.360,9	31.772,5	37.279,7	43.842,4	51.659,5
16	17.257,9	18.639,3	20.156,9	21.824,5	23.657,5	25.672,5	27.888,1	30.324,3	33.003,4	35.949,7	42.753,3	50.980,4	60.925,0
17	18.430,4	20.012,1	21.761,6	23.697,5	25.840,4	28.212,9	30.840,2	33.750,2	36.973,7	40.544,7	48.883,7	59.117,6	71.673,0
18	19.614,7	21.412,3	23.414,4	25.645,4	28.132,4	30.905,7	33.999,0	37.450,2	41.301,3	45.599,2	55.749,7	68.394,1	84.140,7
20	22.019,0	24.297,4	26.870,4	29.778,1	33.066,0	36.785,6	40.995,5	45.762,0	51.160,1	57.275,0	72.052,4	91.024,9	115.379,7
22	24.471,6	27.299,0	30.536,8	34.248,0	38.505,2	43.392,3	49.005,7	55.456,8	62.873,3	71.402,7	92.502,6	120.436,0	157.415,0
24	26.973,5	30.421,9	34.426,5	39.082,6	44.502,0	50.815,6	58.176,7	66.764,8	76.789,8	88.497,3	118.155,2	158.658,6	213.977,6
26	29.525,6	33.670,9	38.553,0	44.311,7	51.113,5	59.156,4	68.676,5	79.954,4	93.324,0	109.181,8	150.333,9	208.332,7	290.088,3
28	32.129,1	37.051,2	42.930,9	49.967,6	58.402,6	68.528,1	80.697,7	95.338,8	112.968,2	134.209,9	190.698,9	272.889,2	392.502,8
30	34.784,9	40.568,1	47.575,4	56.084,9	66.438,8	79.058,2	94.460,8	113.283,2	136.307,5	164.494,0	241.332,7	356.786,8	530.311,7
40	48.886,4	60.402,0	75.401,3	95.025,5	120.799,8	154.762,0	199.635,1	259.056,5	337.882,4	442.592,6	767.091,4	1,342.025,1	2,360.757,2
50	64.463,7	84.579,4	112.796,9	152.667,1	209.348,0	290.335,9	406.528,8	573.770,2	815.083,6	1,163.908,5	2,400.018,2	4,994.521,3	10,435.648,8
60	81.669,7	114.051,5	163.053,4	237.990,7	353.583,7	533.128,2	813.520,4	1,253.213,3	1,944.792,1	3,034.816,4	7,471.641,1	18,535.133,3	46,057.508,5

附表2(續)

期數	18%	20%	22%	24%	26%	28%	30%	32%	34%	36%
1	1,000.0	1,000.0	1,000.0	1,000.0	1,000.0	1,000.0	1,000.0	1,000.0	1,000.0	1,000.0
2	2,180.0	2,200.0	2,220.0	2,240.0	2,260.0	2,280.0	2,300.0	2,320.0	2,340.0	2,360.0
3	3,572.4	3,640.0	3,708.4	3,777.6	3,847.6	3,918.4	3,990.0	4,062.4	4,135.6	4,209.6
4	5,215.4	5,368.0	5,524.2	5,684.2	5,848.0	6,015.6	6,187.0	6,362.4	6,541.7	6,725.1
5	7,154.2	7,441.6	7,739.6	8,048.4	8,368.4	8,699.9	9,043.1	9,398.3	9,765.9	10,146.1
6	9,442.0	9,929.9	10,442.3	10,980.1	11,544.2	12,135.9	12,756.0	13,405.8	14,086.3	14,798.7
7	12,141.5	12,915.9	13,739.6	14,615.3	15,545.8	16,533.9	17,582.8	18,695.6	19,875.6	21,126.2
8	15,327.0	16,499.1	17,762.3	19,122.9	20,587.6	22,163.4	23,857.7	25,678.2	27,633.3	29,731.6
9	19,085.9	20,798.9	22,670.0	24,712.5	26,940.4	29,369.2	32,015.0	34,895.3	38,028.7	41,435.0
10	23,521.3	25,958.7	28,657.4	31,643.4	34,944.9	38,592.6	42,619.5	47,061.8	51,958.4	57,351.6
11	28,755.1	32,150.4	35,962.0	40,237.9	45,030.6	50,398.5	56,405.3	63,121.5	70,624.3	78,998.2
12	34,931.1	39,580.5	44,873.7	50,895.0	57,738.6	65,510.0	74,327.0	84,320.4	95,636.5	108,437.5
13	42,218.7	48,496.6	55,745.9	64,109.7	73,750.6	84,852.9	97,625.0	112,303.0	129,152.9	148,475.0
14	50,818.0	59,195.9	69,010.0	80,496.1	93,925.8	109,611.7	127,912.5	149,239.9	174,064.9	202,926.0
15	60,965.3	72,035.1	85,192.2	100,815.1	119,346.5	141,302.9	167,286.3	197,996.7	234,247.0	276,979.3
16	72,939.0	87,442.1	104,934.5	126,010.8	151,376.6	181,867.7	218,472.2	262,355.7	314,891.0	377,691.9
17	87,068.0	105,930.9	129,020.1	157,253.4	191,734.5	233,790.7	285,013.9	347,309.5	422,953.9	514,661.0
18	103,740.3	128,116.7	158,404.5	195,994.2	242,585.5	300,252.1	371,518.0	459,448.5	567,758.3	700,938.9
20	146,628.0	186,688.0	237,989.3	303,600.6	387,388.7	494,213.1	630,165.5	802,863.1	1,021,806.8	1,298,816.6
22	206,344.8	271,030.7	356,443.2	469,056.3	617,278.3	811,998.7	1,067,279.6	1,401,228.7	1,837,096.2	2,404,651.2
24	289,494.5	392,484.2	532,750.1	723,461.0	982,251.1	1,332,658.6	1,806,002.6	2,443,820.9	3,301,030.0	4,450,002.9
26	405,272.1	567,377.3	795,165.3	1,114,633.6	1,561,681.8	2,185,707.9	3,054,444.3	4,260,433.6	5,929,669.4	8,233,085.3
28	566,480.9	819,223.3	1,185,744.0	1,716,100.7	2,481,586.0	3,583,343.8	5,164,310.9	7,425,699.4	10,649,654.3	15,230,274.5
30	790,948.0	1,181,881.6	1,767,081.3	2,640,916.4	3,942,026.0	5,873,230.6	8,729,985.5	12,940,858.7	19,124,859.3	28,172,275.8
40	4,163,213.0	7,343,857.8	12,936,535.3	22,728,802.6	39,792,981.7	69,377,460.4	120,392,882.7	207,874,271.9	357,033,888.5	609,890,482.4
50	21,813,093.7	45,497,190.8	94,525,279.3	195,372,644.2	401,374,471.1	819,103,077.1	1,659,760,743.3	3,338,459,987.5	6,664,396,222.3	13,202,094,174.1
60	114,189,666.5	281,732,571.8	690,500,982.4	1,679,147,280.2	4,048,171,904.9	9,670,300,886.3	22,881,253,909.1	53,614,945,482.3	124,396,732,954.1	285,780,108,792.0

附表 3 複利現值表

期数	1%	2%	3%	4%	5%	6%	7%	8%	9%	10%	12%	14%	16%	18%	20%
1	0.990,1	0.980,4	0.970,9	0.961,5	0.952,4	0.943,4	0.934,6	0.925,9	0.917,4	0.909,1	0.892,9	0.877,2	0.862,1	0.847,5	0.833,3
2	0.980,3	0.961,2	0.942,6	0.924,6	0.907,0	0.890,0	0.873,4	0.857,3	0.841,7	0.826,4	0.797,2	0.769,5	0.743,2	0.718,2	0.694,4
3	0.970,6	0.942,3	0.915,1	0.889,0	0.863,8	0.839,6	0.816,3	0.793,8	0.772,2	0.751,3	0.711,8	0.675,0	0.640,7	0.608,6	0.578,7
4	0.961,0	0.923,8	0.888,5	0.854,8	0.822,7	0.792,1	0.762,9	0.735,0	0.708,4	0.683,0	0.635,5	0.592,1	0.552,3	0.515,8	0.482,3
5	0.951,5	0.905,7	0.862,6	0.821,9	0.783,5	0.747,3	0.713,0	0.680,6	0.649,9	0.620,9	0.567,4	0.519,4	0.476,1	0.437,1	0.401,9
6	0.942,0	0.888,0	0.837,5	0.790,3	0.746,2	0.705,0	0.666,3	0.630,2	0.596,3	0.564,5	0.506,6	0.455,6	0.410,4	0.370,4	0.334,9
7	0.932,7	0.870,6	0.813,1	0.759,9	0.710,7	0.665,1	0.622,7	0.583,5	0.547,0	0.513,2	0.452,3	0.399,6	0.353,8	0.313,9	0.279,1
8	0.923,5	0.853,5	0.789,4	0.730,7	0.676,8	0.627,4	0.582,0	0.540,3	0.501,9	0.466,5	0.403,9	0.350,6	0.305,0	0.266,0	0.232,6
9	0.914,3	0.836,8	0.766,4	0.702,6	0.644,6	0.591,9	0.543,9	0.500,2	0.460,4	0.424,1	0.360,6	0.307,5	0.263,0	0.225,5	0.193,8
10	0.905,3	0.820,3	0.744,1	0.675,6	0.613,9	0.558,4	0.508,3	0.463,2	0.422,4	0.385,5	0.322,0	0.269,7	0.226,7	0.191,1	0.161,5
11	0.896,3	0.804,3	0.722,4	0.649,6	0.584,7	0.526,8	0.475,1	0.428,9	0.387,5	0.350,5	0.287,5	0.236,6	0.195,4	0.161,9	0.134,6
12	0.887,4	0.788,5	0.701,4	0.624,6	0.556,8	0.497,0	0.444,0	0.397,1	0.355,5	0.318,6	0.256,7	0.207,6	0.168,5	0.137,2	0.112,2
13	0.878,7	0.773,0	0.681,0	0.600,6	0.530,3	0.468,8	0.415,0	0.367,7	0.326,2	0.289,7	0.229,2	0.182,1	0.145,2	0.116,3	0.093,5
14	0.870,0	0.757,9	0.661,1	0.577,5	0.505,1	0.442,3	0.387,8	0.340,5	0.299,2	0.263,3	0.204,6	0.159,7	0.125,2	0.098,5	0.077,9
15	0.861,3	0.743,0	0.641,9	0.555,3	0.481,0	0.417,3	0.362,4	0.315,2	0.274,5	0.239,4	0.182,7	0.140,1	0.107,9	0.083,5	0.064,9
16	0.852,8	0.728,4	0.623,2	0.533,9	0.458,1	0.393,6	0.338,7	0.291,9	0.251,9	0.217,6	0.163,1	0.122,9	0.093,0	0.070,8	0.054,1
18	0.836,0	0.700,2	0.587,4	0.493,6	0.415,5	0.350,3	0.295,9	0.250,2	0.212,0	0.179,9	0.130,0	0.094,6	0.069,1	0.050,8	0.037,6
20	0.819,5	0.673,0	0.553,7	0.456,4	0.376,9	0.311,8	0.258,4	0.214,5	0.178,4	0.148,6	0.103,7	0.072,8	0.051,4	0.036,5	0.026,1
22	0.803,4	0.646,8	0.521,9	0.422,0	0.341,8	0.277,5	0.225,7	0.183,9	0.150,2	0.122,8	0.082,6	0.056,0	0.038,2	0.026,2	0.018,1
24	0.787,6	0.621,7	0.491,9	0.390,1	0.310,1	0.247,0	0.197,1	0.157,7	0.126,4	0.101,5	0.065,9	0.043,1	0.028,4	0.018,8	0.012,6
26	0.772,0	0.597,6	0.463,7	0.360,7	0.281,2	0.219,8	0.172,2	0.135,2	0.106,4	0.083,9	0.052,5	0.033,1	0.021,1	0.013,5	0.008,7
28	0.756,8	0.574,4	0.437,1	0.333,5	0.255,1	0.195,6	0.150,4	0.115,9	0.089,5	0.069,3	0.041,9	0.025,5	0.015,7	0.009,7	0.006,1
30	0.741,9	0.552,1	0.412,0	0.308,3	0.231,4	0.174,1	0.131,4	0.099,4	0.075,4	0.057,3	0.033,4	0.019,6	0.011,6	0.007,0	0.004,2
40	0.671,7	0.452,9	0.306,6	0.208,3	0.142,0	0.097,2	0.066,8	0.046,0	0.031,8	0.022,1	0.010,7	0.005,3	0.002,6	0.001,3	0.000,7
50	0.608,0	0.371,5	0.228,1	0.140,7	0.087,2	0.054,3	0.033,9	0.021,3	0.013,4	0.008,5	0.003,5	0.001,4	0.000,6	0.000,3	0.000,109,885
60	0.550,4	0.304,8	0.169,7	0.095,1	0.053,5	0.030,3	0.017,3	0.009,9	0.005,7	0.003,3	0.001,1	0.000,4	0.000,1	0.000,048,650	0.000,017,747

附表3(续)

期数	22%	24%	26%	28%	30%	32%	34%	36%
1	0.819,7	0.806,5	0.793,7	0.781,3	0.769,2	0.757,6	0.746,3	0.735,3
2	0.671,9	0.650,4	0.629,9	0.610,4	0.591,7	0.573,9	0.556,9	0.540,7
3	0.550,7	0.524,5	0.499,9	0.476,8	0.455,2	0.434,8	0.415,6	0.397,5
4	0.451,4	0.423,0	0.396,8	0.372,5	0.350,1	0.329,4	0.310,2	0.292,3
5	0.370,0	0.341,1	0.314,9	0.291,0	0.269,3	0.249,5	0.231,5	0.214,9
6	0.303,3	0.275,1	0.249,9	0.227,4	0.207,2	0.189,0	0.172,7	0.158,0
7	0.248,6	0.221,8	0.198,3	0.177,6	0.159,4	0.143,2	0.128,9	0.116,2
8	0.203,8	0.178,9	0.157,4	0.138,8	0.122,6	0.108,5	0.096,2	0.085,4
9	0.167,0	0.144,3	0.124,9	0.108,4	0.094,3	0.082,2	0.071,8	0.062,8
10	0.136,9	0.116,4	0.099,2	0.084,7	0.072,5	0.062,3	0.053,6	0.046,2
11	0.112,2	0.093,8	0.078,7	0.066,2	0.055,8	0.047,2	0.040,0	0.034,0
12	0.092,0	0.075,7	0.062,5	0.051,7	0.042,9	0.035,7	0.029,8	0.025,0
13	0.075,4	0.061,0	0.049,6	0.040,4	0.033,0	0.027,1	0.022,3	0.018,4
14	0.061,8	0.049,2	0.039,3	0.031,6	0.025,4	0.020,5	0.016,6	0.013,5
15	0.050,7	0.039,7	0.031,2	0.024,7	0.019,5	0.015,5	0.012,4	0.009,9
16	0.041,5	0.032,0	0.024,8	0.019,3	0.015,0	0.011,8	0.009,3	0.007,3
18	0.027,9	0.020,8	0.015,6	0.011,8	0.008,9	0.006,8	0.005,2	0.003,9
20	0.018,7	0.013,5	0.009,8	0.007,2	0.005,3	0.003,9	0.002,9	0.002,1
22	0.012,6	0.008,8	0.006,2	0.004,4	0.003,1	0.002,2	0.001,6	0.001,2
24	0.008,5	0.005,7	0.003,9	0.002,7	0.001,8	0.001,3	0.000,9	0.000,6
26	0.005,7	0.003,7	0.002,5	0.001,6	0.001,1	0.000,7	0.000,5	0.000,3
28	0.003,8	0.002,4	0.001,5	0.001,0	0.000,6	0.000,4	0.000,3	0.000,2
30	0.002,6	0.001,6	0.001,0	0.000,6	0.000,4	0.000,2	0.000,2	0.000,1
40	0.000,4	0.000,2	0.000,096,645	0.000,1	0.000,027,686	0.000,015,033	0.000,008,238	0.000,004,555
50	0.000,048,085	0.000,021,326	0.000,009,582	0.000,004,360	0.000,002,008	0.000,000,936	0.000,000,441	0.000,000,210
60	0.000,006,583	0.000,002,481	0.000,000,950	0.000,000,359	0.000,000,146	0.000,000,058	0.000,000,024	0.000,000,010

附表 4　複利終値表

期数	1%	2%	3%	4%	5%	6%	7%	8%	9%	10%	12%	14%	16%
1	1,010.0	1,020.0	1,030.0	1,040.0	1,050.0	1,060.0	1,070.0	1,080.0	1,090.0	1,100.0	1,120.0	1,140.0	1,160.0
2	1,020.1	1,040.4	1,060.9	1,081.6	1,102.5	1,123.6	1,144.9	1,166.4	1,188.1	1,210.0	1,254.4	1,299.6	1,345.6
3	1,030.3	1,061.2	1,092.7	1,124.9	1,157.6	1,191.0	1,225.0	1,259.7	1,295.0	1,331.0	1,404.9	1,481.5	1,560.9
4	1,040.6	1,082.4	1,125.5	1,169.9	1,215.5	1,262.5	1,310.8	1,360.5	1,411.6	1,464.1	1,573.5	1,689.0	1,810.6
5	1,051.0	1,104.1	1,159.3	1,216.7	1,276.3	1,338.2	1,402.6	1,469.3	1,538.6	1,610.5	1,762.3	1,925.4	2,100.3
6	1,061.5	1,126.2	1,194.1	1,265.3	1,340.1	1,418.5	1,500.7	1,586.9	1,677.1	1,771.6	1,973.8	2,195.0	2,436.4
7	1,072.1	1,148.7	1,229.9	1,315.9	1,407.1	1,503.6	1,605.8	1,713.8	1,828.0	1,948.7	2,210.7	2,502.3	2,826.2
8	1,082.9	1,171.7	1,266.8	1,368.6	1,477.5	1,593.8	1,718.2	1,850.9	1,992.6	2,143.6	2,476.0	2,852.6	3,278.4
9	1,093.7	1,195.1	1,304.8	1,423.3	1,551.3	1,689.5	1,838.5	1,999.0	2,171.9	2,357.9	2,773.1	3,251.9	3,803.0
10	1,104.6	1,219.0	1,343.9	1,480.2	1,628.9	1,790.8	1,967.2	2,158.9	2,367.4	2,593.7	3,105.8	3,707.2	4,411.4
11	1,115.7	1,243.4	1,384.2	1,539.5	1,710.3	1,898.3	2,104.9	2,331.6	2,580.4	2,853.1	3,478.5	4,226.2	5,117.3
12	1,126.8	1,268.2	1,425.8	1,601.0	1,795.9	2,012.2	2,252.2	2,518.2	2,812.7	3,138.4	3,896.0	4,817.9	5,936.0
13	1,138.1	1,293.6	1,468.5	1,665.1	1,885.6	2,132.9	2,409.8	2,719.6	3,065.8	3,452.3	4,363.5	5,492.4	6,885.8
14	1,149.5	1,319.5	1,512.6	1,731.7	1,979.9	2,260.9	2,578.5	2,937.2	3,341.7	3,797.5	4,887.1	6,261.3	7,987.5
15	1,161.0	1,345.9	1,558.0	1,800.9	2,078.9	2,396.6	2,759.0	3,172.2	3,642.5	4,177.2	5,473.6	7,137.9	9,265.5
16	1,172.6	1,372.8	1,604.7	1,873.0	2,182.9	2,540.4	2,952.2	3,425.9	3,970.3	4,595.0	6,130.4	8,137.2	10,748.0
18	1,196.1	1,428.2	1,702.4	2,025.8	2,406.6	2,854.3	3,379.9	3,996.0	4,717.1	5,559.9	7,690.0	10,575.2	14,462.5
20	1,220.2	1,485.9	1,806.1	2,191.1	2,653.3	3,207.1	3,869.7	4,661.0	5,604.4	6,727.5	9,646.3	13,743.5	19,460.8
22	1,244.7	1,546.0	1,916.1	2,369.9	2,925.3	3,603.5	4,430.4	5,436.5	6,658.6	8,140.3	12,100.3	17,861.0	26,186.4
24	1,269.7	1,608.4	2,032.8	2,563.3	3,225.1	4,048.9	5,072.4	6,341.2	7,911.1	9,849.7	15,178.6	23,212.2	35,236.4
26	1,295.3	1,673.4	2,156.6	2,772.5	3,555.7	4,549.4	5,807.4	7,396.4	9,399.2	11,918.2	19,040.1	30,166.6	47,414.1
28	1,321.3	1,741.0	2,287.9	2,998.7	3,920.1	5,111.7	6,648.8	8,627.1	11,167.1	14,421.0	23,883.9	39,204.5	63,800.4
30	1,347.8	1,811.4	2,427.3	3,243.4	4,321.9	5,743.5	7,612.3	10,062.7	13,267.7	17,449.4	29,959.9	50,950.2	85,849.9
40	1,488.9	2,208.0	3,262.0	4,801.0	7,040.0	10,285.7	14,974.5	21,724.5	31,409.4	45,259.3	93,051.0	188,883.5	378,721.2
50	1,644.6	2,691.6	4,383.9	7,106.7	11,467.4	18,420.2	29,457.0	46,901.6	74,357.5	117,390.9	289,002.2	700,233.0	1,670,703.8
60	1,816.7	3,281.0	5,891.6	10,519.6	18,679.2	32,987.7	57,946.4	101,257.1	176,031.3	304,481.6	897,596.9	2,595,918.7	7,370,201.4

附表4（续）

期数	18%	20%	22%	24%	26%	28%	30%	32%	34%	36%
1	1,180.0	1,200.0	1,220.0	1,240.0	1,260.0	1,280.0	1,300.0	1,320.0	1,340.0	1,360.0
2	1,392.4	1,440.0	1,488.4	1,537.6	1,587.6	1,638.4	1,690.0	1,742.4	1,795.6	1,849.6
3	1,643.0	1,728.0	1,815.8	1,906.6	2,000.4	2,097.2	2,197.0	2,300.0	2,406.1	2,515.5
4	1,938.8	2,073.6	2,215.3	2,364.2	2,520.5	2,684.4	2,856.1	3,036.0	3,224.2	3,421.0
5	2,287.8	2,488.3	2,702.7	2,931.6	3,175.8	3,436.0	3,712.9	4,007.5	4,320.4	4,652.6
6	2,699.6	2,986.0	3,297.3	3,635.2	4,001.5	4,398.0	4,826.8	5,289.9	5,789.3	6,327.5
7	3,185.5	3,583.2	4,022.7	4,507.7	5,041.9	5,629.5	6,274.9	6,982.6	7,757.7	8,605.4
8	3,758.9	4,299.8	4,907.7	5,589.5	6,352.8	7,205.8	8,157.3	9,217.0	10,395.3	11,703.4
9	4,435.5	5,159.8	5,987.4	6,931.0	8,004.5	9,223.4	10,604.5	12,166.5	13,929.7	15,916.6
10	5,233.8	6,191.7	7,304.6	8,594.4	10,085.7	11,805.9	13,785.8	16,059.8	18,665.9	21,646.6
11	6,175.9	7,430.1	8,911.7	10,657.1	12,708.0	15,111.6	17,921.6	21,198.9	25,012.3	29,439.3
12	7,287.6	8,916.1	10,872.2	13,214.8	16,012.0	19,342.8	23,298.1	27,982.5	33,516.4	40,037.5
13	8,599.4	10,699.3	13,264.1	16,386.3	20,175.2	24,758.8	30,287.5	36,937.0	44,912.0	54,451.0
14	10,147.2	12,839.2	16,182.2	20,319.1	25,420.7	31,691.3	39,373.8	48,756.8	60,182.1	74,053.4
15	11,973.7	15,407.0	19,742.3	25,195.6	32,030.1	40,564.8	51,185.9	64,359.0	80,644.0	100,712.6
16	14,129.0	18,488.4	24,085.6	31,242.6	40,357.9	51,923.0	66,541.7	84,953.8	108,062.9	136,969.1
18	19,673.3	26,623.3	35,849.0	48,038.6	64,072.2	85,070.6	112,455.4	148,023.5	194,037.8	253,338.0
20	27,393.0	38,337.6	53,357.6	73,864.1	101,721.1	139,379.7	190,049.6	257,916.2	348,414.3	468,574.0
22	38,142.1	55,206.1	79,417.5	113,573.5	161,492.4	228,359.6	321,183.9	449,393.2	625,612.7	866,674.4
24	53,109.0	79,496.8	118,205.0	174,630.6	256,385.3	374,144.4	542,800.8	783,022.7	1,123,350.2	1,603,001.0
26	73,949.0	114,475.5	175,936.4	268,512.1	407,037.3	612,998.2	917,333.3	1,364,338.7	2,017,087.6	2,964,910.7
28	102,966.6	164,844.7	261,863.7	412,864.2	646,212.4	1,004,336.3	1,550,293.3	2,377,223.8	3,621,882.5	5,483,898.8
30	143,370.6	237,376.3	389,757.9	634,819.9	1,025,926.7	1,545,504.6	2,619,995.6	4,142,074.8	6,503,452.2	10,143,019.3
40	750,378.3	1,469,771.6	2,847,037.8	5,455,912.6	10,347,175.2	19,426,688.9	36,118,864.8	66,520,767.0	121,392,522.1	219,561,573.6
50	3,927,356.9	9,100,438.2	20,796,561.5	46,890,434.6	104,358,362.5	229,349,861.6	497,929,223.0	1,068,308,196.0	2,265,895,715.6	4,752,754,902.7
60	20,555,140.0	56,347,514.4	151,911,216.1	402,996,347.3	1,052,525,695.3	2,707,685,248.2	6,864,377,172.7	17,156,783,554.3	42,294,890,204.4	102,880,840,165.

國家圖書館出版品預行編目(CIP)資料

財務管理 / 徐博韜 主編. -- 第一版.
-- 臺北市：財經錢線文化出版：崧博發行，2018.12
　面；　公分
ISBN 978-957-680-286-7(平裝)
1.財務管理
494.7　107019122

書　　名：財務管理
作　　者：徐博韜 主編
發行人：黃振庭
出版者：財經錢線文化事業有限公司
發行者：崧博出版事業有限公司
E-mail：sonbookservice@gmail.com
粉絲頁　　　　　　　網　址：
地　　址：台北市中正區延平南路六十一號五樓一室
8F.-815, No.61, Sec. 1, Chongqing S. Rd., Zhongzheng Dist., Taipei City 100, Taiwan (R.O.C.)
電　　話：(02)2370-3310　傳　真：(02) 2370-3210
總經銷：紅螞蟻圖書有限公司
地　　址：台北市內湖區舊宗路二段 121 巷 19 號
電　　話:02-2795-3656　　傳真:02-2795-4100　網址：
印　　刷：京峯彩色印刷有限公司（京峰數位）
　　本書版權為西南財經大學出版社所有授權崧博出版事業有限公司獨家發行電子書及繁體書繁體版。若有其他相關權利及授權需求請與本公司聯繫。
定價：500元
發行日期：2018 年 12 月第一版
◎ 本書以POD印製發行